CCNA 安全（第4版）

CCNA Security

Course Booklet
思科网络技术学院教程

Cisco | Networking Academy®
Mind Wide Open™

[美] Cisco Networking Academy 著
中国思科网络技术学院 译

人民邮电出版社
北京

图书在版编目（CIP）数据

思科网络技术学院教程. CCNA安全 / 美国思科网络技术学院著；中国思科网络技术学院译. -- 4版. -- 北京：人民邮电出版社, 2020.9
ISBN 978-7-115-54607-4

Ⅰ. ①思… Ⅱ. ①美… ②中… Ⅲ. ①网络安全－计算机网络管理－高等学校－教材 Ⅳ. ①TP393

中国版本图书馆CIP数据核字(2020)第142866号

版 权 声 明

CCNA Security Course Booklet version 2 (ISBN: 9781587133510)
Copyright © 2016 Pearson Education, Inc.
Authorized translation from the English language edition published by Cisco Press.
All rights reserved.

本书中文简体字版由美国 Pearson Education 授权人民邮电出版社出版。未经出版者书面许可，对本书任何部分不得以任何方式复制或抄袭。
版权所有，侵权必究。

- ◆ 著　　　[美] 思科网络技术学院（Cisco Networking Academy）
  译　　　中国思科网络技术学院
  责任编辑　傅道坤
  责任印制　王　郁　焦志炜
- ◆ 人民邮电出版社出版发行　北京市丰台区成寿寺路 11 号
  邮编 100164　电子邮件 315@ptpress.com.cn
  网址 https://www.ptpress.com.cn
  固安县铭成印刷有限公司印刷
- ◆ 开本：787×1092　1/16
  印张：17.5　　　　　　2020 年 9 月第 4 版
  字数：397 千字　　　　2025 年 1 月河北第 10 次印刷
  著作权合同登记号　图字：01-2018-7750 号

定价：70.00 元
读者服务热线：(010)81055410　印装质量热线：(010)81055316
反盗版热线：(010)81055315
广告经营许可证：京东市监广登字 20170147 号

内容提要

本书所介绍的内容是针对思科网络技术学院的认证项目之一——CCNA 安全课程。作为思科网络学院的指定教材,阅读本书的读者需具备 CCNA 认证或同等水平的知识。

本书共分 11 章,其内容涵盖了现代网络面临的安全威胁、如何保护网络设备、AAA 的概念以及部署、实施防火墙技术、实施入侵防御、保护局域网、密码系统的基本知识、实施虚拟专用网络(VPN)、实施 Cisco 自适应安全设备(ASA)、高级 Cisco 自适应安全设备、管理一个安全的网络等知识。

本书所介绍的内容涵盖了思科 CCNA 认证考试的全部知识,因此适合准备该认证考试的读者阅读;对网络安全感兴趣的读者也可以从中获益。

前言

欢迎学习 CCNA 安全课程。本课程的目标是帮助读者理解网络安全理论以及所使用的工具和配置方法。这些在线课程的资料将帮助你提高网络安全的设计和支持能力。

不仅仅是信息

对于思科网络技术学院的学生和老师而言，基于计算机的学习环境是整个课程很重要的部分。这些在线课程包含了很多工具和实践活动。它们是：

- 老师的课程讲义、讨论和实践活动；
- 在网络学院实验室中使用网络设备的实验；
- 在线评估及成绩单；
- Packet Tracer 模拟工具。

全球社区

加入网络学院后，可以加入通过共同的目标和技术连接起来的全球社区。在网络学院项目中有超过 160 个国家/地区的学校参加。可以通过全球思科网络学院社区的互动网站看到它们。

网站上的资料可以让你了解人们是如何通过视频、语音及其他数据通信进行工作、生活、娱乐和学习的。我们与全世界的老师共同制作了这些资料。与你的老师和同学共同工作制作适合自己环境的资料是很重要的。

开放思维

教育的目标就是通过扩展学生的所知、所能来提升学生，然而，这些指导材料和教师的讲课只能为你提供助力，要真正掌握新的技能还要依靠自己的努力。以下是一些学习建议。

1. **记笔记**。网络界的专业人士经常在工程期刊上记录下他们所观察和学习到的事情。随着时间的推移，记笔记是帮助你理解的重要方法。

2. **思考**。本课程提供了大量需要掌握的知识和技能。在学习过程中，要不断地问自己哪些知识理解了，哪些没有。当感觉到有疑惑时要停下来，提出问题，并尝试发现与这一题目相关的更多感兴趣的东西。如果你不确定为何要学习这些东西，要向老师或朋友询问。要理解课程的不同部分是如何组织在一起的。

3. **实践**。掌握新的技能需要实践。我们相信对于 e-learning 来说这非常重要，以至于我们给它起了一个特殊的名字：e-Doing。完成在线指导材料中的实践活动、实验和 Packet Tracer 活动是非常重要的。

4. **再次实践**。你有没有想过：你已知某件事情如何去做，然而当在测试或工作中展示时，却发现并没有真正掌握它？就像我们学习任何新的技能一样，如一项运动、一款游戏或一种语言，学习任何一项专业技能都需要我们的耐心和反复实践，只有这样才能让你真正学会它。本课程的在线指导材料提供了很多练习。要充分利用这些资源，还可以使用 Packet Tracer 及其他工具创建更多的实践机会。

5. **讲解**。为朋友或同事讲解是提高自己的一个非常好的方法。要想讲好，就需要了解在你第一次阅读时可能忽略的所有细节。与同学、同事、老师进行交流可以很好地帮助你巩固所学的网络概念。

6. **及时做出改变**。本课程通过交互练习、测试、在线评估系统以及与老师的互动可以提供反馈信息。你可以根据这些反馈发现自己的强项和薄弱环节。如果发现哪里有问题，则可以集中精力进行学习和实践，并从老师和其他同学那里搜集反馈信息。

探索网络世界

本版课程包括一个工具：Packet Tracer。Packet Tracer 是一个网络学习工具，广泛支持物理和逻辑的模拟。它同时也是一个帮助你理解网络内部工作原理的可视化工具。Packet Tracer 实践活动由网络仿真、游戏、实践活动和挑战自己所学内容组成，提供了广泛的学习经验。

创建自己的世界

你可以使用 Packet Tracer 建立自己的网络场景。希望随着时间的推移，你可以使用 Packet Tracer。你不仅是课程提供的实践活动的使用者，而且成为一个作者、探险家和实验者。

我们越来越多地使用 IP 网络来交流、分享。随着使用的增加，安全的环境成为一个持续增长的需求。在幕后，网络安全工程师是安全通信的缔造者。

我们期望网络的应用和服务是可靠和安全的。底层网络变得越来越复杂，所提供的服务也越来越多，这些网络的安全成为重中之重。我们依靠网络工程师来保证我们的网络满足预期要求。良好的安全网络可以保护我们的投资并为企业提供更高的竞争力。今天，无论是大型企业还是小型企业，都意识到维护网络安全的重要性，因此网络安全领域的就业机会在持续增长。

成功完成本课程的学习，你将能够掌握以下技能：

- 描述现代网络基础架构中的安全威胁；
- 了解 Cisco 安全路由器；
- 在 Cisco 路由器上使用本地路由器数据库和外部服务器实现 AAA；
- 使用 ACL 缓解对 Cisco 路由器和网络的安全威胁；
- 实现安全的网络管理和报告；
- 缓解常见的二层攻击；
- 实现 Cisco IOS 防火墙特性集；
- 实现 Cisco IOS IPS 特性集；
- 实现站点到站点的 IPSec VPN。

关于本书

当网络不可用或是当你在实践时,本书将是你方便阅读、便于复习的学习资源。
- 书中文字都从在线教程中提取,使你可以抓住重点。
- 每节的标题可为课堂讨论和考试提供相关在线课程的快速参考。

本书是帮助读者成功学习思科网络学院在线教程的基本且经济的纸质资料。

资源与支持

本书由异步社区出品，社区（https://www.epubit.com/）为您提供相关资源和后续服务。

提交勘误

作者和编辑尽最大努力来确保书中内容的准确性，但难免会存在疏漏。欢迎您将发现的问题反馈给我们，帮助我们提升图书的质量。

当您发现错误时，请登录异步社区，按书名搜索，进入本书页面，单击"提交勘误"，输入勘误信息，单击"提交"按钮即可。本书的作者和编辑会对您提交的勘误进行审核，确认并接受后，您将获赠异步社区的 100 积分。积分可用于在异步社区兑换优惠券、样书或奖品。

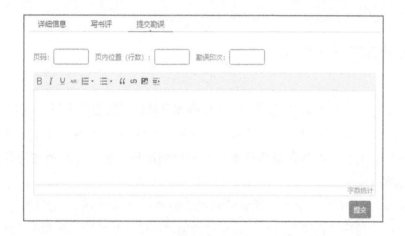

扫码关注本书

扫描下方二维码，您将会在异步社区微信服务号中看到本书信息及相关的服务提示。

与我们联系

我们的联系邮箱是 contact@epubit.com.cn。

如果您对本书有任何疑问或建议,请您发邮件给我们,并请在邮件标题中注明本书书名,以便我们更高效地做出反馈。

如果您有兴趣出版图书、录制教学视频,或者参与图书翻译、技术审校等工作,可以发邮件给我们;有意出版图书的作者也可以到异步社区在线投稿(直接访问 www.epubit.com/selfpublish/submission 即可)。

如果您所在的学校、培训机构或企业,想批量购买本书或异步社区出版的其他图书,也可以发邮件给我们。

如果您在网上发现有针对异步社区出品图书的各种形式的盗版行为,包括对图书全部或部分内容的非授权传播,请您将怀疑有侵权行为的链接发邮件给我们。您的这一举动是对作者权益的保护,也是我们持续为您提供有价值的内容的动力之源。

关于异步社区和异步图书

"异步社区"是人民邮电出版社旗下IT专业图书社区,致力于出版精品IT技术图书和相关学习产品,为作译者提供优质出版服务。异步社区创办于2015年8月,提供大量精品IT技术图书和电子书,以及高品质技术文章和视频课程。更多详情请访问异步社区官网 https://www.epubit.com。

"异步图书"是由异步社区编辑团队策划出版的精品IT专业图书的品牌,依托于人民邮电出版社近30年的计算机图书出版积累和专业编辑团队,相关图书在封面上印有异步图书的LOGO。异步图书的出版领域包括软件开发、大数据、AI、测试、前端、网络技术等。

异步社区

微信服务号

目 录

第 1 章 现代网络安全威胁 1
　1.1 保护网络 2
　　1.1.1 网络安全的现状 2
　　1.1.2 网络拓扑概述 3
　1.2 网络威胁 6
　　1.2.1 谁在攻击我们的网络 6
　　1.2.2 黑客工具 7
　　1.2.3 恶意软件 8
　　1.2.4 常见的网络攻击 11
　1.3 缓解威胁 15
　　1.3.1 保卫网络 15
　　1.3.2 网络安全域 17
　　1.3.3 Cisco SecureX 架构 18
　　1.3.4 缓解常见的网络威胁 21
　　1.3.5 Cisco 网络基础保护框架 24
　1.4 总结 27
第 2 章 保护网络设备 28
　2.1 保护对设备的访问 29
　　2.1.1 保护边界路由器 29
　　2.1.2 配置安全的管理访问 32
　　2.1.3 为虚拟登录配置增强的安全性 34
　　2.1.4 配置 SSH 36
　2.2 分配管理角色 37
　　2.2.1 配置特权级别 37
　　2.2.2 配置基于角色的 CLI 39
　2.3 监控和管理设备 41
　　2.3.1 保护 Cisco IOS 镜像和配置文件 41
　　2.3.2 安全管理和报告 44
　　2.3.3 针对网络安全使用 syslog 45
　　2.3.4 使用 SNMP 实现网络安全 47
　　2.3.5 使用 NTP 50
　2.4 使用自动安全特性 52

目录

- 2.4.1 执行安全审计 ... 52
- 2.4.2 使用 AutoSecure 锁定路由器 ... 53
- 2.5 保护控制平面 ... 55
  - 2.5.1 路由协议验证 ... 55
  - 2.5.2 控制平面监管 ... 56
- 2.6 总结 ... 58

第 3 章 认证、授权和审计 ... 59
- 3.1 使用 AAA 的目的 ... 60
  - 3.1.1 AAA 概述 ... 60
  - 3.1.2 AAA 的特点 ... 61
- 3.2 本地 AAA 认证 ... 62
  - 3.2.1 使用 CLI 配置本地 AAA 认证 ... 62
  - 3.2.2 本地 AAA 认证故障排错 ... 64
- 3.3 基于服务器的 AAA ... 65
  - 3.3.1 基于服务器 AAA 的特点 ... 65
  - 3.3.2 基于服务器的 AAA 通信协议 ... 66
- 3.4 基于服务器的 AAA 认证 ... 69
  - 3.4.1 配置基于服务器的 AAA 认证 ... 69
  - 3.4.2 基于服务器的 AAA 认证的故障排错 ... 71
- 3.5 基于服务器的 AAA 授权和审计 ... 71
  - 3.5.1 配置基于服务器的 AAA 授权 ... 71
  - 3.5.2 配置基于服务器的 AAA 审计 ... 72
  - 3.5.3 802.1X 认证 ... 73
- 3.6 总结 ... 75

第 4 章 实施防火墙技术 ... 76
- 4.1 访问控制列表 ... 76
  - 4.1.1 用 CLI 配置标准和扩展 IPv4 ACL ... 76
  - 4.1.2 使用 ACL 缓解攻击 ... 78
  - 4.1.3 IPv6 ACL ... 80
- 4.2 防火墙技术 ... 81
  - 4.2.1 使用防火墙保护网络 ... 81
  - 4.2.2 防火墙类型 ... 82
  - 4.2.3 经典防火墙 ... 85
  - 4.2.4 网络设计中的防火墙 ... 87
- 4.3 基于区域策略防火墙 ... 89
  - 4.3.1 ZPF 概述 ... 89
  - 4.3.2 ZPF 的操作 ... 90
  - 4.3.3 配置 ZPF ... 91
- 4.4 总结 ... 93

第 5 章 实施入侵防御 ... 95
- 5.1 IPS 技术 ... 95
  - 5.1.1 IDS 和 IPS 特性 ... 95
  - 5.1.2 基于网络的 IPS 实施 ... 98

  5.1.3 思科交换端口分析器 102
 5.2 IPS 特征 103
  5.2.1 IPS 特征的特点 103
  5.2.2 IPS 特征警报 107
  5.2.3 IPS 特征行为 110
  5.2.4 管理和监视 IPS 113
  5.2.5 IPS 全局关联 115
 5.3 实施 IPS 117
  5.3.1 使用 CLI 配置 Cisco IOS IPS 117
  5.3.2 修改 Cisco IOS IPS 特征 120
  5.3.3 检验和监控 IPS 121
 5.4 总结 122

第 6 章 保护局域网 123
 6.1 终端安全 123
  6.1.1 终端安全概述 123
  6.1.2 反恶意软件保护 125
  6.1.3 邮件和 Web 安全 127
  6.1.4 控制网络访问 129
 6.2 第 2 层安全考虑 132
  6.2.1 第 2 层安全威胁 132
  6.2.2 CAM 表攻击 133
  6.2.3 缓解 CAM 表攻击 134
  6.2.4 缓解 VLAN 攻击 137
  6.2.5 缓解 DHCP 攻击 140
  6.2.6 缓解 ARP 攻击 143
  6.2.7 缓解地址欺骗攻击 145
  6.2.8 生成树协议 146
  6.2.9 缓解 STP 攻击 152
 6.3 总结 154

第 7 章 密码系统 156
 7.1 密码服务 156
  7.1.1 保护通信安全 156
  7.1.2 密码术 159
  7.1.3 密码分析 161
  7.1.4 密码学 163
 7.2 基本完整性和真实性 164
  7.2.1 密码散列 164
  7.2.2 MD5 和 SHA-1 的完整性 166
  7.2.3 HMAC 的真实性 167
  7.2.4 密钥管理 169
 7.3 机密性 171
  7.3.1 加密 171
  7.3.2 数据加密标准 174

　　　　7.3.3　替代加密算法 ·· 176
　　　　7.3.4　Diffie-Hellman 密钥交换 ··· 177
　7.4　公钥密码术 ··· 179
　　　　7.4.1　对称加密与非对称加密 ·· 179
　　　　7.4.2　数字签名 ·· 181
　　　　7.4.3　公钥基础设施 ·· 183
　7.5　总结 ·· 187

第 8 章　实施虚拟专用网络 ·· 188
　8.1　VPN ·· 188
　　　　8.1.1　VPN 概述 ··· 188
　　　　8.1.2　VPN 拓扑 ··· 189
　8.2　IPSec VPN 组件和运行 ·· 191
　　　　8.2.1　IPSec 简介 ·· 191
　　　　8.2.2　IPSec 协议 ·· 193
　　　　8.2.3　互联网密钥交换 ·· 195
　8.3　使用 CLI 实现站点到站点的 IPSec VPN ··································· 197
　　　　8.3.1　配置一个站点到站点的 IPSec VPN ···································· 197
　　　　8.3.2　ISAKMP 策略 ·· 198
　　　　8.3.3　IPSec 策略 ·· 199
　　　　8.3.4　加密映射 ·· 200
　　　　8.3.5　IPSec VPN ·· 201
　8.4　总结 ·· 201

第 9 章　实施 Cisco 自适应安全设备（ASA）······································ 202
　9.1　ASA 简介 ··· 202
　　　　9.1.1　ASA 解决方案 ·· 202
　　　　9.1.2　基本 ASA 配置 ··· 206
　9.2　ASA 防火墙配置 ·· 207
　　　　9.2.1　ASA 防火墙配置 ··· 207
　　　　9.2.2　配置管理设置和服务 ·· 208
　　　　9.2.3　对象组 ··· 212
　　　　9.2.4　ACL ··· 214
　　　　9.2.5　ASA 上的 NAT 服务 ·· 217
　　　　9.2.6　AAA ·· 218
　　　　9.2.7　ASA 上的服务策略 ·· 219
　9.3　总结 ·· 222

第 10 章　高级 Cisco 自适应安全设备 ·· 223
　10.1　ASA 设备管理器 ··· 223
　　　　10.1.1　ASDM 简介 ·· 223
　　　　10.1.2　ASDM 向导菜单 ··· 227
　　　　10.1.3　配置管理设置与服务 ·· 229
　　　　10.1.4　配置高级 ASDM 特性 ··· 232
　10.2　ASA VPN 配置 ··· 234
　　　　10.2.1　站点到站点 VPN ·· 234

		10.2.2 远程访问 VPN	237
		10.2.3 配置无客户端 SSL VPN	240
		10.2.4 配置 AnyConnect SSL VPN	244
	10.3	总结	248
第 11 章	管理一个安全的网络		250
	11.1	安全网络测试	251
		11.1.1 网络安全测试技术	251
		11.1.2 网络安全测试工具	253
	11.2	开发一个全面的安全策略	256
		11.2.1 安全策略概述	256
		11.2.2 安全策略的结构	258
		11.2.3 标准、指南、规程	259
		11.2.4 角色和职责	261
		11.2.5 安全意识和培训	262
		11.2.6 对安全违规的响应	264
	11.3	总结	265

第 1 章

现代网络安全威胁

本章介绍

网络安全现在已经是计算机网络中一个不可缺少的部分。网络安全包括保证数据安全以及缓解威胁的协议、技术、设备、工具和技能。网络安全解决方案最早出现于 20 世纪 60 年代,但直到 21 世纪才发展成熟,成为一套完整的现代网络解决方案。

网络安全的发展动力主要是要领先于怀有不良企图的黑客。正如医生在治疗已知疾病的同时还要努力预防新的疾病,网络安全从业人员在将实时攻击造成的影响努力降至最低的同时,也要预防潜在的攻击。业务的连续性是促进网络安全发展的另一个主要驱动力。

为了建立正式的社区,网络安全从业人员创建了网络安全组织。这些组织设立标准,鼓励协作,并为网络安全从业人员提供职业发展机会。对于网络安全从业人员来说,了解这些组织提供的资源非常重要。

网络安全的复杂性使得要掌握它的全部内容很困难。不同组织创建了多个领域,将网络安全世界划分为多个可管理的部分。这样,从业人员就能够在他们的培训、研究和部署中关注更细分的专业技能领域。

网络安全策略由公司和政府机构创建,旨在为雇员提供日常工作中应遵守的框架。管理层的网络安全从业人员负责创建和维护网络安全策略。所有的网络安全实践都与网络安全策略相关,并由网络安全策略提供指导。

如同将网络安全划分为多个网络安全领域一样,网络攻击也进行了分类,以便于了解和解决网络攻击。病毒、蠕虫和特洛伊木马是具体的网络攻击类型。更广义的划分是将网络攻击分为侦查(reconnaissance)、访问(access)或拒绝服务(Denial of Service)攻击。

缓解网络攻击是网络安全从业人员的工作。在本章中,我们将掌握网络安全的基础理论,理解这些基础理论是深入实践网络安全所必需的。本章将介绍缓解网络攻击的方法,这些方法的实现在本课程其余部分介绍。

1.1 保护网络

1.1.1 网络安全的现状

1.1.1.1 网络是攻击目标

网络经常遭受攻击。我们也经常会读到"某个网络被攻陷"的新闻。如果在互联网上搜索"网络攻击",则会看到很多与网络攻击有关的文章,比如某些组织被攻破、有关网络安全的最新威胁、用来缓解攻击的工具等。为了帮助理解网络安全形势的严重性,一家名为 Norse Dark Intelligence 的公司,在蜜罐服务器上维护了当前网络攻击的一个交互式显示图。这些蜜罐服务器是故意部署的诱饵,旨在研究黑客攻击系统的方式。

1.1.1.2 为什么要保障网络安全

网络安全与一个组织的业务连续性直接相关。网络安全事故能够影响电子商务,导致业务数据丢失,威胁人们的隐私并危害信息的完整性。这类事故会导致公司资产受损,知识产权失窃,引起诉讼,甚至威胁公共安全。

维护一个安全的网络能够确保网络用户的安全性并保护商业利益。如要保持网络的安全,就要求一个组织的网络安全从业人员保持警惕。网络安全从业人员必须时刻了解针对网络的新的和正在演进的威胁和攻击,以及设备和应用程序的漏洞。

Cisco 提供了一个工具来帮助网络管理员编写、开发和实施缓解技术。这就是 Cisco Security Intelligence Operations(SIO),它可以向网络从业人员提供与当前网络攻击有关的警报。

1.1.1.3 网络攻击矢量

攻击矢量是攻击人员用来访问服务器、主机或网络的路径或方法。许多攻击矢量源自公司网络外部。例如,攻击人员可能会通过互联网来瞄准一个网络,试图中断网络运行,并创建拒绝服务(DoS)攻击。

注意:当网络无法并且也不能再支持合法用户的请求时,就发生了 DoS 攻击。

攻击矢量也可以从网络内部发起。

内部用户（比如员工）可以无意或故意执行下述操作：

- 窃取机密数据并将其复制到可移动的媒体、电子邮件、消息收发软件或其他媒体中；
- 破坏内部服务器或网络基础设施设备；
- 断开关键的网络连接，并引发网络中断；
- 将感染了病毒的 U 盘连接到公司计算机系统中。

相较于外部威胁，内部威胁造成的损害可能会更大，因为内部用户可以直接访问建筑物及其基础设施设备，而且他们对公司网络、资源以及机密数据相当了解。

网络安全人员必须使用工具和技术来缓解外部和内部威胁。

1.1.1.4 数据丢失

数据很有可能是一家公司最宝贵的资产。公司的数据包含研究和开发数据、销售数据、财务数据、人力资源和法律数据、员工数据、承包商数据和客户数据。

数据丢失或数据外泄指的是数据有意或无意地丢失、被窃或泄露到外界。数据丢失可以导致：

- 品牌损害和名誉损失；
- 丧失竞争优势；
- 丢失客户；
- 收入受损；
- 诉讼或法律事件，由此引发罚款或民事处罚；
- 花费巨大成本和精力来通知并安抚受影响方。

网络安全从业人员必须保护组织的数据，实施各种结合了战略、行动和战术措施的数据丢失预防（Data Loss Prevention，DLP）控制。

1.1.2 网络拓扑概述

1.1.2.1 园区网

所有网络都是攻击目标。本书的主要关注点是保护园区网（Campus Area Network，CAN）。园区网由有限地理范围内相互连接的 LAN 构成。

网络从业人员必须实施各种网络安全技术，保护组织的资产免于外部和内部威胁。去往不可信网络的连接必须由多个防御层进行深度检测，然后才能抵达企业资源。

1.1.2.2 小型办公室和家庭办公室（SOHO）网络

所有的网络，无论其大小，都要受到保护。攻击者也对家庭网络和 SOHO 网络颇感兴趣。他们想要免费使用其他人的网络连接，或者是使用网络从事非法活动，以及查看金融交易（比如网上购物）等。

家庭网络和 SOHO 网络通常是使用消费级路由器来保护的，比如 Linksys 的家庭无线路由器。这些路由器提供了基本的安全特性，可以充分保护内部资产免受外部攻击。

1.1.2.3 广域网

广域网（Wide Area Network，WAN）跨越一个广阔的地理区域，通常通过互联网进行连接。当数据在广域网的站点之间传输时，组织必须确保数据的安全性。

网络安全从业人员必须在网络边缘使用安全设备，比如 ASA，它可以提供有状态防火墙特性，并通过建立安全的 VPN 隧道去往不同的目的地。

1.1.2.4 数据中心网络

数据中心网络通常位于非现场的设施中，用来存储敏感或专有数据。这些站点使用 ASA 设备的 VPN 技术和集成的数据中心路由器（比如高速的 Nexus 交换机）互联到公司站点。

今天的数据中心存储了大量敏感的关键商业信息，因此物理安全对于数据中心的运行来说至关重要。物理安全指的不仅是保护对周边设备的访问，而且还要对人和设备进行保护。例如，火警报警器、消防洒水器、抗震的服务器机架、冗余的供暖通风与空气调节（HVAC）系统和 UPS 系统必须部署在数据中心中，以保护人和设备。

数据中心网络安全可以划分为两个区域。

- 外围安全：包括现场安保人员、围栏、大门、持续的视频监控和安全漏洞警报。
- 内部安全：包括持续的视频监控、电子运动探测器、安全陷阱、生物识别存取传感器。

安全陷阱可以用来访问存储数据中心数据的数据大厅。安全陷阱类似于气闸舱。一个人必须刷他的徽章 ID 感应卡才能进入到安全陷阱中。在进入安全陷阱后，还需要使用面部识别、指纹识别或其他生物特征验证技术，才能打开第二道门。在退出数据大厅时，用户也必须重复这个过程才能退出。

1.1.2.5 云和虚拟网络

在企业网路中，云的作用日渐重要。借助于云计算技术，组织可以在不增加基础设施的情况下，使用数据存储或云应用等服务来扩展它们的容量或性能。就其本质而言，云不在传统的网络范围内，这可以让组织的数据中心位于传统防火墙的后面，也可以不位于传统防火墙的后面。

术语"云计算"和"虚拟化"经常会互换使用，但是它们的含义并不相同。虚拟化是云计算的基础。如果没有虚拟化，云计算也就不可能被广泛实施。云计算将应用与硬件隔离。虚拟化将 OS（操作系统）与硬件隔离。

真正的云网络由通常位于数据中心内的物理和虚拟服务器组成。但是，数据中心越来越多地使用虚拟机（VM）向其客户提供服务器的服务。服务器虚拟化充分利用了空闲的资源，并整合了所需服务器的数量。这也使得在单个硬件平台上可以存在多个操作系统。但是，VM 也容易遭受特定的目标攻击。

对安全团队来说，一个既容易实施又很全面，既能满足业务需求又能保护数据中心数据的策略，成了它们的必备项。Cisco 开发了 Secure Data Center 解决方案，可以在这种不可预测的威胁环境中运行。它可以在数据中心边缘阻断内部和外部威胁。

Cisco Secure Data Center 解决方案的核心组件分为：

- 安全分段；
- 威胁防御；
- 可见性。

1.1.2.6 不断发展的网络边界

在过去，员工和数据资源位于一个预定义的边界内，这个边界由防火墙技术提供保护。员工通常使用公司配备的计算机连接到企业 LAN，而且该计算机会受到持续的监控并更新，以满足安全需求。

今天，消费级端点，比如 iPhone、智能手机、平板，以及成千上万的其他设备，正在成为传统 PC 的替代或补充。越来越多的人使用这些设备访问企业信息。这一趋势称为自带设备（Bring Your Own Device，BYOD）。

为了适应 BYOD 趋势，Cisco 开发了无边界网络（Borderless Network）。在无边界网络中，用户对资源的访问可以从多个位置、不同的端点设备，并采用多种连接方式发起。

为了支持这一模糊的网络边界，Cisco 设备支持移动设备管理（Mobile Device Management，MDM）特性。MDM 特性可以保护、监控和管理移动设备，无论设备是公司所有的，还是个人所有的。可以由 MDM 支持和管理的设备不止包括手持设备（比如手机和平板），还包括笔记本和桌面计算设备。

1.2 网络威胁

1.2.1 谁在攻击我们的网络

1.2.1.1 黑客

"黑客"是一个用来描述网络攻击者的常见术语。在本书中，术语"攻击者"和"黑客"通常会互换使用。但是，术语"黑客"具有多种含义。

- 能够开发新的程序，或者是对现有程序的代码进行改变，使其更具效率的聪明程序员。
- 使用复杂的编程技能来确保网络不易被攻击的网络从业人员。
- 尝试对互联网上的设备进行未授权访问的人。
- 通过运行程序来阻止或延缓大量用户对网络进行访问，或者是破坏或清除服务器上的数据的个体。

术语"白帽黑客""黑帽黑客"和"灰帽黑客"通常都用来描述黑客。

无论好坏，黑客行为都是网络安全的一个重要方面。

1.2.1.2 黑客的演进

黑客行为始于 20 世纪 60 年代，当时的形式是盗用电话线路（phone freaking），或称为飞客（phreaking），指使用多种语音频率操纵电话系统。在那个时代，电话交换机使用不同的音调或声控拨号来指示不同的功能。早期的黑客意识到通过使用哨音模仿其音调，可以利用电话交换机进行免费的长途呼叫。

在 20 世纪 80 年代，计算机拨号程序用来将计算机连接到网络。黑客编写了"战争拨号"（war dialing）程序，该程序会拨打一个区域内的每一个电话号码，以寻找计算机、电子公告牌系统和传真机。当找到一个电话号码时，将使用密码破解程序来获得访问权。

从那时开始，一般黑客的画像（profile）和动机发生了巨大改变。

1.2.1.3 网络罪犯

网络罪犯指的是具有"利用任何必要手段来赚钱"动机的黑帽黑客,尽管有时他们是独自行动,但是更多的是得到了犯罪组织的资助。据估计,在全球范围内,网络罪犯从消费者和企业那里窃取了数十亿美元。

网络罪犯在地下经济市场中活动,他们会买卖和交易攻击工具包、零日攻击代码、僵尸网络服务、银行特洛伊木马、键盘记录器等。他们还会买卖从受害者那里窃取的私人信息和知识产权。网络罪犯的目标是小型企业和消费者,还包括大企业以及垂直行业。

1.2.1.4 黑客行为主义者

黑客行为主义者的行为不是为了利润,而是为了引起注意。他们通常是出于政治或社会动机而发出攻击,并利用互联网的力量宣传他们的信息。

黑客行为主义者组织的一个案例是 Anonymous 组织。尽管大多数黑客行为主义者组织并没有很强的组织性,但是会给政府和企业带来严重的问题。黑客行为主义者一般使用的是免费的工具。

1.2.2 黑客工具

1.2.2.1 攻击工具简介

为了进行漏洞利用,攻击者必须有可用的技术或工具。多年来,攻击工具变得更加复杂,更加自动化,这使得不需要太多知识(和过去相比)就可以使用它们。

1.2.2.2 安全工具的演进

道德黑客行为指的是对多种不同类型的工具进行测试,并保护网络及其数据的安全。为了验证网络及其系统的安全性,人们开发了许多网络渗透测试工具。然而,这些工具大多数也会被黑帽黑客用来发动攻击。

黑帽黑客也会创建各种黑客工具,这些工具是出于邪恶的目的而编写的。在执行网络渗透测试时,白帽黑客还必须知道如何使用这些工具。

注意:这些工具很多都是基于 UNIX 或者 Linux 的,因此安全从业人员必须有很强的 UNIX 和 Linux 背景。

1.2.2.3 攻击工具的分类

黑客可以使用前面提到的攻击工具或者这些工具的组合发动各种攻击。了解黑客使用各种安全工具执行这些攻击是很重要的。

1.2.3 恶意软件

1.2.3.1 各种类型的恶意软件

本节的重点是终端设备的威胁。终端设备特别容易遭受恶意软件的攻击。了解恶意软件很重要，因为黑客和网络罪犯的攻击行为都依赖于用户安装的恶意软件来利用安全漏洞。

1.2.3.2 病毒

病毒是一种附着在可执行文件（通常是合法的程序）上的恶意代码。大多数病毒需要终端用户激活并可以休眠一段时间，然后在特定的时间或日期发作。

简单的病毒可能会把自己安装在一个可执行文件的第一行代码中。当被激活时，病毒可能会检查磁盘，寻找其他可执行文件，这样就可以感染所有尚未感染的文件。病毒可以无害，例如那些在屏幕上显示一幅图片的病毒；也可以具破坏性，例如那些修改或删除硬盘文件的病毒。病毒还可以具有变异能力，以躲避检测。

现在，多数病毒通过 USB 存储驱动器、CD、DVD、网络共享或电子邮件传播。电子邮件病毒是当前最常见的病毒类型。

1.2.3.3 特洛伊木马

特洛伊木马这个名称来源于希腊神话。希腊战士送给特洛伊城的人民一座巨大的空心木马作为礼物。特洛伊人把这座巨大的木马带进他们用城墙护卫的城市，完全不知道其中藏了很多希腊战士。到了晚上，当大多数特洛伊人熟睡时，希腊战士们从木马中冲出来占领了这座城市。

计算机世界里的特洛伊木马是一款恶意软件，它伪装成用户需要的功能来执行恶意操作。特洛伊木马的内部隐藏有恶意代码，此恶意代码会利用运行它的用户的权限。在线游戏经常附带有特洛伊木马。

当运行这些游戏时，用户不会注意到什么问题。在后台，特洛伊木马已经被安装到用户系统中，并在游戏关闭后仍继续运行。

特洛伊木马的概念很灵活。它可以立即造成破坏，提供到系统的远程访问，或通过后门访问。它还可以接受远程指令执行动作，例如"每周向我发送一次密码文件"。

定制编写的特洛伊木马，例如有特定目标的特洛伊木马，很难被检测到。

1.2.3.4 特洛伊木马分类

对特洛伊木马，通常是根据它们造成的破坏或它们入侵系统所采取的方式进行分类：

- 远程访问特洛伊木马——启用未经授权的远程访问；
- 数据发送特洛伊木马——为攻击者提供密码等敏感数据；
- 破坏性特洛伊木马——损坏或删除文件；
- 代理特洛伊木马——使用受害者的计算机作为源设备来发起攻击，并执行其他违法行为；
- FTP 特洛伊木马——在终端设备上启用未经授权的文件传输服务；
- 安全软件禁用特洛伊木马——使反病毒程序或防火墙停止运行；
- 拒绝服务特洛伊木马——减慢或停止网络活动。

1.2.3.5 蠕虫

蠕虫独立地利用网络中的漏洞复制自身。蠕虫通常会使网络速度下降。

病毒需要有宿主程序才能运行，而蠕虫可以自主运行。除了最初的感染之外，蠕虫不需要用户参与，只要有一台主机被感染，就能够以极快的速度传遍网络。

蠕虫导致了互联网上一些最具破坏性的攻击。2001 年的红色代码蠕虫感染了 658 台服务器，在 19 个小时之内，该蠕虫感染了 300000 台以上的服务器。

SQL Slammer 蠕虫被称为"吞噬互联网"的蠕虫，它是一个 DoS 攻击，利用了微软 SQL Sever 中的缓冲区溢出 bug。在峰值时，SQL Slammer 每 8.5 秒就会数量翻倍。这就是它能够在 30 分钟内感染 250000 台以上主机的原因。SQL Slammer 于 2003 年 1 月 25 日发布后，对互联网、金融机构、ATM（自动取款机）等造成了干扰。具有讽刺意味的是，微软早在 6 个月之前就发布了针对该漏洞的补丁程序，但是受感染的服务器并没有应用更新补丁。这给很多组织敲响了警钟，它们需要实施一项安全策略，并实时应用更新和补丁程序。

例如，2003 年 1 月的 SQL Slammer 蠕虫造成的 DoS 使全球 Internet 速度变慢。在它发布的 30 分钟内，就有超过 25 万台主机受到影响。该蠕虫利用了微软 SQL 服务器的一个缓存溢出漏洞。针对这一漏洞的补丁在 2002 年中期发布，因此那些被影响的服务器就是没有应用更新补丁的服务器。这个例子很好地说明了，为什么在一个组织的安全策略中需要规定及时对操作系统和应用程序进行更新和打补丁。

2004 年，一位毫无戒心的用户（假设为 User1）打开了邮件中的附件，MyDoom 蠕虫由此被激活。这个蠕虫能够获悉系统上所有可用的邮件地址，然后再向这些邮件地址发送垃圾邮件。这给互联网带来了严重的影响。其他用户（假设为 User2）可能会打开 User1 发来的附件，并再次重复上述过程。

2008 年，Conficker 蠕虫成为继 SQL Slammer 之后的第二大计算机蠕虫感染。

所有这些病毒具有相似的模式。它们都有一个可以启用的漏洞，都能够自我传播，也都包含有效载荷。

1.2.3.6 蠕虫的组成部分

尽管这些年出现了一些缓解技术，但是蠕虫仍继续与互联网一起演变并继续对互联网形成威胁。随着时间的推移，蠕虫变得更加复杂，但它们仍倾向于以利用软件应用程序的漏洞为基础。

大多数蠕虫攻击存在 3 个主要组成部分。

- **启用漏洞** —— 蠕虫在易受攻击的系统上利用漏洞机制（电子邮件附件、可执行文件、特洛伊木马）安装自身。
- **传播机制** —— 进入设备后，蠕虫复制自身并定位新目标。
- **有效载荷** —— 任何能导致某些行为的恶意代码。大多数情况下用于在被感染的主机上创建一个后门，或者是发起 DoS 攻击。

蠕虫是自包含程序，它攻击一个系统以利用已知的漏洞。一旦利用成功，蠕虫将自身从攻击主机复制到新的被利用系统，开始新的循环。这种传播机制通常是以一种不易察觉的方式进行部署的。

注意：互联网的蠕虫从来不会停止。在释放之后，蠕虫会持续传播，直到所有可能的感染源都打上了补丁。

1.2.3.7 其他恶意软件

黑客会使用病毒、蠕虫和特洛伊木马来携带有效载荷并执行其他恶意目的。恶意软件在不断进化之中。

下面是各种现代恶意软件的一些示例。

- **勒索软件**：该恶意软件会拒绝对受感染计算机系统的访问。要想恢复访问，需要支付一笔赎金。

- **间谍软件**：该恶意软件用来收集用户的信息，并在未经用户同意的情况下将其发送给其他实体。间谍软件可以分为系统监视器、特洛伊木马、广告软件、cookie 跟踪以及键盘记录器。

- **广告软件**：该恶意软件通常会显示讨厌的弹出式广告，从而为作者创造收入。它会通过跟踪用户访问的站点来分析用户的兴趣点，然后发送与这些站点相关的弹出式广告。

- **恐吓软件**：该恶意软件包含了一个诈骗软件，它使用社会工程学或者通过制造威胁感来制造恐慌，引起焦虑。它通常针对的都是毫无戒心的用户。

- **网络钓鱼软件**：该恶意软件试图劝说人们泄露敏感信息。比如，有人接收到了银行发来的一封邮件，要求提供他们的账户和 PIN 密码。

- **rootkit**：该恶意软件安装在被攻陷的系统上。在安装之后，它会继续隐藏其入侵行为，并维护攻击人员的特权访问。

伴随着互联网的发展，恶意软件的数量也在增长。新的恶意软件总会被开发出来。白帽黑客的主要目标是学习新出现的恶意软件，并知道如何及时地缓解它们。

1.2.4　常见的网络攻击

1.2.4.1　网络攻击的类型

恶意软件是一种交付有效载荷的方法。在收到并安装好恶意软件之后，有效载荷可以用来引发各种类型的网络攻击。

黑客攻击网络的动机有很多，比如金钱、贪婪、复仇、政治或社会信仰。网络安全从业人员必须理解所用的攻击类型，这样才能应对这些威胁，确保网络的安全。

要缓解攻击，第一步是先对攻击类型进行分类。通过对网络攻击进行分类，就可以解决某一类型的攻击，而不是单独的一种攻击。在对网络攻击进行分类时，并没有标准化的方法。本书中使用的分类方法将网络攻击分为 3 种：

- 侦查攻击；
- 访问攻击；
- DoS 攻击。

1.2.4.2 侦查攻击

侦查也称为信息收集。它类似于一个小偷挨家挨户地假装在卖东西,来调查一个街区。他实际上是在寻找易受攻击的房屋,比如无人居住的住宅、门窗很容易打开的住宅以及没有安保系统或安保摄像头的住宅。

黑客使用侦查(recon)攻击对系统、服务或漏洞进行未经授权的发现和记录。

侦查攻击先于访问攻击或 DoS 攻击之前发生,通常会使用大量的工具。

1.2.4.3 侦查攻击示例

恶意黑客执行侦查攻击所使用的技术如下所示。

- **执行目标的信息查询**:黑客用来寻找与目标相关的初始信息。有大量的工具可以执行此任务,其中包括 Google 搜索、公司站点、whois 查询等。
- **针对目标网络发起 ping 扫描**:查询到的信息通常会包含目标的网络地址。黑客可以发起一个 ping 扫描,确定哪些 IP 地址是活动的。
- **针对活动的 IP 地址发起端口扫描**:用来确定哪些端口或服务是可用的。端口扫描器的例子有 Nmap、SuperScan、Angry IP Scanner 和 NetScanTools。
- **运行漏洞扫描器**:通过查询已经标识出来的端口来确定目标主机上运行的应用和操作系统的类型与版本。这样的工具有 Nipper、Secuna PSI、Core Impact、Nessus v6、SAINT 和 Open VAS。
- **运行漏洞利用工具**:黑客现在可以尝试发现能够被利用的易受攻击的服务。当前存在大量的漏洞利用工具,其中包括 Metasploit、Core Impact、SQLMap、Social Engineer Toolkit 和 Netsparker。

1.2.4.4 访问攻击

访问(access)攻击利用认证服务、FTP 服务和 Web 服务中的已知漏洞,获得 Web 账户、机密数据库以及其他敏感消息。

黑客针对网络或系统发起访问攻击的原因至少有下面 3 个:

- 获取数据;
- 获得访问权限;
- 提升访问权限。

1.2.4.5 访问攻击的类型

有 5 种类型的访问攻击。

- **密码攻击**——攻击者试图使用各种方法来发现关键的系统密码，这些方法包括社会工程学、字典攻击、暴力破解攻击或网络嗅探。暴力破解密码攻击是使用各种工具（比如 Ophcrack、L0phtCrack、THC Hydra、RainbowCrack 和 Medusa）进行重复性的密码猜测。

- **信任利用**——攻击者以未经授权的方式获得系统的访问权限，从而导致对目标的破坏。

- **端口重定向**——当被攻陷的主机被用作对其他目标进行攻击的跳板时，就是端口重定向。

- **中间人攻击**——攻击者位于两个合法实体之间，以读取或修改双方传递的数据。

- **缓冲区溢出**——当攻击者利用缓冲区内存并使用未知的值进行填充，使其不堪重负时，就是缓冲区溢出。这通常会导致系统无法运行，引发 DoS 攻击。据估计，1/3 的恶意攻击都是由缓冲区溢出引起的。

- **IP、MAC、DCHP 欺骗**——欺骗攻击是指一台设备试图通过伪造数据来冒充其他设备。欺骗攻击有多种类型。例如，当一台计算机基于另外一台计算机的 MAC 地址来接受数据包时，就会发生 MAC 地址欺骗。

1.2.4.6 社会工程学攻击

社会工程学是一种访问攻击，它会试图操纵个人执行某些操作或者让其泄露机密信息。

社会工程学通常依赖于人们乐于助人的心态，因此会利用人们的弱点。例如，黑客可以打电话给授权的员工，向其表明因为有紧急问题而需要立即访问网络。黑客可以使用各种方法来抬高员工的身份，满足其虚荣心或者贪欲。

社会工程学工具的可用示例有很多。特定类型的社会工程学攻击包括下面这些。

- **假托**：指的是黑客给某个人打电话并对其撒谎，以试图访问特权数据。这样的一个例子是攻击者假装需要个人或财务数据，以确认收件人的身份。

- **网络钓鱼**：指的是有恶意的一方发送一封伪装成来自合法且可信来源的欺诈性电子邮件，其目的是诱使收件人在他们的设备上安装恶意软件，或者是透露个人或财务信息。

- **鱼叉式网络钓鱼**：这是一种针对特定个人或组织的有针对性的网络钓鱼攻击。

- **垃圾邮件**：黑客可能会使用垃圾邮件诱使用户单击受感染的链接或下载被感染的

文件。

- **尾随**：指的是黑客紧跟在授权人的后面溜入到一个安全的位置，此后就可以访问安全区域。
- **以物易物**：指的是黑客在向对方请求个人信息时，以某种东西（比如免费的礼物）进行交换。
- **投饵**：指的是黑客在公共区域（比如公司的洗手间）留下一个被恶意软件感染的物理设备（比如 USD 闪存驱动器）。当有人捡到这个设备并插入到他的计算机上时，就会在无意之间安装恶意软件。

社会工程学工具包（Social Engineering Toolkit，SET）的设计目的是帮助白帽黑客和其他网络安全从业人员创建社会工程学攻击，对他们的网络进行测试。

1.2.4.7 拒绝服务攻击

拒绝服务（Denial-of-Service，DoS）攻击是高度公开化的网络攻击。DoS 攻击会对用户、设备或应用带来某些类型的服务中断。

DoS 攻击有两种主要的来源。

- **恶意格式化的数据包**：指的是恶意格式化的数据包被转发到主机或应用，但是接收方无法处理这种意外情况。例如，黑客转发的数据包中包含了无法被应用识别的错误，或者转发的数据包格式不正确。这将导致接收设备崩溃或运行缓慢。
- **巨量的流量**：指的是网络、主机或者应用无法处理巨量的数据，从而导致系统崩溃或运行速度极其缓慢。

DoS 攻击被认为是一个重要的风险，原因是它可以轻松中断业务进程并带来严重损失。这类攻击相对容易实施，即使是不熟练的攻击者也能进行。

1.2.4.8 DoS 攻击类型

尽管有多种方法可以发起 DoS 攻击，但是出于历史原因，我们只介绍下面 3 种攻击。

3 种早期的 DoS 攻击如下所示。

- **死亡之 ping（ping of death）**：在这种传统的攻击中，黑客在一个大于最大数据包尺寸 65 535 字节的 IP 数据包中发送一个 echo 请求（即所谓的死亡之 ping）。接收主机无法处理这种尺寸的数据包，因此发生崩溃。
- **放大攻击（smurf attack）**：在这种传统的攻击中，黑客向许多不同的接收人发送大量的

ICMP 请求。使用许多接收人的目的是为了放大攻击。此外，数据包源地址包含了预期目标的一个伪造的 IP 地址。这是一种反射攻击，因为 echo 响应将反射回目标主机，试图让其不堪重负。放大攻击可以使用 **no ip directed-broadcast** 命令来缓解，在 Cisco IOS 12.0 版本中，这也是默认的接口设置。反射和放大技术继续在新的攻击形式中得以沿用。

- **TCP SYN 泛洪攻击**：在这种类型的攻击中，黑客使用伪造的源 IP 地址向预期目标发发许多 TCP SYN 会话请求数据包。目标设备使用 TCP SYN-ACK 数据包回复伪造的 IP 地址，并等待 TCP ACK 数据包。然而，响应将永远不会到达，目标主机将因为众多 TCP 半开连接而不堪重负。

1.2.4.9　DDoS 攻击

分布式 DoS（Distributed DoS）攻击的目的与 DoS 攻击相同，但是 DDoS 攻击的规模要更大，因为它是从多个协同工作的源发起的。DDoS 攻击也引入了新的术语，比如僵尸网络（botnet）、处理器系统（handler system）和僵尸计算机。

DDoS 攻击的步骤如下所示。

- 黑客使用受感染的计算机构建一个网络，该网路称之为僵尸网络，里面的计算机称之为僵尸计算机，通过处理器系统进行控制。
- 僵尸计算机继续扫描并感染更多的目标，创建更多的僵尸。
- 一切就绪后，黑客指示处理器系统让僵尸网络执行 DDoS 攻击。

注意：在地下经济中，僵尸网络的买卖费用相当低廉，这给黑客提供了一支由受感染的主机组成的"军队"，可以随时准备发起 DDoS 攻击。

1.3　缓解威胁

1.3.1　保卫网络

1.3.1.1　网络安全从业人员

当组织的网络变慢或没有响应时，它们的生产力将受到损失。数据丢失和数据损坏会对业务目标和利润带来负面影响。因此，从商业角度来看，有必要将心怀恶意的黑客的影响降至最低。

网络安全从业人员负责维护一个组织的数据保障（data assurance），并确保信息的完整性和保密性。具有讽刺意味的是，黑客攻击产生了意想不到的结果——对网络安全从业人员提出了更高的要求。而且随着黑客攻击的增加、黑客工具的复杂化以及政府立法等原因，网络安全解决方案在20世纪60年代得到了迅速发展，在网络安全领域创建了新的机会。

无论职位如何，网络安全从业人员必须要始终领先黑客一步：

- 必须不断提高技能，以跟上新的威胁；
- 必须参加各种培训和研讨会；
- 必须订阅有关威胁的实时信息；
- 必须熟悉网络安全组织，这些组织通常拥有关于威胁和漏洞的最新信息。

注意：相对于其他技术专业，网络安全的学习曲线非常陡峭，需要持续不断地学习。

1.3.1.2 网络安全组织

网络安全从业人员必须经常与同行合作，这包括参加隶属于当地、国家或国际技术组织或者由它们组织的研讨会和会议。

1.3.1.3 保密性、完整性、可用性

除了预防和拒绝恶意流量之外，网络安全从业人员也必须确保数据处于保护之中。

对信息隐藏进行研究与实践的密码学在现代的网络安全中得到了广泛应用。如今，每一种网络通信都有相应的协议或技术来隐藏收发两端的通信。

信息安全处理的是信息与信息系统的保护，使其免于未经授权的访问、使用、泄漏、修改或销毁。

加密学用来确保信息安全的3个组成部分：

- 保密性；
- 完整性；
- 可用性。

网络数据可以使用各种加密应用程序进行加密（使得未经授权的用户不可阅读）。两位IP电话用户之间的会话、计算机上的文件都可以进行加密。加密可以用在任何地方，只要有数据通信。实际上，当前的趋势是对所有的通信进行加密。

保密性、完整性、可用性的概念将经常在本书中出现。

1.3.2 网络安全域

1.3.2.1 网络安全域

对于网络安全人员来说，了解网络安全的原因是至关重要的。他们必须熟悉致力于网络安全的组织，以及 12 个网络安全域。

域（domain）提供了讨论网络安全的框架。

国际标准化组织（ISO）/国际电工委员会（IEC）规定了 12 个网络安全域。根据 ISO/IEC 27002 的描述，这 12 个域在网络安全的旗帜下，在较高层次上对信息这一广阔范畴进行了组织。这些域与认证信息系统安全专业人员（CISSP）认证定义的域具有一些显著的相似性。

这 12 个域旨在充当制定安全组织标准和有效的安全管理实践的共同基础。它们也有助于促进组织间的交流。

网络安全的 12 个领域提供了一种对网络安全要素的便利划分。是否记住这 12 个领域并不重要，重要的是知道它们的存在以及它们是 ISO 正式宣布的。这 12 个领域为网络安全从业人员在工作中提供了有益的参考。

1.3.2.2 安全策略

安全策略是其中最重要的领域之一。安全策略是正式声明的规则，被准予访问一个组织的技术和信息资产的人必须遵守这些规则。安全策略的概念、发展和应用在保护组织安全中扮演着非常重要的角色。将安全策略融入一个组织业务运营的各个方面是一名网络安全从业人员的责任。

1.3.2.3 网络安全策略

网络安全策略是可以明确地应用到组织运营中的一份文档，它的覆盖范围很广泛。安全策略被用于辅助网络设计、传递安全原则和促进网络部署。

网络安全策略概述网络访问的规则，确定如何实施策略，并描述组织的网络安全环境的基本架构。由于其覆盖的广度和影响，它通常由一个委员会编制，旨在用来约束诸如数据存取、Web 浏览、密码使用、加密和电子邮件附件等项目。

当创建了一项安全策略时，必须先理解哪些用户可以使用哪些服务。网络安全策略建立了访问权限的层级，只给雇员以完成其工作所需的最小访问权限。

网络安全策略概述了什么资产需要被保护，并给出了这些资产应该如何被保护的指导。这将用来确定安全设备、缓解策略以及在网络上应该实现的过程。在部署安全策略以及确定各种缓解策略时，管理员可以使用的一个指导是 Cisco SecureX 架构。

1.3.2.4 网络安全策略的目标

网络安全策略并不仅仅是设备需求和过程，它还包含用来保护网络资源的所有要求。

对公司而言，一个安全策略是一组目标；对用户和管理员来说，则是一组行为规则；对系统和管理而言，则是一组需求；它们一起保护一个组织内网络和计算机系统的安全。安全策略是一个"活的文档"，这意味着该文档会随着技术、业务和雇员需求的变化而不断更新。

例如，员工的笔记本会遭受各种类型的攻击（如邮件病毒）。而网络安全策略能够明确地定义防病毒软件的更新频率，而且会要求必须安装更新后的病毒库。此外，网络安全策略还包括用户的行为规则（比如能做什么、不能做什么）。网络安全策略通常是一个正式的可接受使用策略（Acceptable Use Policy，AUP）。AUP 必须尽可能明确，以避免含混不清或被人误解。例如，AUP 可以列出被禁止的特定站点或行为。

尽管安全策略应该很全面广泛，但是也应该足够简洁，以方便组织内的技术从业人员的使用。安全策略应该通过回答几个安全问题的方式来保护组织内的资产。

1.3.3 Cisco SecureX 架构

1.3.3.1 安全洋葱

一个用来描述"黑客为了发起攻击而必须做什么"的常见类比是"安全洋葱"（Security Onion）。在这个类比中，黑客必须像剥洋葱一样剥离网络的防御机制。

无边界网络将这个类比更改为"安全洋蓟"（Security Artichoke）。在这个类比中，黑客不再需要剥离每一层，只需要移除特定的"洋蓟叶子"即可。这样一来，网络的每一片"叶子"都可能会泄漏没有得到安全保护的敏感数据。这样一片叶子接着一片叶子，都会让黑客找到更多的数据。洋蓟的核心也就是最机密的数据所在的位置。每一片叶子在提供了一层防护的同时，也提供了攻击路径。

为了到达洋蓟的核心，并不是要将所有的叶子都移除。黑客可以沿着洋蓟周边的安全防护层不断攻击，最终到达核心位置。

尽管直接连接到互联网的系统通常都得到了良好保护，而且具有坚实的边界防护，但是持之以恒的黑客在技巧和运气的帮助下，最终会在这个防护层上找到缺口，轻松出入于系统。

1.3.3.2 网络安全工具的演进

在 20 世纪 90 年代，网络安全成为日常运营不可或缺的一部分。专门用于特定网络安全功能的工具和设备不断涌现。

最早的一款网络安全工具是入侵检测系统（Intrusion Detection System，IDS）。IDS 以及较新的入侵防御系统（Intrusion Prevention System，IPS）提供了对某些攻击类型的实时检测。与 IDS 不同，IPS 可以自动实时阻止攻击。

另外一种安全设备是防火墙。防火墙的开发目的是为了阻止不需要的流量进入网络中指定的区域，从而提供边界网络安全。最初的防火墙是通过添加到现有网络设备（比如路由器）上的一些软件来实现的。

很多公司开始开发独立的专用防火墙设备，比如 Cisco 的自适应安全设备（Adaptive Security Appliance，ASA）。不需要使用专用防火墙的组织，可以继续使用 Cisco ISR 这样的路由器，并实施复杂的有状态防火墙特性。

为了确保所有的安全设备能连贯地通信，Cisco 推出了它的 SecureX 系列技术。

1.3.3.3 SecureX 产品

用户流动性的增加、消费级设备的涌入以及信息向非传统位置的移动，这些为保护 IT 基础设施带来了复杂性。部署零碎的安全解决方案可能会导致工作重复，以及访问策略不一致，而且还需要提高集成度和大量人员的支持。

Cisco SecureX 产品协同工作，可以为在任意位置、任意时间内，使用任意设备的用户提供有效的安全性。这也是依赖 Cisco SecureX 架构来协助塑造安全策略的一个主要原因。

1.3.3.4 SecureX 安全技术

Cisco SecureX 架构可以为在任意位置、任意时间内，使用任意设备的用户提供有效的安全性。这种新的安全架构使用了高级别的策略语言，它考虑到了一个场景的所有要素：谁（who）、什么（what）、哪里（where）、何时（when）以及如何（how）。随着分布式安全策略的高度实施，安全距离终端用户的工作位置越来越近。

这一架构包含下述 5 个主要组件：

- 扫描引擎；
- 交付机制；
- 安全智能运营中心（Security Intelligence Operations，SIO）；

- 策略管理控制台；
- 下一代端点。

1.3.3.5 集中式上下文感知网络扫描组件

SecureX 架构可以显著提升业务效率和灵活性。但是，这种灵活性也给 IT 基础设施以及为确保基础设施的安全性所做的工作，带来了复杂性。

为了扩展这个新计算模型，需要部署一个可以感知上下文的网络扫描组件，该组件使用策略来加强安全。这个组件是一个网络安全设备，会检查线路中传输的数据包，同时查看外部信息，以了解完整情况。为了感知环境，该组件必须考虑与安全性相关的数据包的谁（who）、什么（what）、哪里（where）、何时（when）以及如何（how）等要素。

这些扫描组件可以以独立设备、运行在路由器上的软件模块或者是云中的镜像的形式来提供，并通过一个中央策略控制台进行管理。这个控制台使用了高级语言来反映（mirror）组织的业务语言并理解相关的环境。

上下文感知的策略基于下面 5 个参数，使用一种简化的描述性商业语言来定义安全策略：

- 人的身份；
- 使用中的应用程序；
- 用来进行访问的设备类型；
- 位置；
- 访问时间。

这种集中化的策略会被推送到整个网络环境中进行分布式实施。这种分布式实施可以确保安全实现在网络区域、分支办公室、远程办公人员、虚拟设备以及云服务中是一致的。

1.3.3.6 Cisco 安全智能运营中心

为了确保 Cisco IPS、ASA、邮件安全设备（ESA）和 Web 安全设备（WSA）的安全，Cisco 设计了安全智能运营中心（Security Intelligence Operations，SIO）。SIO 是一个基于云的服务，它将全球威胁中心、基于信誉的服务和复杂的分析连接到了 Cisco 网络安全设备。

Cisco 的 SIO 是世界上最大的云安全生态系统，它使用的近百万个实时数据源来自于部署的 Cisco ESA、WSA、ASA 和 IPS 解决方案。SIO 的研究人员、分析人员和开发人员然后衡量并处理数据，并自动使用 200 多个参数对威胁进行分类和创建规则。创建后的规则每 3～5 分钟动态分发并部署到 Cisco SecureX IPS、ESA、WSA 和 ASA 安全设备。

SIO 可以验证有效的邮件流量，过滤恶意的站点，识别端点上的恶意行为和内容。SIO 使用了多个来源来识别和分类威胁：

- 黑名单和信誉过滤器；
- 通过垃圾邮件陷阱、蜜罐和爬虫收集的信息；
- 识别并注册有效的网站域名；
- 已知的攻击特征数据库；
- 执行内容检查；
- 使用第三方合作伙伴关系；
- 由专门的白帽网络专家组成的全职威胁研究团队。

1.3.4 缓解常见的网络威胁

1.3.4.1 保护网络

保护你的网络不受攻击需要时刻保持警觉和进行持续教育。下面是用来保护网络的最佳实践：

- 为公司制定书面安全策略；
- 向员工讲解社会工程学的风险，并制定策略，通过电话、电子邮件或亲自验证身份；
- 控制对系统的物理访问；
- 使用强密码并经常更换密码；
- 对敏感信息进行加密，并使用密码进行保护；
- 实施安全软硬件，比如防火墙、IPS、VPN 设备、防病毒软件和内容过滤；
- 定期备份和测试已备份的文件；
- 关闭不必要的服务和端口；
- 如果可行，通过每周或每天安装补丁来保持更新，从而预防缓冲区溢出和提权攻击；
- 执行安全审计，以测试网络。

下面将概述如何缓解本章讨论的一些威胁。

1.3.4.2 缓解恶意软件

包括病毒、蠕虫和特洛伊木马在内的恶意软件会在网络和终端设备上造成严重问题。网络管理员可以采用多种方法来缓解这些攻击。

注意：在安全业界，缓解技术通常也称为"对抗"（countermeasure）。

缓解病毒和特洛伊木马攻击的首要方法是防病毒软件。防病毒软件可以防止主机被感染并传播恶意代码。相较于在一台机器上维护最新的防病毒软件和病毒库，清理受感染的计算机所需要的时间要更多。

在当今的市场上，防病毒软件是部署最为广泛的安全产品。开发防病毒软件的公司，比如赛门铁克、迈克菲和趋势科技，已经在病毒查杀领域耕耘了10多年。许多公司和教育机构为其用户购买了批量许可。用户可以使用他们的账户登录站点，然后将防病毒软件下载到台式机、笔记本或服务器上。

防病毒软件有自动更新选项，因此可以自动或按需下载新的病毒库和软件更新。这种做法是保持一个网络不受病毒侵扰的最关键要求，应该被正式写进网络安全策略。

防病毒软件都是基于主机的，它们需要安装到计算机或服务器上，以查杀病毒。但是，它们无法阻止病毒进入网络，因此网络安全从业人员必须了解那些主要的病毒，并跟踪有关新病毒的安全更新。

1.3.4.3 缓解蠕虫

相较于病毒，蠕虫更以网络为基础。只有网络安全从业人员共同协作，才能缓解蠕虫。

针对蠕虫攻击的响应可以分为4个阶段：

- 遏制；
- 接种；
- 检疫；
- 治疗。

1.3.4.4 缓解侦查攻击

侦查攻击通常是进一步攻击的前奏，试图获得对网络未经授权的访问或扰乱网络功能。网络安全从业人员通过接收预配置告警中的通知来检测何时发生侦查攻击。当特定的参数（例如每秒的ICMP请求）超标时，这些告警就被触发。有多种技术和设备可以用来监视这种类型的行为，并生成告警。Cisco ASA 在一台独立的设备上提供了入侵防御。此外，Cisco ISR 通过 Cisco IOS 安全镜像也提供了基于网络的入侵防御。

可以采用多种方式来缓解侦查攻击。

反嗅探软件和硬件工具通过检测主机响应时间的变化，来确定主机处理的流量是否超过了其自身流量负载所指示的流量。虽然这不能完全消除威胁，但作为整体缓解系统的一部分，它可以减少威胁的数量。

加密也是缓解数据包嗅探攻击的一种有效手段。如果流量进行了加密，数据包嗅探器将没有用武之地，因为它捕获的数据是不可读的。

虽然不能缓解端口扫描，但是使用 IPS 和防火墙可以限制端口扫描器发现的信息。如果在边缘路由器上关闭了 ICMP echo 和 echo-reply 功能，ping 扫描也就随之停止。但是，若关闭了这些服务，则会丢失网络诊断数据。此外，端口扫描可以在没有完全 ping 扫描（full ping sweep）的情况下运行，无非所用的时间更长，原因是还需要扫描不活动的 IP 地址。

1.3.4.5　缓解访问攻击

有多种技术可用于缓解访问攻击。

通过简单的密码猜测或针对密码的暴力字典攻击，可以执行数量惊人的访问攻击。为了抵御这种情况，需要创建并实施强认证策略，具体如下。

- **使用强密码**：强密码指的是至少 8 位字符，其中包含大写字母、小写字母、数字和特殊字符。
- **在发生了指定次数的登录失败后，禁用账户**：这种做法有助于防止连续的密码尝试。

网络应该使用最小信任原则进行设计。这意味着如无必要，系统不要被相互使用。例如，如果一家公司有一台受信任的服务器被不受信任的设备（比如 Web 服务器）使用，则受信任的服务器不应该无条件地信任这台不受信任的设备。

密码学是现代安全网络的一个关键组成部分。建议在远程访问网络时使用加密。路由协议流量也应该加密。加密的流量越多，黑客使用中间人攻击截获数据的机会就越小。

在使用强密码时，结合使用加密或散列认证协议，可以显著降低访问攻击的成功几率。

最后，还需要向员工讲授社会工程学的风险，并制定策略，以电话、电子邮件或者亲自验证身份。

通常，通过查看日志、带宽利用率和进程负载可以检测访问攻击。网络安全策略应该规定，必须维护所有网络设备和服务器的日志。通过查看日志，网络安全人员可以确定失败登录的尝试次数是否发生了异常。

1.3.4.6 缓解 DoS 攻击

DoS 攻击的一个最初迹象是大量用户抱怨资源不可用。为了将攻击次数降至最低，应该始终运行一个网络利用率软件包。网络安全策略也应该有这方面的要求。显示异常活动的网络利用率图形也可以指示 DoS 攻击。

DoS 攻击可能是更大规模攻击的一部分。DoS 攻击可以导致被攻击计算机所在的网段发生问题。例如，互联网和局域网之间的路由器，可能会因为 DoS 攻击而超出其能处理的数据包传输速率，这不仅会危害目标系统，也会危害整个网络。如果攻击的规模足够大，整个互联网连接的地理区域都会受到损害。

从历史上看，许多 DoS 攻击都是来自于欺骗地址。Cisco 路由器和交换机支持许多防欺骗技术，比如端口安全、动态主机配置协议（DHCP）监听、IP 源保护、动态地址解析协议检测以及访问控制列表（ACL）。

1.3.5 Cisco 网络基础保护框架

1.3.5.1 NFP 框架

Cisco 网络基础保护（Network Foundation Protection，NFP）框架针对保护网络基础设施提供了全面的指导。这些指导形成了服务能够持续交付的基础。

NTP 在逻辑上将路由器和交换机分为 3 个功能区域。

- **控制平面**：负责正确地路由数据。控制平面的流量由设备生成的数据包组成，这些数据包是网络运行所需要的，比如 ARP 消息交换或 OSPF 路由通告。
- **管理平面**：负责管理网络元素。管理平面的流量是由使用进程和协议（比如 Telnet、SSH、TFTP、FTP、AAA、SNMP、syslog、TACACS+、RADIUS 和 NetFlow）的网络设备或网络管理工作站生成的。
- **数据平面（转发平面）**：负责转发数据。数据平面的流量通常由用户生成的在端点设备之间转发的流量组成。大多数流量借助数据平面穿越路由器或交换机。

1.3.5.2 保护控制平面

控制平面的流量由设备生成的数据包组成，这些数据包是网络运行所需要的。控制平面的安全可以通过下述特性来实施。

- **路由协议认证**：路由协议认证，或者是邻居认证，可以防止路由器接受欺诈性的路由更新信息。大多数路由协议都支持邻居认证。

- **控制平面监管**（Control Plane Policing，CoPP）：CoPP 是一个 Cisco IOS 特性，允许用户控制由路由处理器或网络设备来处理的流量。

- **AutoSecure**：AutoSecure 可以锁定路由器的管理平面功能、转发平面服务和功能。

CoPP 用来防止不必要的流量涌入路由处理器。CoPP 特性将控制平面作为一个具有入端口（input）和出端口（output）的单独实体来对待。可以在控制平面的入端口和出端口上建立和关联一组规则。

1.3.5.3 保护管理平面

管理平面的流量是由使用进程和协议（比如 Telnet、SSH、TFTP、FTP 等）的网络设备或网络管理工作站生成的。管理平面对黑客有很强的吸引力。出于这个原因，管理模块是由旨在缓解攻击风险的多种技术来构建的。

管理主机和被管理设备之间的信息流可以是带外（out-of-band，OOB）的，即信息在没有生产流量（production traffic）驻留的网络内部流动；也可以是带内的（in-band），即信息跨企业的生产网络和互联网流动。

管理平面的安全可以采用如下特性来实施。

- **登录和密码策略**：限制设备的可访问性。限制可访问的端口并限制访问的"who"和"how"方法。

- **显示法律通知**：显示法律声明。这通常是由公司的法律顾问来制定的。

- **确保数据的保密性**：防止本地存储的敏感数据被查看到或复制。使用带有强认证的管理协议可以缓解旨在暴露密码和设备配置的保密性攻击。

- **基于角色的访问控制**（Role-Based Access Control，RBAC）：确保将访问权限只授予认证的用户、组和服务。RBAC 和认证、授权、审计（AAA）服务提供了有效管理访问控制的机制。

- **行为的授权**：限制特定的用户、组和服务的访问行为和视图（view）。

- **启用管理访问报告**：记录并审计所有的访问。记录谁访问了设备、发生了什么行为，以及行为发生的时间。

RBAC 基于用户的角色来限制用户访问，而角色则是根据其承担的工作或任务功能来创建的，并将访问权限分配给特定的资产。然后对用户进行角色划分，并授予用户该角色所定义的权限。

在 Cisco IOS 中，基于角色的 CLI 访问特性实现了路由器管理访问的 RBAC。该特性创建了不同的"视图"，这些视图定义了哪些命令是可以接受的，哪些配置信息是可见的。出于扩展性考虑，用户、权限和角色通常是在一台中央仓库服务器上创建和维护。这样，多台设备就可以使用访问控制策略。中央仓库服务器可以是 AAA 服务器，比如 Cisco 安全访问控制系统（Access Control System，ACS），它可以为网络提供用作管理用途的 AAA 服务。

1.3.5.4 保护数据平面

数据平面的流量主要由用户生成的在路由器之间转发的流量组成。数据平面的安全可以使用 ACL、防欺骗机制和二层安全特性来实施。

ACL 通过执行数据包过滤来控制哪些数据包通过网络传输，以及哪些数据包可以放行。ACL 用来保护数据平面安全的方法有多种，如下所示。

- **阻止不需要的流量或用户**：ACL 可以在一个接口上过滤入向或出向数据包。它可以基于源地址、目的地址和用户认证来控制访问。
- **减少 DoS 攻击的机会**：ACL 可以用来指定来自主机、网络、用户的流量是否可以访问网络。也可以配置 TCP 拦截特性，以防止服务器遭受连接请求的泛洪。
- **缓解欺骗攻击**：ACL 允许安全实践人员来实施推荐的做法，以缓解欺骗攻击。
- **提供带宽控制**：慢速链路上的 ACL 可以防止过量流量涌入。
- **对流量进行分类，以保护管理平面和控制平面**：可以在 VTY 线路上应用 ACL。

ACL 会丢弃具有无效源地址的流量，因此也可以用作一种防欺骗机制。这将迫使攻击由有效而且可达的 IP 地址发起，从而允许通过追踪数据包而找到攻击的发起者。

诸如单播逆向路径转发（Unicast Reverse Path Forwarding，uRPF）这样的特性可以用来辅助防欺骗策略。

Cisco Catalyst 交换机可以使用集成的特性来保护二层基础设施。下面是集成到 Cisco Catalyst 交换机中的二层安全工具。

- **端口安全**：防止 MAC 地址欺骗和 MAC 地址泛洪攻击。
- **DHCP 欺骗**：防止 DHCP 服务器和交换机上的客户端攻击。
- **动态 ARP 检测（Dynamic ARP Inspection，DAI）**：通过使用 DHCP 欺骗表格，以将 ARP 中毒攻击和欺骗攻击的影响降至最低的方式，保护了 ARP 的安全。
- **IP 源保护**：通过使用 DHCP 欺骗表格的方式来预防 IP 地址欺骗。

本书主要关注的是用来保护管理平面和数据平面的各种技术和协议。

1.4 总结

过去 40 多年以来，网络安全从最初实施在 ARPAnet 上的一种简陋措施逐渐演变。黑客的恶意行为以及维护业务运营的要求驱动着网络安全的需求不断变化。网络安全从业人员的工作包括确保合适的人能够精通网络安全工具、进程、技术、协议和技巧。网络安全组织为从业人员提供了一个论坛来相互协作，并提升他们的技能；同时网络安全策略还提供了一个实用的框架，一个公司内所有的安全行为应该符合该框架。

网络从业人员必须学习缓解各种威胁的技术，其中包括终端用户的漏洞威胁（比如病毒、蠕虫和特洛伊木马）。病毒是附着到另外一个程序的恶意软件，它能够在终端系统上执行有害的行为。蠕虫执行任意代码，并在受感染计算机的内存中安装自身的副本，然后感染其他主机。特洛伊木马看起来与其他东西很类似。当下载并打开特洛伊木马时，它将从内部攻击用户的计算机。

除了这些威胁类型之外，还有其他威胁的分类方式，比如侦查攻击、访问攻击和 DoS 攻击。通过对网络攻击分类，我们就有可能解决某一种类型的攻击而非解决单独的攻击。并没有标准化的方法来分类网络攻击。侦查攻击是指对系统、服务和漏洞进行未经授权的发现和映射。访问攻击利用认证服务、FTP 服务和 Web 服务中已知的漏洞，来获取 Web 账户、机密数据和其他敏感信息。DoS 攻击会在网络或互联网上发送相当大量的请求，这些过量的请求会导致目标设备过载，从而引发性能下降。

Cisco 网络基础保护（NFP）框架为保护网络基础设施免于攻击提供了全面的指导。

第 2 章

保护网络设备

本章介绍

保护网络流出的流量和细查进入网络的流量是网络安全的关键部分。保护连接到外部网络的边界路由器是保护网络的第一个步骤。

在保护网络时，对设备进行加固是一个关键的任务。这项任务包括采用行之有效的方式在物理上保护路由器，以及通过 Cisco IOS 命令行（CLI）和 Cisco 配置专家（Cisco Configuration Professional，CCP）保护对路由器的管理访问。其中有些方法涉及管理访问的保护，包括密码维护、配置增强型虚拟登录特性以及实施安全外壳（SSH）。由于并不是所有的信息技术人员都拥有相同的基础设备访问权限，所以定义访问权限的管理角色是保护基础设备的另外一个重要方面。

保护 Cisco IOS 设备的管理和报告特性也是重要的环节之一。建议采取的措施包括保护 syslog 服务、采用简单网络管理协议（SNMP）以及配置网络时间协议（NTP）。

很多路由器的服务都是默认启用的。其中某些服务是基于历史上的原因启用的，但现在不再需要了。本章讨论其中的一部分服务，并且学习 **auto secure** 命令的一步锁定（One-Step Lockdown）模式，该命令可以用来自动执行设备强化任务。

路由协议认证是防止路由协议欺骗所必需的安全最佳做法。本章将介绍开放最短路径优先（Open Shortest Path First，OSPF）认证与消息摘要 5（MD5）和安全散列算法（Secure Hash Algorithm，SHA）加密的配置，还将介绍控制、管理和数据平面，并重点讨论控制平面监管的操作。

2.1 保护对设备的访问

2.1.1 保护边界路由器

2.1.1.1 保护网络基础设施

保护网络的基础设施是网络安全中最关键的部分。网络的基础设施包括路由器、交换机、服务器、端点和其他一些设备。

例如一个心怀不满的雇员通过一个偶然的机会看到了网络管理员登录边界路由器的过程。攻击者以如此容易的方式获得了未授权的访问权限。

如果攻击者获得了某个路由器的访问权限,整个网络的安全和管理就会处于危险的境地。

为了防止对基础设备的未经授权的访问,必须实施适当的安全策略和控制。路由器是网络攻击者的主要攻击目标,这是因为路由器是交通警察,指挥着流量进出网络。

边界路由器是内部网络与不受信任的外部网络(如互联网)之间的最后一个路由器。一个组织中所有来往互联网的流量都经过边界路由器,因此它通常作为网络的第一道和最后一道防线。边界路由器有助于保护受保护网络的外围安全,并根据企业的安全策略,实施一些安全的功能。由于这些原因,保护网络中的路由器是非常必要的。

2.1.1.2 边界路由器安全方法

根据企业规模以及网络设计复杂性的要求,边界路由器的实施方案是多种多样的。路由器的实施方案可以是单独的路由器保护整个内部网络,也可以是路由器只作为纵深防御手段中的第一道防线。

单一路由器方法

单一路由器将受保护网络或内部的 LAN 连接到互联网。所有的安全策略均在这个设备上配置。在分支办公室和 SOHO 站点这样的小型站点实施中,这是一种常见的部署方式。在较小规模的网络中,在不影响路由性能的前提下,集成服务路由器(ISR)就能够提供所需的安全特性。

纵深防御方法

纵深防御方法比使用单一路由器的方法更安全。在流量进入受保护的 LAN 之前，会经过多个安全层。在这种方法中，边界路由器作为第一道防线（也称为屏蔽路由器），在执行了最初的流量过滤之后，会放行去往内部 LAN 的连接，让连接到达第二道防线，即防火墙。

防火墙通常对穿过边界路由器的流量做进一步的过滤。它通过跟踪每个连接的状态并提供了额外的访问控制，它的作用就像是一个检查站（关卡）设备。默认情况下，防火墙拒绝源自外部（非信任）到内部（信任的）的连接，而它允许内部用户与非信任网络建立连接，并允许返回的流量通过防火墙。它还可以对用户进行认证（认证代理），以限制只有通过认证的用户才能访问网络资源。

路由器并非纵深防御方法中使用的唯一设备，也可以使用其他安全工具，比如 IPS、Web 安全设备（代理服务器）、邮件安全设备（垃圾邮件过滤）。

DMZ 方法

还有一种深度防御方法的变体，这种方法包含了一个中间区域，通常称为非军事区（DMZ）。DMZ 可用于必须从互联网或其他外部网络进行访问的服务器。DMZ 可设置于两台路由器之间，其中内部的路由器连接受保护网络，而外部的路由器连接未受保护网络。DMZ 也可以简化为单台路由器的另一个接口。防火墙位于受保护网络和未受保护网络之间，它可以允许所需要的连接（例如 HTTP）从外部（未受保护）网络访问 DMZ 中的公共服务器。防火墙充当 DMZ 中所有设备的主要防护设施。

2.1.1.3 保护路由器

保护边界路由器的安全是保护网络的第一步重要的工作。如果还有其他内部路由器，也必须针对它们进行安全配置。必须维护路由器上的 3 个安全区域。

物理安全

为路由器提供物理安全保护。

- 将路由器和连接路由器的物理设备放置在一个可靠的、带锁的房间内，房间只允许获得授权的人员进入，不会受到电磁干扰，并且具有灭火装置和温湿度控制系统。
- 安装不间断电源（UPS）并有备用的柴油发电机，而且要确保这些备用部件是可用的，这可降低因停电而造成网络中断的可能性。

操作系统安全

保护路由器操作系统的特性及性能时,会涉及下面这些步骤。

- 为路由器配置尽可能最大的内存空间。内存的可用性能够保护网络不受 DoS 攻击,同时支持最广泛的安全服务。
- 使用最新的、稳定的操作系统版本以满足路由器或网络设备的特性要求。操作系统中的安全和加密特性需要随着时间而提升,这使得拥有操作系统的最新版本变得至关重要。
- 拥有一个路由器操作系统的镜像文件和路由器配置文件的安全副本。

加固路由器

消除针对未使用端口及服务的潜在滥用。

- 安全的管理控制。确保只有授权的人员能够访问,并且他们的访问级别是受控的。
- 禁用未用的端口和接口。减少能够访问设备的方法。
- 禁用不需要的服务。与许多计算机一样,路由器会默认启用一些服务,其中的某些服务是不必要的,而且易被攻击者用来收集路由器和网络的信息,这些信息会在日后的漏洞攻击中用到。

2.1.1.4 保护管理访问

确保管理访问的安全是极其重要的安全任务。如果一个未经授权的人获得了路由器的管理访问权限,这个人就能够修改路由器的参数,禁用路由功能,或者发现并获得网络中其他系统的访问权限。

确保对基础设备管理访问的安全性,包括以下几项重要任务。

- 限制对设备的访问——限制可访问的端口,限制允许的通信设备,并且限制访问的方法。
- 对全部的访问做日志和记账——为了审计的目的,记录下任何访问设备的人,包括在什么时候做了什么。
- 对访问进行验证——确保访问仅仅是授权给经过验证的用户、组和服务。限制失败的登录尝试的次数和两次登录之间的时间。
- 动作的授权——限制特定的用户、组和服务的访问动作和视图(view)。
- 呈现法律通知——为交互式会话显示法律声明,该法律声明是与公司的法律顾问一起协商制定的。

- **确保数据的保密性**——保护本地存储的敏感数据不被看到和复制。这需要考虑数据在传输信道中被嗅探、会话劫持和遭受中间人攻击等弱点。

2.1.1.5 保护本地和远程访问

有两种出于管理目的而访问设备的方法：本地访问和远程访问。

- **本地访问**：所有的网络基础设备都能够从本地访问。本地访问一台路由器通常需要将运行终端模拟软件的计算机直接连接在 Cisco 路由器的控制台端口。管理员必须能够物理访问路由器，并使用控制台电缆连接到路由器的控制台端口。本地访问通常用于设备的初始配置。
- **远程访问**：管理员也可以远程访问基础设备。尽管有可用的辅助（aux）端口选项，但是最常用的远程访问是使用 Telnet、安全外壳（SSH）、HTTP、HTTPS 或简单网络管理协议（SNMP）从某台计算机连接到路由器。该计算机可以与网络设备在同一子网，也可以位于远程网络。

有些远程访问协议以明文的形式将数据（包括用户名和密码）发送到路由器。如果一个攻击者能够在管理员正在远程登录路由器的过程中收集到网络流量，这个攻击者就能够捕获密码或路由器的配置信息。由于这个原因，仅允许本地访问路由器是更好的选择。但是在有些情况下，远程访问也是必要的。当远程访问网络时，要注意防范下列问题。

- 加密管理员计算机与路由器之间的流量。例如，不要使用 Telnet 而使用 SSHv2；使用 HTTPS 而不要用 HTTP 协议。
- 建立专用的管理网络。管理网络应该仅包括确定的管理主机和去往路由器专用接口的连接。
- 配置一个数据包过滤器，仅允许确定的管理主机和首选的协议访问路由器。例如，仅允许源自管理主机的 IP 地址通过 SSH 协议发起连接网络中路由器的请求。
- 配置并建立一个去往本地网络的 VPN 连接，然后再连接路由器的管理接口。

尽管这些防范措施是有价值的，但它们也不能完全保护网络，还必须实施其他的防御措施。其中最基本和最重要的手段之一是使用安全的密码。

2.1.2 配置安全的管理访问

2.1.2.1 强密码

攻击者可以利用各种方法发现管理密码。他们可以在用户输入密码时进行窥视，或者利用用户的个人信息猜测密码，或者嗅探包含明文配置文件的 TFTP 数据包。攻击者也可以使用密码破解器，比如 L0phtCrack 或 Cain & Able 来发现密码。

管理员应该确保网络上使用的是强密码。在保护路由器和交换机等资产时，应遵循强密码规则。

在 Cisco 路由器和很多其他系统中，密码前的空格被忽略，但第一个字母后的空格有效。因此，建立强密码的一个方法是在密码中使用空格，并创建包含很多单词的短语，这称为密码短语。密码短语通常比一个复杂的单词更容易记忆，且由于更长也更难被猜到。

2.1.2.2 增加访问安全

有多种路由器配置命令可以用来增加密码的安全性。

- 默认情况下，密码最小长度是 6 个字符。为了增加这个长度，可以使用 **security passwords min-length** *length* 全局配置模式命令。

- 默认情况下，除了 **enable secret** 命令生成的密码之外，所有的 Cisco 路由器密码都是以明文形式存储在路由器启动配置文件和运行配置文件中。可以使用 **service password-encryption** 全局配置模式命令，对所有的明文密码进行加密。由于使用合适的工具可以轻松逆向加密后的密码，因此该命令的目的并不是保护配置文件免于遭受严重攻击。

- 默认情况下，在最后一次会话活动结束后的 10 分钟内，管理接口处于活动状态并呈现为已登录状态。为了禁用无人看管的连接，可以在线路配置模式下使用 **exec-timeout** *minutes* [*seconds*]命令为每一条访问线路调整超时期限。

可以在线路配置模式下使用 **no exec** 命令禁用具体线路（比如 aux 端口）的 EXEC 进程。使用该命令禁用了连接的 EXEC 进程后，该连接将无法向路由器发送未经请求的数据，而只允许从该线路传出连接。

2.1.2.3 保护密码算法

自从攻击者可以重建有效的证书之后，MD5 散列就不再是安全的了。这会让攻击者欺骗任何网站。建议在配置安全的密码时使用 Type 8 或 Type 9 加密。Type 8 和 Type 9 在 Cisco IOS 15.3(3)M 中引入，两者使用的是 SHA 加密。由于 Tpye 9 加密比 Type 8 略微强一些，因此只要 Cisco IOS 允许，我们在本书中就使用 Type 9 密码。

Type 9 加密的配置没有看起来那么简单。在配置时，不能只是输入 **enable secret 9** 以及未加密的密码。我们必须粘贴加密的密码，而且这个加密的密码可以从其他路由器配置中复制过来。要输入未加密的密码，必须使用 **enable algorithm-type** 命令语法。

Cisco IOS 15.3(3)M 中引入的 Type 8 和 Type 9 加密也可以用于 **username secret** 命令。与

enable secret 命令类似，如果只是输入用户名和用户名的密码，则默认是使用 MD5 加密的。可使用 **username** *name* **algorithm-type** 命令来指定 Type 9 加密。

出于向后兼容性的原因，在 Cisco IOS 中还是可以使用 **enable password**、**username password** 和 **line password** 命令。这些命令在默认情况下不使用加密。而且它们最多使用 Type 7 加密，因此本书中不使用这些命令。

2.1.2.4 保护线路访问

默认情况下，在通过控制台和辅助端口进行管理访问时，并不需要密码。此外，在控制台、vty 和辅助线路上配置的 **password** 命令只能使用 Type 7 加密。因此，应该使用 **login local** 命令配置控制台和辅助线路的用户名/密码认证。此外，vty 线路只能被配置为 SSH 访问。

注意：有些 Cisco 设备有 5 条以上的 vty 线路。在配置密码时，要先在运行配置文件中检查 vty 线路的数量。例如，Cisco 交换机最多支持 16 条同步 vty 线路，编号为 0~15。

2.1.3 为虚拟登录配置增强的安全性

2.1.3.1 增强登录过程

实施了密码和本地验证并不能阻止设备成为被攻击的目标。Cisco IOS 登录增强功能通过减缓攻击（比如字典攻击和 DoS 攻击）的速度提供了更高的安全性。通过启用一个检测配置文件（profile），网络设备可以通过拒绝进一步的连接请求或阻塞登录的方式来响应多次失败的登录尝试。可以为该阻塞配置一个时间段，这个时间段称为静默期（quiet period）。访问控制列表（ACL）可以放行由已知系统管理员地址发出的合法连接。

旗标（banner）在默认情况下是禁用的，需要显式将其启用。使用 **banner** 全局配置模式命令可以指定适当的信息。旗标可以从法律角度来保护组织。在旗标信息中选择适当的措辞也很重要，在放置到路由器之前应让法律顾问进行检查。永远不要使用"欢迎"或其他熟悉的问候语，以免被误解为邀请大家使用网络。

2.1.3.2 配置登录增强特性

Cisco IOS 登录增强命令可以增加虚拟登录连接的安全性。**login block-for** 命令通过在指定次数的登录尝试失败后禁用登录来抵御 DoS 攻击。**login quiet-mode** 命令映射到标识了许可主机的 ACL 上。这确保只有授权的主机可以尝试登录路由器。**login delay** 命令指定了用户在两次登录失败期间必须等待的秒数。**login on-success** 和 **login on-failure** 命令分别记录成功和不成功的登录尝试。

这些登录增强特性不能用于控制台连接。在处理控制台连接时，假定只有授权用户才能物理访问设备。

注意：只有在使用本地数据库进行本地或远程访问验证时，才能启用这些登录增强特性。如果线路被配置为仅使用密码验证，则不会启用这些增强的登录特性。

2.1.3.3 启用登录增强

可以使用 **login block-for** 命令来让 Cisco IOS 设备提供 DoS 检测功能。在配置 **login block-for** 命令之前，其他所有的登录增强特性都是禁用的。

具体来说，**login block-for** 命令可以监控登录设备的行为，并在两种模式下运行。

- 正常模式：也称为观看模式。路由器记录在一个确定的时间段内登录失败的次数。
- 静默模式：也称为静默期。如果失败的登录次数超过了配置的阈值，使用 Telnet、SSH 和 HTTP 的所有登录尝试在 **login block-for** 命令中指定的时间段内都将遭到拒绝。

在启用了静默模式时，所有的登录尝试，包括合法的管理访问，都不会放行。然而，为了让关键主机（比如行使管理目的的主机）在任何时候都能访问，可以使用 ACL 来解决该问题。ACL 使用 **login quiet-mode access-class** 命令来创建和识别。只有 ACL 识别出来的主机能够在静默期访问设备。

执行 **login block-for** 命令时，它可以自动在两次登录间产生 1 秒钟的延迟。为了给攻击者制造更多的困难，两次登录尝试之间的时间延迟可以使用 **login delay** 命令来更改。**login delay** 命令在两次成功登录之间引入统一的延迟。延迟发生在所有登录尝试中，包括失败的和成功的尝试。

login block-for、**login quiet-mode access-class** 和 **login delay** 命令可以在一段有限的时间内帮助阻止失败的登录，但不能防止攻击者再次尝试。管理员如何知道有人通过猜测密码来进入网络呢？

2.1.3.4 记录失败的尝试

可以配置 3 个命令来帮助管理员检测密码攻击。每一个命令都能让设备针对成功或失败的登录尝试生成 syslog 消息。

前两条命令 **login on-success log** 和 **login on-failure log** 会针对成功的登录请求和失败的登录请求生成 syslog 消息。在日志消息生成之前，登录尝试次数可以用 [**every** *login*] 参数来指定，其默认值是 1，取值范围为 1~65535。

与 **login on-failure log** 命令等价的一条命令是 **security authentication failure rate**，配置该命令后，当登录失败的次数超出时，将生成一条日志消息。

要验证 **login block-for** 命令的设置和当前的模式，可使用 **show login** 命令。

show login failures 命令显示有关失败尝试的更多信息，例如发起失败登录尝试的 IP 地址。

2.1.4 配置 SSH

2.1.4.1 配置 SSH 的步骤

在配置 SSH 之前，路由器必须满足 4 个需求：

- 运行的 Cisco IOS 版本支持 SSH；
- 主机名唯一；
- 包含网络的正确域名；
- 配置了本地验证或 AAA 服务。

在配置 Cisco 路由器以支持具有本地验证的 SSH 时，还需要 5 个步骤。

步骤 1　在全局配置模式下使用 **ip domain-name** *domain-name* 命令配置网络的 IP 域名。

步骤 2　要加密 SSH 流量，路由器必须产生单向密钥。这种密钥被称为不对称密钥。Cisco IOS 软件使用 Rivest、Shamir 和 Adleman（RSA）算法产生密钥。在全局配置模式下，用 **crypto key generate rsa general-keys modulus** *modulus-size* 命令创建 RSA 密钥。modulus 确定 RSA 密钥的位数，可选择的范围为 360～2048 位。modulus 越大，RSA 密钥越安全。然而 modulus 值越大，生成的时间和加密、解密的时间也越长。推荐的 modulus 值的最小长度为 1024 位。
注意：在生成 RSA 之后，将自动启用 SSH。

步骤 3　尽管从技术上来讲并不需要，但是由于 Cisco 路由器默认的是 SSHv1，因此需要使用 **ip ssh version 2** 全局配置命令来手动配置为版本 2。最初的版本中存在一个已知漏洞。

步骤 4　确保有一个有效的本地数据库用户名条目。如果没有，用 **username** *name* **algorithm-type scrypt secret** *secret* 命令创建一个。

步骤 5　使用线路 vty 命令 **login local** 和 **transport input ssh** 启动 vty 入向 SSH 会话。

要校验 SSH 并显示产生的密钥，可在特权 EXEC 模式下使用 **show crypto key mypubkey**

rsa 命令。如果存在密钥对，推荐使用 **crypto key zeroize rsa** 命令来覆盖。

2.1.4.2 修改 SSH 配置

可以使用 **show ip ssh** 命令来验证可选的 SSH 命令设置。还可以修改默认的 SSH 超时时间间隔和身份验证的尝试次数。使用 **ip ssh time-out** *seconds* 全局配置模式命令来修改默认的超时时间间隔（默认为 120 秒）。这可以配置 SSH 用来验证用户身份的秒数。在验证通过之后，将启用一个 EXEC 会话，并为 vty 应用已配置的标准 exec-timeout。

默认情况下，用户在输入密码登录时，有 3 次试错机会，若 3 次都出错，则断开连接。可以使用 **ip ssh authentication-retries** *integer* 全局配置命令，配置 SSH 连续尝试的次数。

2.1.4.3 连接到支持 SSH 的路由器

使用 **show ssh** 命令可以验证客户端连接的状态。有两种不同的方式可以连接到支持 SSH 的路由器。

- 默认情况下，在启用 SSH 后，Cisco 路由器既可以充当 SSH 服务器，也可以充当 SSH 客户端。充当服务器时，路由器可以接受 SSH 客户端连接。充当客户端时，路由器可以通过 SSH 连接到其他支持 SSH 的路由器。

- 使用主机上运行的 SSH 客户端进行连接，如 PuTTY、OpenSSH 和 TeraTerm 客户端。

根据所应用的 SSH 客户端应用程序的不同，连接到 Cisco 路由器的过程也不相同。一般而言，SSH 客户端发起一个到路由器的 SSH 连接。路由器 SSH 服务提示输入正确的用户名和密码。在对登录进行验证之后，路由器就可以像管理员使用标准 Telnet 会话那样被管理了。

2.2 分配管理角色

2.2.1 配置特权级别

2.2.1.1 限制命令的可用性

大型公司的 IT 部门内通常由许多不同的工作职能，而且并不是所有的工作职能都有相同级别的基础设施访问权限。Cisco IOS 软件提供两种方法来访问基础设施：特权级别和基于角色的 CLI。这两种方法都可以确定允许连接设备的主体（who），以及该主体可以执行的操作。基于角色的 CLI 访问可以提供更精确的控制。

默认情况下，Cisco IOS 软件 CLI 有两个级别的访问命令。

- **用户 EXEC 模式（特权级别 1）**——提供最低的用户 EXEC 模式，在 router>提示符下仅提供用户级别的命令。
- **特权 EXEC 模式（特权级别 15）**——在 router#提示符下包括所有启用级别（enable-level）的命令。

Cisco IOS 软件有 16 个特权级别。级别越高，用户可以对路由器执行的操作就越多。低特权级别下的命令在高特权级别下可以使用。使用 **privilege** 全局配置模式命令，可以为自定义的特权级别分配命令。

2.2.1.2 配置和分配特权级别

要使用具体的命令来配置特权级别，可以使用 **privilege exec level** *level* [*command*]命令。

- 特权级别 5 可以访问预定义的级别 1 的所有命令和 ping 命令。
- 特权级别 10 可以访问级别 5 的所有命令以及 reload 命令。
- 特权级别 15 是预定义的，不需要显式配置。该特权级别可以访问所有的命令（包括查看和更改配置）。

有两种方法为不同特权级别指派密码。

- 对于分配了某一个特权级别的用户，使用全局配置模式命令 **username** *name* **privilege level secret** *password*。
- 对于特权级别，使用全局配置模式命令 **enable secret level** *level password*。

注意：username secret 和 enable secret 命令都可以配置为 Type 9 加密。

使用 **username** 命令可以为指定用户分配一个特权级别。使用 **enable secret** 命令可以为特定的 EXEC 模式密码分配一个特权级别。

2.2.1.3 特权级别的限制

在使用特权级别时，存在如下限制。

- 不能控制对路由器上特定接口、端口、逻辑接口和插槽的访问。
- 低特权级别的命令总能在高级别执行。

- 高特权级别的命令不能提供给低级别的用户。
- 在为用户分配具有多个关键字的命令时，具有这些关键字的其他命令都可以被用户使用。例如，如果允许使用 **show ip route** 命令，则也可以使用 **show** 和 **show ip** 命令。

注意：如果管理员必须创建一个几乎可以访问所有命令的用户账户，则对于必须在特权级别 15 以下执行的所有命令，都需要配置 **privilege exec** 语句。

2.2.2 配置基于角色的 CLI

2.2.2.1 基于角色的 CLI 访问

为提供比特权级别更大的灵活性，Cisco 在 Cisco IOS 12.3(11)T 版本中引入了基于角色的 CLI 访问。此功能可以为特定角色使用的命令提供更细致、精确的控制。基于角色的 CLI 访问能使网络管理员为不同用户建立不同的路由器配置视图，每个视图定义每个用户可使用的 CLI 命令。

安全性

基于角色的 CLI 访问通过为特定用户定义可以使用的 CLI 命令集，增强了设备的安全性。此外，管理员可以控制用户对路由器上特定端口、逻辑接口和插槽的访问。这可以防止用户偶然或故意地修改配置或获取不应获得的信息。

可用性

基于角色的 CLI 访问可以防止未授权的用户无意识地执行 CLI 命令，最小化宕机时间。

运行效率

用户仅能看见可用于端口的 CLI 命令和可访问的 CLI 命令，因此路由器对他们来讲降低了复杂性，用户在使用设备的帮助功能时也能更容易识别命令。

2.2.2.2 基于角色的视图

基于角色的 CLI 访问提供了 3 种视图，用来指示可以使用哪些命令。

根视图

管理员必须在根视图中配置系统的各种视图。根视图的访问权限级别与 15 级的特权级别相同。然而，根视图与 15 级的用户不同。只有根视图能够配置新视图并为已存在的视图增加和删除命令。

CLI 视图

CLI 视图可以捆绑特定的命令集。不像特权级别，CLI 视图没有命令层次结构，因此没有高级别视图与低级别视图之分。每个视图必须分配与之相关的命令，而且不会从其他视图继承命令。此外，相同的命令可以在不同的视图中使用。

超级视图

超级视图包含一个或多个 CLI 视图。管理员可以定义可用的命令和可见的配置信息。超级视图允许网络管理员为用户和用户组一次分配多个 CLI 视图，而不用每个用户分配一个 CLI 视图以及与此视图相关联的命令。

超级视图有以下特性。

- 单个 CLI 视图可在几个超级视图间共享。
- 不能为超级视图配置命令。管理员必须为 CLI 视图添加命令，再将 CLI 视图加入超级视图。
- 登录到超级视图的用户可以访问属于此视图的所有 CLI 视图的命令。
- 每个超级视图都有一个密码，用于在超级视图间转换，或从 CLI 视图转换到超级视图。
- 删除超级视图不能删除与之关联的 CLI 视图。CLI 视图会保留下来供其他超级视图使用。

2.2.2.3 配置基于角色的视图

管理员建立视图前，必须用 **aaa new-model** 命令启用 AAA。要配置或修改视图，管理员必须使用 **enable view** 特权 EXEC 命令登录到根视图。也可以用 **enable view root** 命令。在提示符下，输入 **enable secret** 密码。

建立和管理一个具体的视图需要 5 个步骤。

步骤 1 使用全局配置模式命令 **aaa new-model** 启用 AAA。退出并使用 **enable view** 命令进入根视图。

步骤 2 使用全局配置模式命令 **parser view** *view-name* 建立视图。这将启用视图配置模式，除了根视图之外，最多可以有 15 个视图。

步骤 3 使用视图配置模式命令 **secret** *encrypted-password* 为视图指派 secret 密码。

步骤 4 在视图配置模式使用 **commands** *parser-mode* 命令为选中的视图分配命令。

步骤 5　输入 **exit** 命令退出视图配置模式。

2.2.2.4　配置基于角色的 CLI 超级视图

配置超级视图与配置 CLI 视图基本一致，不同之处在于超级视图是使用 **view** *view-name* 命令来分配命令的。管理员必须在根视图中配置超级视图。为确认使用的是根视图，可以用 **enable view** 或 **enable view root** 命令。在提示符下，输入 **secret** 密码。

建立和管理超级视图需要 4 个步骤。

步骤 1　使用 **parser view** *view-name* **superview** 命令建立超级视图，并进入超级视图配置模式。

步骤 2　使用 **secret** *encrypted-password* 命令为视图指定 secret 密码。

步骤 3　在视图配置模式使用 **view** *view-name* 命令分配已经存在的视图。

步骤 4　输入 **exit** 命令退出超级视图配置模式。

可将多个视图分配给一个超级视图，而且视图也可以在超级视图之间共享。

为了访问已有的视图，可在用户模式下输入 **enable view** *view-name* 及相应的密码。使用同样的命令可以从一个视图切换到另一个视图。

2.2.2.5　验证基于角色的 CLI 视图

可以使用 **enable view** 命令检验视图。输入要验证的视图名字及登录该视图的密码。使用"？"命令来验证视图中可用的命令是否正确。

在根视图中，使用 **show parser view all** 命令可以查看所有视图的汇总。

2.3　监控和管理设备

2.3.1　保护 Cisco IOS 镜像和配置文件

2.3.1.1　Cisco IOS 弹性配置特性

如果有人故意或无意格式化了路由器的内存或擦除了 NVRAM 中的配置文件，Cisco IOS

弹性配置特性可进行快速恢复。这一特性保留了路由器 IOS 镜像文件的安全工作副本和运行配置文件的副本。而且这些安全文件不能被用户删除，被称为主引导集（primary bootset）。

2.3.1.2 启用 IOS 镜像弹性特性

使用 **secure boot-image** 全局配置模式命令可以保护 IOS 镜像并启用 Cisco IOS 镜像弹性特性。第一次启用时，正在运行的 Cisco IOS 镜像被保护起来并生成一条日志记录。Cisco IOS 镜像弹性特性只能通过控制台会话，借助于命令的 **no** 形式来禁用。只有当系统被配置为通过闪存来运行镜像文件，而且闪存带有一个 ATA 接口时，该命令才能正常运行。此外，运行镜像必须从永久存储中载入时才能作为主（primary）镜像得以保护，通过网络（比如 TFTP 服务器）载入的镜像不会得到保护。

在全局配置模式下，可以使用 **secure boot-config** 命令获得路由器运行配置的快照并在永久存储器中安全存档。控制台上显示的日志消息通知用户弹性配置已经激活。存档配置是隐藏的，不能在 CLI 提示符下直接查看或删除。在提交新的配置命令后，可运行 **secure boot-config** 命令将配置存档文件升级为较新版本。

在 CLI 下执行 **dir** 命令时，安全保护的文件不会显示在该命令的输出结果中。这是因为 Cisco IOS 文件系统会阻止列出这些安全文件。运行镜像和运行配置存档文件在 **dir** 命令输出中也是不可见的。

可以使用 **show secure bootset** 命令来验证存档文件是否存在。

2.3.1.3 主引导集镜像

在路由器被篡改后，可以从安全存档恢复主引导集（primary bootset），步骤如下。

步骤 1 使用 **reload** 命令重启路由器。如果有必要，需执行中断序列（beak sequence），进入 ROMmon 模式。

步骤 2 在 ROMmon 模式下，输入 **dir** 命令列出包含安全引导集文件的设备的内容。

步骤 3 用 **boot** 命令和在步骤 2 中找到的闪存的位置（例如 flash0）、冒号和文件名，使用安全引导集镜像来启动路由器。

步骤 4 进入全局配置模式，使用 **secure boot-config restore** *filename* 命令外加闪存的位置（例如 flash0）、冒号和所选择的文件名，将安全配置恢复为所选择的文件名。

步骤 5 退出全局配置模式，并执行 **copy** 命令，将恢复后的配置文件复制到运行配置中。

2.3.1.4 配置安全复制

Cisco IOS 弹性特性提供了一种在设备本地保护 IOS 镜像和配置文件的方法。使用安全复制协议（Secure Copy Protocol，SCP）特性可以远程复制这些文件。SCP 提供了一种安全且经过身份验证的方法，可以将路由器配置或路由器镜像文件复制到远程位置。SCP 依赖于 SSH，并要求配置 AAA 验证和授权，以便路由器能够确定用户是否具有正确的权限级别。

注意：AAA 配置会在后续章节详细介绍。

在使用本地 AAA 来为服务器端的 SCP 配置路由器时，需要执行如下步骤。

步骤 1 配置 SSH（如果还没有配置的话）。

步骤 2 对于本地认证来说，至少配置一位具有 15 级特权级别的用户。

步骤 3 使用 **aaa new-model** 全局配置模式命令启用 AAA。

步骤 4 使用 **aaa authentication login default local** 命令指定将本地数据库用于身份验证。

步骤 5 使用 **aaa authorization exec default local** 命令来配置命令授权。

步骤 6 使用 **ip scp server enable** 命令启用 SCP 服务器端的功能。

2.3.1.5 恢复路由器密码

当路由器受损或需要从错误配置的密码中恢复时，管理员必须理解密码恢复的过程。出于安全原因，密码恢复需要管理员通过控制台电缆物理地连接到路由器。密码恢复流程的细节会因为 Cisco 设备的不同而略有不同。

2.3.1.6 密码恢复

如果有人获得了路由器的物理访问权限，他就有可能通过密码恢复流程获得该设备的控制权限。在正确地执行了该流程后，路由器的配置将完好无损。如果攻击者没有做出重大更改，则很难检测到这类攻击。攻击者可以使用这种攻击方法发现路由器配置以及与网络相关的其他信息，比如流量流和访问控制限制。

管理员可以使用 **no service password-recovery** 全局配置模式命令来缓解这种安全威胁。这是一个隐藏的 Cisco IOS 命令，没有任何参数和关键字。如果使用该命令配置了某台路由器，则会禁用对 ROMmon 模式的所有访问。

输入 **no service password-recovery** 命令后，会显示一条警告信息，在启用该特性之前必须进行确认。

在配置后，**show running-config** 命令显示 **no service password-recovery** 语句。

在启用路由器时，初始的引导顺序会显示一条消息"PASSWORD RECOVERY FUNCTIONALITY IS DISABLED"（密码恢复功能被禁用）。

在输入 **no service password-recovery** 命令后，要想恢复设备，需要在启动期间在解压缩镜像文件的 5 秒钟内，启动中断序列。系统会提示用户对这一操作进行确认。在确认后，启动配置文件将被完全擦除，启动密码恢复流程。路由器使用工厂默认配置进行启动。如果不确认"启动中断序列"的操作，路由器将正常启动，且启用了 **no service password-recovery** 命令。

警告：如果路由器闪存没有包含有效的 Cisco IOS 镜像（比如镜像损坏或被删除），则无法使用 ROMmon **xmodem** 命令来载入新的闪存镜像。要想修复路由器，管理员必须在一个闪存 SIMM 或 PCMCIA 卡上有一个新的 Cisco IOS 镜像。如果管理员可以访问 ROMmon，则可以使用 TFTP 服务器将 IOS 文件恢复到闪存中。

2.3.2 安全管理和报告

2.3.2.1 确定管理访问的类型

在小型网络中，管理和监控少量的网络设备相当简单。但在包含数百台设备的大型企业网络中，监控、管理和处理登录信息就变得具有挑战性了。从报告的角度来看，大多数网络设备在排错或受到安全威胁时都会发送有价值的日志数据。这些数据可以进行实时查看、按需查看或按照预定计划进行报告。

在记录与管理信息时，管理主机和被管理设备之间的信息传输有两个路径。

- 带内——信息使用常规的数据通道在企业生产网络和/或互联网中传输。
- 带外（OOB）——信息在专用的管理网络中传输，不会有生产流量驻留。

例如，一个网络有两个网段被一台 Cisco IOS 路由器分开。该路由器提供了防火墙服务，保护管理网络。去往生产网络的连接可以允许管理主机访问互联网，并提供有限的带内管理流量。带内管理仅在 OOB 管理不可行时使用。如果需要带内管理，流量必须使用私有的加密隧道或者 VPN 隧道安全发送。

管理主机和终端服务器位于受保护的管理网络中。位于管理网络中的终端服务器在管理网络中提供 OOB 控制台直连，用于连接生产网络中需要进行管理的网络设备。大多数设备应该使用 OOB 管理连接到管理网段并进行配置。

由于管理网络几乎对网络的每一个区域都有管理访问权限，这使它成为最吸引黑客的目标。

防火墙上的管理模块内置了几种技术来降低此风险。最主要的威胁是黑客试图获取对管理网络的访问，这可以通过一台被攻陷的管理主机（管理设备必须能够访问该主机）来完成。要缓解被攻陷设备带来的威胁，必须在防火墙及其他每一台设备上加强访问控制。此外，应该对管理设备进行设置，防止它使用单独的 LAN 网段或 VLAN 来直接连接到同一管理子网上的其他主机。

2.3.2.2 带外和带内访问

作为一条通用规则，出于安全目的而在大型企业网络中使用 OOB 管理是很合适的。但是，它也并非总是可取的。是否使用 OOB 管理取决于运行的管理应用程序的类型及要监控的协议类型。例如，考虑这样一个场景：要使用 OOB 网络来管理和监控两台核心交换机。如果在生产网络上两台核心交换机间的关键链路失效，那么监控这些设备的应用程序永远不能确定链路是否失效且无法警告管理员。这是因为 OOB 网络使得所有设备都像是连接到单一的 OOB 管理网络，OOB 管理网络不会受失效链路的影响。对于这样的管理应用程序，最好以安全的方式在带内运行。

带内管理在小型网络中作为具有高性价比的安全部署方案而被推荐。在这样的架构中，管理流量在任何情况下都会在带内流动。带内管理通过使用安全的管理协议提升了安全性，如用 SSH 代替 Telnet。另一个选项是使用 IPSec 这样的协议为管理流量建立安全通道。如果管理访问不是在所有时间都是必要的，那么可以只在执行管理功能时在防火墙上开辟临时通道。这一技术应小心使用，而且在管理任务完成后，应立即关闭。

最后，如果使用带内远程管理工具，要警惕管理工具本身的安全漏洞。例如，SNMP 管理器经常用于完成网络中的排错和配置任务，但由于底层协议有其自身的安全漏洞，SNMP 应小心对待。

2.3.3 针对网络安全使用 syslog

2.3.3.1 syslog 简介

实施日志功能是任何网络安全策略的重要一部分。当网络中发生某些事件时，联网设备必须有可信的机制来通知管理员详细的系统消息。这些消息可以是非关键的，也可以是重要的。网络管理员有多个选项来存储、解释和显示这些消息。比如，可以向管理员通知所有的信息，或者是只通知那些对网络基础设施有重大影响的消息。

从网络设备中访问系统消息的一种最常见的方法是使用名为 syslog 的协议，该协议定义在 RFC 5424 中。syslog 使用 UDP 端口 514 在 IP 网络上发送事件通知消息到事件消息收集器。

许多网络设备都支持 syslog，包括路由器、交换机、应用服务器、防火墙和其他网络设备。syslog 日志服务提供了 3 个主要的功能：

- 收集日志信息供监控和排错使用。
- 选择被捕获的日志消息的类型。
- 指定被捕获的 syslog 消息的目的地。

2.3.3.2 syslog 的运行

在 Cisco 网络设备上，syslog 协议将系统信息和 debug 输出消息发送到设备内部的本地日志进程。日志进程根据设备的配置来管理和输出这些消息。例如，syslog 消息可以沿着网络发送到一台外部 syslog 服务器。可以检索这些消息，并将其放到各种报告中，以方便阅读。

Cisco 路由器可以根据配置变化、ACL 违规行为、接口状态、CPU 使用率和其他事件记录日志信息。例如，可以使用 **memory free low-watermark threshold io** 和 **memory free low-watermark processor** 命令来设置内存阈值。当可用的内存低于内存阈值时，路由器会将通知消息（以千字节为单位）发送给 syslog 服务器。当可用内存上升到阈值以上的 5% 时，路由器会再次发送通知消息。

Cisco 路由器也可以将日志信息发送到不同的设备上。

- **日志缓存**——信息可以在路由器内存中存储一段时间。但是，路由器重启后，信息将会被清空。
- **控制台**——默认情况下，控制台日志是开启的。当管理员激活接口后，syslog 消息被发送到控制台接口。
- **终端线路**——在任何终端线路上都可以配置 EXEC 会话，以接收日志消息。
- **syslog 服务器**——Cisco 路由器可以配置为将日志消息转发给外部 syslog 服务。

2.3.3.3 syslog 消息

当有网络事件发生时，Cisco 设备将生成 syslog 消息。每一条 syslog 消息都包含一个严重性（severity）等级和设施（facility）。

严重性级别的数值越小，则说明 syslog 的告警越严重。消息的严重性级别可以用来控制每一种消息的显示位置（比如显示在控制台或其他目的地）。

级别为 0～4 的 syslog 消息与软件或硬件功能有关。问题的严重性决定了实际应用的 syslog 的级别。级别 5 和 6 是通知消息和信息性消息。级别 7 表示消息是由各种调试命令生成的。

除了指定严重性级别之外，syslog 消息也包含与设施有关的信息。syslog 设施是可以识别和分类系统状态数据的服务标识符，这些系统状态数据与错误和事件消息报告有关。可用的日志设施选项与特定的设备相关。

2.3.3.4 syslog 系统

syslog 实施包含两种类型的系统。

- **syslog 服务器**——也称为日志主机，这些系统接受和处理来自 syslog 客户端的 syslog 消息。
- **syslog 客户端**——产生并向 syslog 服务器转发 syslog 消息的路由器或其他设备。

2.3.3.5 配置系统日志

使用下列步骤配置系统日志。

步骤 1 用 **logging host** 命令设置目的日志主机。

步骤 2 （可选）用 **logging trap** 命令设置日志严重性（trap）级别。

步骤 3 用 **logging source-interface** 命令设置源接口。该命令指定 syslog 数据包包含特定接口的 IPv4 或 IPv6 地址，而不管数据包离开路由器所用的接口是哪个。

步骤 4 使用 **logging on** 命令启动日志。

使用 **show logging** 命令可以查看日志配置和缓冲的 syslog 消息。

2.3.4 使用 SNMP 实现网络安全

2.3.4.1 SNMP 简介

另一个常用的监控工具是 SNMP。开发 SNMP 的目的是让管理员来管理 IP 网络中的设备。网络管理员可以使用 SNMP 来监控网络性能，管理网络设备，发现并解决网络问题，以及规划网络的增长。

SNMP 包含了 3 个与网络管理系统（NMS）相关的组件：

- SNMP 管理器；
- SNMP 代理（被管理的节点）；

- 管理信息库（MIB）。

SNMP 管理器和代理使用 UDP 来交换信息。具体来说，SNMP 代理在 UDP 端口 161 上监听，而 SNMP 管理器在 UDP 端口 162 上监听。SNMP 管理器运行 SNMP 管理软件。SNMP 管理器使用 get 请求从 SNMP 代理处收集信息，并且使用 set 请求在代理上修改配置。必须对 SNMP 代理进行配置，使其能够访问本地 MIB。可以对 SNMP 代理进行配置，使其将通知消息（trap）直接转发到 SNMP 管理器。

2.3.4.2 管理信息库（MIB）

SNMP 的 set、get 和 trap 消息都可以创建和修改 MIB 中的信息。信息在 MIB 中是按照层次进行组织的，以便 SNMP 迅速访问。MIB 中的每一条信息都有一个对象 ID（OID）。MIB 可以基于 RFC 标准将 OID 组织为层次结构。这个树状层次结构的每一层的含义超出了本书的范围。任何给定设备的 MIB 树中，都包含通用变量（对很多网络设备来说是相同的）的分支和特定变量（与设备或供应商相关）的分支。

网络管理员可以使用 Cisco SNMP 对象导航器研究特定 OID 的细节。

2.3.4.3 SNMP 版本

SNMP 有如下几个版本。

- **SNMPv1**：定义在 RFC 1157 中；没有提供验证和加密机制。

- **SNMPv2c**：定义在 RFC 1901～1908 中；对 SNMPv1 进行了改进，但是依然没有提供验证和加密机制。

- **SNMPv3**：定义在 RFC 2273～2275 中；通过对网络中传输的数据包进行验证和加密，提供了对设备的安全访问。

2.3.4.4 SNMP 漏洞

在任何网络拓扑中，至少要有一个管理器节点运行 SNMP 管理软件。受管的网络设备（比如交换机、路由器、服务器和工作站）都要安装 SNMP 代理软件模块。SNMP 代理负责提供 SNMP 管理器对本地 MIB 的访问，后者存储设备运行相关的数据。

SNMP 很容易受到攻击，原因是 NMP 代理使用 get 请求进行轮询，并使用 set 请求接受配置的更改。例如，一个 set 请求可以引发路由器重启、发送配置文件或者接收配置文件。SNMP 代理也可以被配置为向外发送 trap 或通知消息。在 SNMPv1 和 SNMPv2c 中，这些请求和通知都没有经过认证和加密。

2.3.4.5 SNMPv3

SNMPv3 通过对网络上传输的数据包进行验证和加密，提供了对设备的安全访问。这解决了 SNMP 早期版本中的漏洞。

SNMPv3 提供了下面 3 个安全特性。

- 信息的完整性和验证——保证数据包在传输中未被修改，而且是来自一个有效的源。
- 加密——打乱数据包的内容，防止未经授权的查看。
- 访问控制——对数据特定部分的某些操作进行限制。

2.3.4.6 配置 SNMPv3 安全

只需要几个命令就可以保护 SNMPv3。

步骤 1　配置 ACL，允许访问授权的 SNMP 管理器。

步骤 2　使用 **snmp-server view** 命令配置 SNMP 视图，确定 SNMP 管理器能够阅读的 MIB OID。要将 SNMP 管理器限制为只读访问，配置视图则必不可少。

步骤 3　使用 **snmp-server group** 命令配置 SNMP 组特性：

- 配置组名；
- 使用 **v3** 关键字将 SNMP 版本设置为 3；
- 使用 **priv** 关键字设置验证和加密；
- 将视图与组相关联，并使用 **read** 命令为视图设置为只读访问；
- 指定步骤 1 中配置的 ACL。

步骤 4　使用 **snmp-server user** 命令配置 SNMP 组用户特性：

- 配置用户名，并将用户与步骤 3 中配置的组名关联起来；
- 使用 **v3** 关键字将 SNMP 版本设置为 3；
- 使用 **md5** 或 **sha** 设置验证类型，并配置验证面。建议优选 SHA，SNMP 管理器软件应该支持它；
- 使用 **priv** 关键字设置加密，并配置加密密码。

SNMPv3 配置选项的完整讨论超出了本书范围。

2.3.4.7 安全 SNMPv3 配置示例

安全 SNMPv3 配置的示例如下。

步骤 1 一个名为 PERMIT-ADMIN 的标准 ACL 被配置为只放行 192.168.1.0/24 网络。连接到该网络的所有主机都可以访问 R1 上运行的 SNMP 代理。

步骤 2 一个名为 SNMP-RO 的 SNMP 视图被配置为包含 MIB 的整个 iso 树。在生产网络中，网络管理员有可能将该视图配置为只包含监控和管理网络所需的 MIB OID。

步骤 3 使用 ADMIN 名字配置一个 SNMP 组。将 SNMP 设置为版本 3，即需要验证和加密功能。该组可以采用只读的方式访问视图（SNMP-RO）。这个组的访问限制是由 PERMIT-ADMIN ACL 来指定的。

步骤 4 一个 SNMP 用户（名字为 BOB）被配置为组 ADMIN 的成员。SNMP 被设置为 3。使用 SHA 进行验证，且配置了验证密码。尽管 R1 最高支持 AES 256 位的加密，但是 SNMP 管理软件只支持 AES 128。因此加密被设置为 AES 128，并配置一个加密密码。

2.3.4.8 验证 SNMPv3 的配置

可以通过查看运行配置来验证大多数的 SNMPv3 的安全配置。使用 **show snmp user** 命令可以查看用户信息。

SNMP 管理器使用 SNMP 管理工具（比如免费的 SNMP MIB Browser）将 get 请求发送到 R1。对该管理工具进行配置。配置完以后，使用 SNMP 管理工具的特性来测试用户是否可以访问 SNMP 代理。网络管理员输入 IP 寻址表的 OID。get 请求返回 R1 的所有寻址信息。网络管理员使用适当的凭证进行了身份验证。运行协议分析仪（比如 Wireshark）捕获 SNMP 数据包，验证数据是否进行了加密。

2.3.5 使用 NTP

2.3.5.1 网络时间协议

很多涉及网络安全的事情都依赖于精确的日期和时间戳，如安全日志。在处理攻击时，时间很关键，因为识别一个特定攻击发生的次序非常重要。为了确保日志信息的时间戳是精确的，主机和网络设备的时钟要保持同步。

通常，路由器的日期和时间的设定用以下两种方法：

- 手动编辑日期和时间；
- 配置网络时间协议（NTP）。

随着网络的增长，确保所有基础设施设备运行于同步的时间将变得困难。即使在小型网络环境中，手动方法也并不理想。如果路由器重启，它如何获得精确的日期和时间戳呢？

一个好的解决方案是在网络中配置 NTP。NTP 可以使得网络中所有路由器的时间与 NTP 服务器同步。从单一的源获取时间和日期信息的一组 NTP 客户端可以保持一致的时间设置。在网络中实施 NTP 时，可以将其设置为与私有的主时钟保持同步，也可以将其设置为与互联网上公共的 NTP 服务器保持同步。

NTP 使用 UDP 端口 123，在 RFC 1305 中描述。

2.3.5.2　NTP 服务器

在确定使用私有还是公共时钟同步时，要权衡它们的风险和好处。

如果使用私有主时钟，管理员必须确保时间源是有效的，并且是来自于一个安全的站点，否则，将会带来安全隐患。比如，攻击者可以在互联网上通过向网络发送伪造的 NTP 数据来发起 DoS 攻击，以改变网络设备的时钟，这可能使数字证书变为无效。攻击者也可在攻击期间扰乱网络设备的时钟，使管理员无所适从。对网络管理员来讲，这就很难确定多台设备上 syslog 事件发生的次序。

从互联网获取时钟意味着允许不安全的数据包通过防火墙。互联网上的许多 NTP 服务器不需要验证对端，因此网络管理员必须要确认时钟的可靠性、有效性和安全性。

运行 NTP 的设备间的通信（也称为关联）通常是静态配置的。每个设备都给定了 NTP 主服务器（master）的 IP 地址。通过在相互关联的每对设备间交换 NTP 消息，就可以保持时间精确同步。

在配置了 NTP 的网络中，有一台或多台路由器用 **ntp master** 全局配置模式命令被指定为主时钟 keeper（也称为 NTP 主服务器）。

NTP 客户端或者与 NTP 主服务器联络，或者监听 NTP 主服务器发来的消息，以同步时钟。与 NTP 主服务器联络，可使用 **ntp server** *ntp-server-address* 命令。

在 LAN 环境中，通过使用 **ntp broadcast client** 接口配置模式命令，可以将 NTP 配置为使用 IP 广播消息。由于每个设备都可以配置为发送和接收广播消息，这个方法降低了配置的复杂性。由于信息流是单向的，所以时间同步的精确性也有所降低。

2.3.5.3 NTP 验证

NTPv3 或更高的版本支持在 NTP 对等体间的加密验证机制。这一验证机制可以缓解被攻击的风险。

在 NTP 主服务器和客户端上，可以使用如下 3 个命令：

- **ntp authenticate**
- **ntp authentication-key** *key-number* **md5** *key-value*
- **ntp trusted-key** *key-number*

没有配置验证的客户端仍可以从服务器获得时间。不同之处在于客户端不能验证服务器是否是安全的源。

可使用 **show ntp associations detail** 命令来确定服务器是经过验证的源。

注意：*key-number* 值也可以在 **ntp server** *ntp-server-address* 命令中作为一个参数来设置。

2.4 使用自动安全特性

2.4.1 执行安全审计

2.4.1.1 CDP 和 LLDP 发现协议

Cisco 路由器最初部署了许多服务，这些服务在默认情况下会启动，这使用起来非常方便并简化了让设备运行所需的配置过程。然而，如果没有启用安全，有些服务可能会给设备带来攻击漏洞。管理员在 Cisco 路由器上启用的服务也会让设备暴露于危险之中。在保护网络时，这些情况都要考虑。

例如，Cisco 发现协议（Cisco Discovery Protocol，CDP）是 Cisco 路由器默认启用的一个服务。链路层发现协议（Link Layer Discovery Protocol，LLDP）是一个可以在 Cisco 设备和支持 LLDP 的其他厂商设备上启用的开放标准。LLDP 的配置和验证与 CDP 很相似。

不幸的是，攻击者不需要支持 CDP 或 LLDP 的设备，就可以收集这些敏感信息。有一些现成的软件，如 Cisco CDP Monitor，可以直接下载到，以用来获取信息。CDP 和 LLDP 旨在方便管理员发现网络上的其他 Cisco 设备并排错，但由于其安全问题，在使用这些发现协议时要小心。尽管这些发现协议相当有用，但不要在网络的每个地方都启动它，边界设备就应将此功能禁用。

2.4.1.2 协议和服务的设置

攻击者会选择那些使网络更容易受到恶意破坏的服务和协议。

根据组织的安全要求，有很多服务应被禁用或至少应限制使用。这些服务特性从网络发现协议（如 CDP 和 LLDP）到全球可用协议（如 ICMP）和其他扫描工具，不一而足。

Cisco IOS 软件中的一些默认设置由于其历史原因而存在。在最初开发这些软件时，这些默认设置是合乎逻辑的。而且大多数系统的其他默认设置在当时的环境下都讲得通，但是如果将其用在构成网络边界防御的设备上，则会带来安全漏洞。尽管一些默认设置从标准上来讲需要的，但从安全的角度出发却是不可取的。

有很多做法有助于实现设备的安全：

- 禁用不需要的服务和接口；
- 禁用和限制常见的配置管理服务，如 SNMP；
- 禁用探测和扫描，如 ICMP；确保终端访问的安全性；
- 禁用免费 ARP 或代理 ARP；
- 禁用 IP 定向广播。

2.4.2 使用 AutoSecure 锁定路由器

2.4.2.1 Cisco AutoSecure

Cisco AutoSecure 在 IOS 12.3 版本中发布，是一个从 CLI 启动并执行一段脚本的特性。AutoSecure 首先建议修复安全漏洞，然后对路由器的安全配置进行修改。

AutoSecure 可以锁定路由器的管理平面功能、转发平面服务和功能。有如下管理平面服务和功能：

- 安全 BOOTP、CDP、FTP、TFTP、PAD、UDP、TCP 小型服务器、MOP、ICMP（重定向、掩码回复）、IP 源路由、Finger、密码加密、TCP 保活、免费 ARP、代理 ARP 和定向广播；

- 使用 banner 进行法律通告；
- 安全密码和登录功能；
- 安全 NTP；
- 安全 SSH 访问；
- TCP 拦截服务。

AutoSecure 支持 3 个转发平面服务和功能：

- Cisco 快速转发（CEF）；
- 用 ACL 过滤流量；
- 针对常见协议的 Cisco IOS 防火墙检测。

AutoSecure 通常用来为新的路由器提供基线安全策略。此特性也可被修改，以支持企业的安全策略。

2.4.2.2 使用 Cisco AutoSecure 特性

可以使用 **auto secure** 命令启用 Cisco AutoSecure 特性设置。该设置过程可以是交互式的，也可以是非交互式的。

在交互模式下，路由器以选项的方式来提示用户启用或禁用服务和其他安全特性。这是默认模式，也可以用 **auto secure full** 命令配置。

非交互模式使用 **auto secure no-interact** 命令配置。这将使用建议的默认设置来自动执行 Cisco AutoSccure 特性。**auto secure** 命令还可以输入关键字来配置特定组件，如管理平面（**management** 关键字）和转发平面（**forwarding** 关键字）。

2.4.2.3 使用 auto secure 命令

在执行 **auto secure** 命令后，管理员在向导的提示下对设备进行配置（需要进行输入）。

1．输入 **auto secure** 命令。路由器显示 AutoSecure 配置向导的欢迎消息。

2．配置向导收集与外部接口相关的信息。

3．AutoSecure 通过禁用不必要的服务来保护管理平面。

4．AutoSecure 提供用户输入一个 banner。

5．AutoSecure 提供用户输入密码，并启用密码和登录特性。

6. 保护接口。

7. 保护转发平面。

完成后,运行配置将显示所有的设置和所做的修改。

注意:应该在最初配置路由器时使用 AutoSecure,不建议在生产环境中的路由器上使用。

2.5 保护控制平面

2.5.1 路由协议验证

2.5.1.1 路由协议欺骗

可以通过中断对等的网络路由器,或者伪造或欺骗路由协议中携带的信息,来攻击路由系统。欺骗路由信息通常会引起系统之间相互误报(欺骗),导致 DoS 攻击,或者让流量沿着有别于往的路径流动。欺骗路由信息会有多个后果:

- 重定向流量,以便创建路由环路;
- 重定向流量,以便在不安全的链路上监控;
- 重定向流量,以便将其丢弃。

假定攻击者可以直接连接 R1 与 R2 之间的链路。攻击者向 R1 发送了错误的路由信息,表明 R2 是去往 192.168.10.0/24 网络的首选目的地。尽管 R1 已经有了去往 192.168.10.0/24 网络的路由表条目,但是经过 R2 的新路由具有更低的度量,因此成为路由表中的首选条目。

因此,当 PC3 发送数据包到 PC1(192.168.10.10/24)时,R3 将数据包转发给 R2,R2 再将其转发给 R1。R1 并不会将数据包转发给 PC1 主机,而是将数据包发送给 R2,原因是去往 192.168.10.0/24 的最佳路径是通过 R2。当 R2 收到数据包后,查询其路由表,发现去往 192.168.10.0/24 网络的合法路由是通过 R1,于是将数据包转发回 R1,由此创建了环路。这个环路是由插入到 R1 的错误信息引起的。

2.5.1.2 OSPF MD5 路由协议验证

OSPF 支持使用 MD5 进行路由协议验证。可以在所有接口上全局启用 MD5 验证,或者逐个接口启用。

全局启用 OSPF MD5 验证的方式如下。

- **ip ospf message-digest-key** *key* **md5** *password* 接口配置命令。
- **area** *area-id* **authentication message-digest** 路由器配置命令。

这会在所有支持 OSPF 的接口上强制进行验证。如果某个接口没有使用 **ip ospf message-digest-key** 命令配置，则它无法与其他 OSPF 邻居形成邻接关系。

逐个接口启用 MD5 验证的方式如下。

- **ip ospf message-digest-key** *key* **md5** *password* 接口配置命令。
- **ip ospf authentication message-digest** 接口配置命令。

逐个接口的设置可以覆盖全局接口的设置。在整个区域中，MD5 验证的密码不必相同。但是，邻居之间的密码需要相同。

2.5.1.3　OSPF SHA 路由协议验证

MD5 现在被认为是易受攻击的，因此只有在更强的验证方式不可用时，才使用 MD5。Cisco IOS 15.4(1)T 增加了对 OSPF SHA 验证（定义于 RFC 5709）的支持。因此，只要路由器操作系统支持 OSPF SHA 验证，管理员就应该使用 SHA 验证。

OSPF SHA 验证包括两大步骤。

步骤 1　在全局配置模式下指定一个验证密钥链：

- 使用 **key chain** 命令配置密钥链的名字；
- 使用 **key** 和 **key string** 命令分配密钥链的数值和密码；
- 使用 **cryptographic-algorithm** 命令指定 SHA 验证；
- （可选）使用 **send-lifetime** 命令指定密钥到期时间。

步骤 2　使用 **ip osfp authentication key-chain** 命令为特定端口分配验证密钥。

2.5.2　控制平面监管

2.5.2.1　网络设备的运行

尽管路由器的主要功能是在数据平面转发用户生成的内容，但是路由器也可以生成和接收去往控制平面和管理平面的流量。因此，路由器必须能够区分数据平面数据包、控制平面数据包和管理平面数据包，以便采用适当的方式对待。

- **数据平面数据包**：用户生成的数据包总是由网络设备转发到其他端点设备。从网络设备的角度来看，数据平面数据包带有一个目的 IP 地址，因此可由基于目的 IP 地址的正常转发进程来处理。
- **控制平面数据包**：网络设备生成或接收用来创建和操作网络的数据包。这样的示例包括 OSPF、ARP、BGP 以及可以让网络保持聚合和正常运行的其他协议。控制平面数据包通常发送到路由器或网络设备，其目的 IP 地址是路由器的 IP 地址。
- **管理平面数据包**：网络设备生成和接收用来管理网络的数据包。这样的示例包括 Telent、SSH、SNMP、NTP 以及用来管理设备或网络的其他协议。

在正常的网络运行条件下，网络设备处理的绝大多数数据包是数据平面数据包。这些数据包由 Cisco 快速转发（Cisco Express Forwarding，CEF）来处理。CEF 使用控制平面预先填充数据平面中的 CEF 转发信息表（Forwarding Information Base，FIB），这个表具有特定数据包流的适当出口接口。这个数据包流的后续数据包由数据平面根据 FIB 中的信息进行转发。

2.5.2.2 控制平面和管理平面的漏洞

路由处理器（控制平面中的 CPU）在处理各种数据包的速率方面，无法媲美于 CEF，因此它从不直接参与数据平面数据包的转发。

相反的是，当控制平面或管理平面的数据包速率过载时，路由处理器资源将不堪重负。这使得这些资源在处理对网络运行和维护至关重要的任务时，性能下降。恶意事件和非恶意事件会使路由处理器资源不堪重负。恶意事件包括精心设计的数据包攻击，或者直接针对控制平面发送高速率的数据包。非恶意事件可能是由路由器或网路配置错误、软件 bug 或网络因为故障而重新聚合而引起的。有必要采取适当的步骤防止路由处理器过载，无论过载是由恶意事件还是非恶意事件引起的。

接口 ACL 是一种传统的且最常用的管理数据包出入网络设备的方法。ACL 很容易理解，一般适用于数据、服务、控制和管理平面数据包。ACL 必须要部署在打算应用策略的每个接口上。在大型路由器上，这很费时间。

2.5.2.3 CoPP 操作

控制平面监管（Control Plane Policing，CoPP）是 Cisco IOS 中的一个特性，管理员可以用来管理 punt 到路由处理器的流量流。术语"punt"是由 Cisco 定义的，用来描述在将数据包发送到路由器时，接口采取的动作。CoPP 的设计目的是阻止不必要的流量导致路由处理器过载，如果放任这种过载行为，系统性能会受到影响。

CoPP 将路由处理器资源当作一个有自己接口的单独实体，从而为网络设备上的路由处理器提供了保护。因此，可以只针对控制平面内的那些数据包开发和应用 CoPP 策略。与接口 ACL 不同，CoPP 不会对永远无法抵达控制平面的数据平面数据包进行调查。

CoPP 的配置超出了本书的范围。

2.6 总结

在保护网络时，设备加固应该是第一步。这包括保护网络周边设备、保护对基础设备的管理性访问、增强虚拟登录的安全性，以及使用安全协议来取代不安全的协议。例如，使用 SSH 来替代 Telnet，使用 HTTPS 来替代 HTTP。

限制管理性的访问也同样重要。管理员应该根据特权级别来提供对基础设备的访问，并实施基于角色的 CLI 来提供分层的管理性访问。

IOS 镜像和配置文件也应该使用 Cisco IOS 弹性配置特性来进行保护。也应该实施网络监控，其中包括配置 syslog、SNMP 和 NTP。

总而言之，管理员必须能够识别容易遭受网络攻击的所有设备、接口和管理服务。这可以通过执行日常的安全审计来完成。在生产环境中部署新的设备之前，管理员必须先执行 Cisco IOS CLL **auto secure** 命令。还应该实施路由协议验证以保护控制平面免遭路由协议欺骗。

第 3 章

认证、授权和审计

本章介绍

网络必须设计为能够控制允许连接到网络的对象、时间和行为。这些设计规范在网络安全策略中定义。网络安全策略规定了网络管理员、公司用户、远程用户、商业合作伙伴以及客户如何访问网络资源。网络安全策略还强制要求实现一个能够跟踪登录网络的对象、时间和行为的审计系统。

只使用用户模式或特权模式加密码的方法来管理网络访问是不够的,而且不具有良好的可扩展性。而使用认证、授权和审计(Authentication, Authorization and Accounting,AAA)协议则为启用可扩展的访问安全性提供了必要的框架(framework)。

Cisco IOS 路由器和交换机可以配置为使用 AAA 访问一个本地用户名和密码数据库。使用本地用户名和密码数据库比使用一个简单密码提供的安全性强得多。对小型组织来说,这是一个性价比高、易于实现的安全解决方案。

大型公司需要可扩展性更好的认证解决方案。Cisco IOS 路由器和交换机可以配置为使用 AAA 在 Cisco 安全访问控制系统(Access Control System,ACS)上进行认证。Cisco ACS 具有良好的可扩展性,因为所有的基础设备都可以访问中央服务器。由于可以配置多台服务器,这给 Cisco 安全 ACS 解决方案提供了容错性。

为了确保合适的人使用合适的工具和权限访问企业设备,Cisco 引入了 Cisco 身份服务引擎(Indentify Services Engine,ISE)。ISE 提供了访问网络的用户和设备的可见性。这个下一代解决方案不但提供了 AAA,而且还可以为连接到公司路由器和交换机上的端点设备执行安全和访问策略。它简化了各种设备的管理,并提供了诸如设备配置、姿态评估、来宾管理以及基于身份的网络访问等特性。

在访问 LAN 时,可以使用 IEEE 802.1X 提供保护。802.1X 是基于端口的访问控制和认证协议,可以限制未经授权的工作站通过可公开访问的交换机端口连接到 LAN 中。

3.1 使用 AAA 的目的

3.1.1 AAA 概述

3.1.1.1 没有 AAA 的认证

网络黑客可能会获取对敏感网络设备和服务的访问。访问控制对谁或什么能够使用特定资源进行限制,一旦准许访问,还会限制哪些服务和选项是可用的。一台 Cisco 设备上可以实施多种认证方法,每种方法提供的安全级别不同。

最简单的一种远程访问认证方法,是在控制台、vty 线路和辅助端口上配置登录和密码组合。这一方法最容易实现,但也是最弱和最不安全的。这种方法不提供审计能力(accountability),任何获得密码的人都能够进入设备和修改配置。

SSH 是一种更为安全的远程访问形式。它同时需要用户名和密码,而且这两者在传输期间都需要加密。本地数据库方法提供了额外的安全性,因为攻击者需要知道用户名和密码才能进行攻击。SSH 还提供了更多的审计能力,当用户登录时,SSH 会记录用户名。尽管也可以使用用户名和密码来配置 Telnet,但是用户名和密码是明文发送的,因此很容易被捕获和利用。

本地数据库方法具有一些缺陷。用户账户必须在每台设备本地进行配置。在需要管理多台路由器和交换机的大型企业环境中,在每台设备上实施和更改本地数据库颇费时间。此外,本地数据库配置没有提供回退认证方法。例如,如果管理员忘记了某台设备的用户名和密码,该怎么办呢?由于没有针对认证的备份方法,密码恢复成为唯一的选项。

一种更好的解决方案是让所有设备从中央服务器引用同一个用户名和密码数据库。本章将讨论各种使用认证、授权和审计(Authentication, Authorization and Accounting,AAA)保护网络访问从而保护 Cisco 路由器安全的方法。

3.1.1.2 AAA 组件

AAA 网络安全服务提供了在网络设备上建立访问控制的基本框架。AAA 可用来控制允许谁来访问一个网络(认证)、访问网络时允许做什么(授权)以及对他们在访问网络时采取的动作进行审计(审计)。

Cisco 环境中的网络和管理性 AAA 安全有以下几个功能组件。

- **认证（Authentication）**——用户和管理员必须证明他们自己的身份。认证的建立可以采用用户名和密码组合、挑战和响应问题、令牌卡以及其他方式。例如"我是用户'student'。我知道证明我是该用户的密码。"

- **授权（Authorization）**——用户通过认证后，授权服务决定用户可以访问哪些资源以及允许用户进行哪些操作。例如"用户'student'只能使用 Telnet 访问主机 serverXYZ。"

- **审计（Accounting and Auditing）**——审计功能记录用户做了什么，包括访问了什么、访问资源的时长以及发生的任何改动。审计功能跟踪网络资源的使用方式。例如"用户'student'使用 Telnet 访问主机 serverXYZ 共 15 分钟。"

这个概念类似于使用信用卡。信用卡标识了谁可以使用它和用户可以消费的金额，并记录用户消费的项目。

3.1.2　AAA 的特点

3.1.2.1　认证模式

AAA 可以用来对管理性访问的用户或远程网络访问的用户进行认证。Cisco 提供了两种方法来实施 AAA 服务。

- **本地 AAA 认证**：本地 AAA 使用一个本地数据库进行认证。这种方法有时称为自包含（self-contained）认证。这种方法在 Cisco 路由器本地存放用户名和密码，使用本地数据库认证用户。这一数据库也是建立基于角色的 CLI 所需要的。本地 AAA 是小型网络的理想选择。

- **基于服务器的 AAA 认证**：在基于服务器的方法中，路由器访问一台中央 AAA 服务器，比如 Windows 中使用的 Cisco 安全访问控制系统（Access Control System，ACS）。中央 AAA 服务器包含了所有用户的用户名和密码。路由器使用远程认证拨号用户服务（Remote Authentication Dial-In User Service，RADIUS）或终端访问控制器访问控制系统（Terminal Access Controller Access Control System，TACAS+）协议与 AAA 服务器通信。当存在多台路由器和交换机时，基于服务器的 AAA 更为可取。

注意：本课程重点讲解在 Cisco 路由器、交换机和 ASA 设备上使用 IPv4 技术和协议来实施网络安全，偶尔也会提到特定于 IPv6 的技术和协议。

3.1.2.2 授权

当用户成功通过了所选择的 AAA 数据源（本地或基于服务器）的认证后，他们就被授权使用特定的网络资源。基本上来说，授权就是用户经过认证后在网络上能做什么和不能做什么，类似于特权级别和基于角色的 CLI 如何给用户特定的权限来使用路由器上的某些命令。

授权通常使用一个基于 AAA 服务器的解决方案来实施。授权使用一个创建好的属性集，这些属性描述了用户对网络的访问。通过将这些属性与 AAA 数据库中包含的信息进行比较，来决定对该用户的限制并将其发送给用户连接到的本地路由器。

授权是自动进行的，不需要用户在认证后执行额外的步骤。授权紧跟在用户认证后实施。

3.1.2.3 审计

AAA 审计（accounting）收集和报告使用情况的数据以便这些数据能够用于审计或计费。收集的数据可能包括连接的开始和结束时间、执行的命令、数据包数量以及字节数。

审计使用一个基于 AAA 服务器的解决方案来实施。这项服务将使用情况统计信息报告给 ACS 服务器。这些统计信息可以被提取出来，创建关于网络配置的详细报告。

一个广为部署的审计用法是与 AAA 认证结合，对网络管理人员访问联网设备进行管理。审计提供的安全性要强于认证。AAA 服务器保留一份详细的日志，精确记录被认证的用户在设备上做了哪些操作，这包括用户发出的所有 EXEC 和配置命令。日志包含大量的数据字段，包括用户名、日期和时间，以及用户实际输入的命令。这些信息在对设备进行故障排除时很有用，并提供了有效的手段来对付执行恶意活动的个人。

3.2 本地 AAA 认证

3.2.1 使用 CLI 配置本地 AAA 认证

3.2.1.1 对管理性访问进行认证

本地 AAA 认证应该在较小的网络中配置。较小的网络是指那些使用一两台路由器为数量有限的用户提供访问的网络。这种方法使用路由器上存储的本地用户名和密码。系统管理员必须为每个可能登录的用户指定用户名和密码配置文件来填充本地安全数据库。

本地 AAA 认证方法与使用 **login local** 命令相似，除了一点不同：AAA 还提供了一种方法来配置认证的备份方法。

配置本地 AAA 服务来认证管理员访问，需要 4 个基本步骤。

步骤 1 为需要管理性访问路由器的用户在本地路由器数据库中添加用户名和密码。

步骤 2 在路由器上全局启用 AAA。

步骤 3 在路由器上配置 AAA 参数。

步骤 4 对 AAA 配置进行确认和排错。

3.2.1.2 认证方法

必须使用 **aaa new-model** 全局配置命令来启用 AAA；使用此命令的 **no** 形式禁用 AAA。

注意：在输入上述命令之前，其他所有的 AAA 命令都不可用。

注意：需要知道的是，在首次输入 **aaa new-model** 命令时，一个不可见的"默认"认证将自动应用到除控制台之外的所有线路上。这个认证是使用本地数据库实现的。出于这个原因，在启用 AAA 之前要先配置一个本地数据库条目。

为了使用预先配置的本地数据库来启用本地认证，需要用到关键字 **local** 或 **local-case**。这两个选项的区别是，**local** 关键字在接受用户名时不区分大小写，而 **local-case** 则区分。例如，如果使用用户名 ADMIN 配置了一条本地数据库条目，则 **local** 关键字可以接受 ADMIN、Admin 甚至 admin。如果配置了 **local-case** 关键字，则只接受 ADMIN。

如果要指定用户使用特权模式（enable）密码进行认证，可使用 **enable** 关键字。要确保即使所有方法都返回错误时认证仍能成功，可以指定 **none** 作为最后使用的方法。

注意：出于安全考虑，只在测试 AAA 配置时使用 **none** 关键字。永远不要在实际运行的网络中使用 **none** 关键字。

3.2.1.3 默认的方法和命名的方法

为了保证灵活性，可以使用 **aaa authentication login** *list-name* 命令将不同的方法列表应用到不同的接口和线路。

例如，管理员可以为 SSH 应用一种特殊的登录方法，然后为线路控制台应用默认的登录方法。

注意：必须使用 **login authentication** 线路配置命令在线路上显式启用命名方法列表。如果线路应用了自定义的认证方法，则这个方法会覆盖线路接口上的默认方法列表。

当对一个接口应用了一个自定义的认证方法列表时，可以使用 **no authentication login** 命令返回到默认方法列表。

3.2.1.4　对认证配置进行微调

可以在全局配置模式下使用 **aaa local authentication at tempts max-fail** *number-of-unsuccessful-attempts* 命令在线路上实现额外的安全性。这一命令通过锁死尝试失败超限的账号来保护 AAA 用户账户的安全。

login delay 命令是在两次失败登录之间引入一个延迟,而不会锁定账户。而 **aaa local authentication attempts max-fail** 命令会在认证失败的情况之下锁定用户账户。锁定的用户账户会一直保持锁定状态,直到管理员使用 **clear aaa local user lockout** 特权 EXEC 模式命令手动清除。

要显示所有锁定的用户,可以在特权 EXEC 模式下使用 **show aaa local user lockout** 命令。

当一个用户使用 AAA 登录进一台 Cisco 路由器时,该用户的会话会分配一个唯一的 ID。在会话的整个生命期内,与会话相关的各种属性被收集并内部存储在 AAA 数据库中。这些属性可以包括用户的 IP 地址、用于访问路由器的协议(例如 PPP)、连接速度以及接收或传输的数据包的个数或字节数。

要显示针对一个 AAA 会话收集的属性,可在特权 EXEC 模式下使用 **show aaa user** 命令。这一命令不提供登录进设备的所有用户的信息,而只显示那些经过 AAA 认证或授权的用户,或其会话被 AAA 模块审计的用户。

show aaa sessions 命令可用于显示一个会话的唯一 ID。

3.2.2　本地 AAA 认证故障排错

3.2.2.1　debug 选项

Cisco 路由器提供的 **debug** 命令对于认证问题的故障排错很有用。**debug aaa** 命令包含多个可用于这一目的的关键字,其中特别值得关注的是 **debug aaa authentication** 命令。

在一切都工作正常的时候,分析 **debug** 的输出相当重要。知道正常情况下 **debug** 输出的信息有助于在出现故障时识别问题。但在生产环境中要谨慎使用 **debug** 命令,因为该命令将由控制平面进行解释,因此会明显加大路由器资源的负载并影响网络性能。

3.2.2.2　debug AAA 认证

在对 AAA 问题进行故障排除时,**debug aaa authentication** 命令可以发挥作用。

要仔细查看 GETUSER 和 GETPASS 状态信息。这些消息在识别哪个方法列表正在被引用时也很有用。

注意：要禁用该命令，可以使用 **no debug aaa authentication** 命令或者范围更大的 **undebug all** 语句。

3.3 基于服务器的 AAA

3.3.1 基于服务器 AAA 的特点

3.3.1.1 本地 AAA 和基于服务器 AAA 的对比

本地实现的 AAA 对于非常小的网络来说比较合适。但是，本地认证的扩展性不好。

大多数公司环境中拥有多台 Cisco 路由器、交换机、其他基础设备，而且还有多个路由器管理员和成百上千个需要接入公司局域网的用户。因此，在每台设备上为这样规模的网络维护本地数据库是不可行的。

为了解决这一挑战，可以使用一台或多台 AAA 服务器（例如 Cisco 安全 ACS）来管理整个公司网络的用户访问和管理访问需求。Cisco 安全 ACS 能够创建一个集中的用户和管理访问数据库，网络中的所有设备都能访问这个数据库。它也能够与很多外部数据库一起工作，包括活动目录（Active Directory）和轻量级目录访问协议（Lightweight Directory Access Protocol，LDAP）。这些数据库存储用户账号信息和密码，允许对用户账户集中管理。为了增加冗余性，可以使用多台服务器。

3.3.1.2 Cisco 安全 ACS 简介

Cisco 安全 ACS 是一个集中式的解决方案，它将一个公司的网络访问策略和身份策略绑定到一起。

Cisco ACS 产品家族包含了高度扩展的高性能访问服务器，在支持 RADIUS 和/或 TACACS+ 的网络中，可以使用 ACS 控制所有网络设备的管理访问和配置。

Cisco 安全 ACS 支持 TACACS+ 和 RADIUS 协议，而且这两种协议是 Cisco 安全产品、路由器、交换机用来实施 AAA 的主要协议。

3.3.2 基于服务器的 AAA 通信协议

3.3.2.1 TACACS+和 RADIUS 简介

TACACS+和 RADIUS 都是用来与 AAA 服务器进行通信的认证协议,但两者的能力和功能不同。无论选择 TACACS+还是 RADIUS 都取决于公司的需要。例如,一个大型 ISP 可能选择 RADIUS,因为它支持对用户计费所需的详细审计;具有不同用户组的公司可能选择 TACACS+,因为它要求基于每用户或每个组应用选择的授权策略。

理解 TACACS+和 RADIUS 这两种协议间的差异非常重要。

TACACS+的关键因素包括:

- 认证和授权分离;
- 加密所有通信;
- 使用 TCP 端口 49。

RADIUS 的关键因素包括:

- 将 RADIUS 认证和授权结合成一个过程;
- 只加密密码;
- 使用 UDP;
- 支持远程访问技术、802.1X 和会话初始协议(Session Initiation Protocol,SIP)。

尽管这两种协议都可以用来在路由器和 AAA 服务器之间通信,但是 TACACS+被认为更安全。这是因为所有的 TACACS+协议交换都是加密的,而 RADIUS 只加密用户的密码。RADIUS 不加密用户名、审计信息以及 RADIUS 消息中携带的其他任何信息。

3.3.2.2 TACACS+认证

TACACS+是 Cisco 对原始 TACACS 协议的增强。事实上,TACACS+是一个全新的协议,不兼容之前的任何 TACACS 版本。TACACS+得到了 Cisco 路由器和接入服务器系列产品的支持。

TACACS+提供单独的 AAA 服务。它通过将 AAA 服务分离出来提供了灵活性,因为这样就有可能在使用 TACACS+进行授权和审计的同时,使用另一种方法进行认证。

对 TACACS+协议的扩展提供了比原始 TACACS 规范更多的认证请求类型和响应码。

TACACS+提供多协议支持,例如 IP 和 AppleTalk。常规的 TACACS+操作加密整个数据包以提供更安全的通信,并使用了 TCP 端口 49。

3.3.2.3 RADIUS 认证

Livingston Enterprises(利斯文顿企业)公司开发的 RADIUS 是一项开放的 IETF 标准 AAA 协议,用于网络访问或 IP 移动性等应用。RADIUS 可以在本地和漫游状态下工作,通常用于审计目的。RADIUS 目前在 RFC 2865、2866、2867、2868、3162 和 6911 中定义。

在传输过程中,RADIUS 协议使用一个相当复杂的操作(涉及消息摘要 5[MD5]散列和一个共享密钥)隐藏密码,甚至使用密码认证协议(Password Authentication Protocol,PAP),但数据包的其余部分以明文形式发送。

RADIUS 将认证和授权结合为一个过程。当一个用户被认证时,该用户也就被授权。RADIUS 使用 UDP 端口 1645 或 1812 认证,使用 UDP 端口 1646 或 1813 审计。

RADIUS 被 VoIP 服务提供商广泛使用。它将一个会话初始协议(Session Initiation Protocol,SIP)的端点(例如一个宽带电话)的登录证书使用摘要认证发给一个 SIP 注册器,然后使用 RADIUS 发给一个 RADIUS 服务器。RADIUS 也是 802.1X 安全标准所使用的一种通用认证协议。

注意:替代 RADIUS 的下一代 AAA 协议是 DIAMETER AAA 协议。DIAMETER 是 IETF 标准,它使用了一个使用名为流控传输协议(Stream Control Transmission Protocol,SCTP)的新传输协议,并且使用 TCP 代替了 UDP。

3.3.2.4 将 TACACS+与 ACS 继承

现在的市场上有很多企业级的认证服务器,但是它们大多没有将 TACACS+和 RADIUS 协议整合到一个解决方案中。幸运的是,Windows Server 中使用的 Cisco 安全 ACS 是这样的一个解决方案,它为 TACACS+和 RADIUS 提供了 AAA。

Cisco 安全 ACS 5.6 版本是一个高度复杂的基于策略的访问控制平台。Cisco 安全 ACS 包含下述特性:

- 为大中型部署提供了一个分布式的架构;
- 一个带有直观导航的轻量级 Web GUI,可以通过 IPv4 和 IPv6 客户端访问;
- 管理员通过 Microsoft 活动目录和轻量级目录访问协议(LDAP)进行认证;
- 通过邮件定期(自动)发送报告;
- 集成了高级监控、报告和故障排错功能(用于实现卓越的控制),还使用 SMP trap

消息提供了 Cisco 安全 ACS 健康状态的可见性；

- 加密的（安全的）syslog；
- 在 IPv4 和 IPv6 网络中可以进行灵活、详细的设备管理，具备标准合规性（standards compliance）所需的全面审计和报告功能。

3.3.2.5 将 AAA 与活动目录集成

Microsoft 活动目录（AD）是一个在 Windows 域网络中使用的目录服务，它也是 Windows Server 操作系统的一部分。当用户登录 Windows 域时，AD 域控制器通过认证和授权用户来执行安全策略。Microsoft AD 也可以在 Cisco IOS 设备上处理认证和授权。

尽管可以通过集成 Cisco 安全 ACS 来使用 AD 服务，但是 Microsoft Windows Server 也可以被配置为 AAA 服务器。Microsoft 使用 RADIUS 实现的 AAA 服务器称之为互联网认证服务（Internet Authentication Service，IAS）。但是从 Windows Server 2008 开始，IAS 已经被重命名为网络策略服务器（Network Policy Server，NPS）。

在 Cisco IOS 上配置 AD 时，其配置方式和 AD 与任何 RADIUS 服务器通信的配置方式相同。唯一的区别是，Microsoft 服务器的 AD 控制器用来执行认证和授权服务。本章后文将介绍 RADIUS 和 TACACS+服务。

3.3.2.6 将 AAA 与身份服务引擎集成

Cisco 身份服务引擎（Identity Services Engine，ISE）是一个身份和访问控制策略平台，企业可以用来执行法规遵从性，增强技术设施的安全，以及优化其服务运营。Cisco ISE 的架构使得企业可以从网络、用户或设备中收集实时的上下文信息。管理员通过将身份与不同的网络组件关联起来，可以使用这些信息做出积极的管理决策。这些网络组件包括接入交换机、无线 LAN 控制器（WLC）、VNP、网关和数据中心路由器。

BYOD 在许多企业中变得越来越常见，也越来越有必要。Cisco ISE 可以为所有的终端设备（包括 BYOD）定义公平的访问策略，并强制这些设备遵守。

Cisco ISE 是 Cisco TrustSec 的主要策略组件，也是 Cisco 的一项技术，可以防止数据、应用、移动设备等资产遭受未经授权的访问。Cisco ISE 将策略定义、控制和报告整合到一个设备中。ISE 与现有的网络架构一起工作，为网络管理员提供与连接到网络上的终端设备（也称为端点）有关的信息。

ISE 工具集有 4 个特性。

- **设备配置文件**：可以用来确定是个人设备还是公司设备。

- **姿态评估**：在设备接入网络之前，确定设备是否有病毒和可疑的应用程序。姿态评估也可以确保设备的防病毒软件是最新的。
- **AAA**：将认证、授权、审计合并到一个设备中，这个设备具有设备配置文件、姿态评估和来宾管理功能。

ISE 的一个主要功能是基于身份的网络访问。ISE 提供了环境感知的身份管理：

- 可以确定用户是否是在经过授权且符合策略的设备上访问网络；
- 可以建立用户身份、位置和访问历史，这些信息可以用于策略遵从性和报告；
- 基于已分配的用户角色、组和相关的策略（工作角色、位置、设备类型等）来分配服务；
- 基于认证结果，为经过认证的用户授予访问特定网络、特定应用和服务的权限。

3.4 基于服务器的 AAA 认证

3.4.1 配置基于服务器的 AAA 认证

3.4.1.1 配置基于服务器的 AAA 认证的步骤

不同于本地 AAA 认证，基于服务器的 AAA 必须能够识别不同的 TACACS+和 RADIUS 服务器，供 AAA 服务对用户进行认证和授权时查阅。

配置基于服务器的认证包括 4 个基本步骤。

步骤 1　全局启用 AAA 以允许使用全部 AAA 要素。这个步骤是使用所有其他 AAA 命令的前提。

步骤 2　指定为路由器提供 AAA 服务的 Cisco 安全 ACS。这可以是一个 TACACS+或 RADIUS 服务器。

步骤 3　配置加密密钥，用于对网络接入服务器和 Cisco 安全 ACS 之间传输的数据进行加密。

步骤 4　配置 AAA 认证方法列表，使其指向 TACACS+或 RADIUS 服务器。为了提供冗余性，可以配置多台服务器。

3.4.1.2 配置 TACACS+服务器

TACACS+和 RADIUS 协议用于在客户端和 AAA 安全服务器之间进行通信。

要配置一个 TACACS+服务器，需使用 **aaa new-model** 命令启用 AAA，然后使用 **tacacs sever** **name** 命令。在 TACACS+服务器模式模式下，使用 **address ipv4** 命令配置 TACACS+服务器的 IPv4 地址。该命令具有可以修改认证端口和审计端口的选项。

接下来，使用 **single-connection** 命令，通过在会话生命期内维护单个连接的方式，增强 TCP 性能。默认情况下，需要为每个会话打开和关闭一个 TCP 连接。如果需要，可以使用 **tacacs sever** **name** 命令，通过输入各自 IPv4 地址的方式，来识别多台 TACACS+服务器。

key *key* 命令可以用来配置和共享秘密密钥（secret key），对 TACACS+服务器和支持 AAA 的路由器之间传输的数据进行加密。这个密钥必须在路由器和 TACACS+服务器上采用完全相同的方式进行配置。

3.4.1.3 配置 RADIUS 服务器

可以使用 **radius server** *name* 命令来配置 RADIUS 服务器，之后我们就进入了 RADIUS 服务器配置模式。

由于 RADIUS 使用的是 UDP，因此没有类似于 **single-connection** 的命令。如果需要，可以在每一台服务器上执行 **radius sever** *name* 命令，以此识别多台 RADIUS 服务器。

在 RADIUS 服务器配置模式下，使用 **address ipv4** *ipv4-address* 命令来配置 RADIUS 服务器的 IPv4 地址。

默认情况下，Cisco 路由器使用端口 1645 进行认证，使用端口 1646 进行审计。但是，IANA 为 RADIUS 认证端口预留的是 1812，为 RADIUS 审计端口预留的是 1813。一定要明白 Cisco 路由器和 RADIUS 服务器之间的端口匹配情况。

使用 **key** 命令可以配置加密密码所需要的共享秘密密钥（secret key）。这个密钥必须在路由器和 RADIUS 服务器上采用完全相同的方式进行配置。

3.4.1.4 配置认证以使用 AAA 服务器

在识别出 AAA 安全服务器之后，必须将其包含在 **aaa authentication login** 命令的方法列表中。AAA 服务器是使用 **group tacacs+** 或 **group radius** 关键字识别出来的。

要为默认的登录配置方法列表，使其按照 TACACS+服务器、RADIUS 服务器、本地用户名数据库的先后顺序来执行认证，需要使用 **aaa authentication login default** 命令指定顺序。

3.4.2 基于服务器的 AAA 认证的故障排错

3.4.2.1 监控认证流量

AAA 启用时，有必要经常监视认证流量和排除配置故障。

debug aaa authentication 命令能够提供登录活动的高级视图，因此是有效的 AAA 故障排错命令。

当一个 TACACS+ 登录尝试成功时，命令显示一条 PASS 状态消息。如果返回的状态消息是 FAIL，则有必要检验秘密密钥并根据需要进行故障排错。

3.4.2.2 调试 TACACS+ 和 RADIUS

另外两条有助于对基于服务器的 AAA 进行故障排错的命令是 **debug tacacs** 和 **debug radius**。这些命令可提供更详细的 AAA 调试信息。如要禁用调试输出，可使用这些命令的 **no** 形式。

类似于 **debug aaa authentication** 命令，**debug tacacs** 也显示 PASS 或 FAIL 的状态消息。

可使用 **debug tacacs** 命令查看所有的 TACACS+ 消息。要限制结果，使其只显示来自 TACACS+ 助手（helper）进程的信息，可在特权 EXEC 模式下使用 **debug tacacs events** 命令。**debug tacacs events** 命令显示到一台 TACACS+ 服务器的 TCP 连接的打开和关闭、在连接过程中读写的字节以及连接的 TCP 状态。请谨慎使用 **debug tacacs events** 命令，因为它会产生大量输出。如要禁用调试输出，请使用此命令的 **no** 形式。

3.5 基于服务器的 AAA 授权和审计

3.5.1 配置基于服务器的 AAA 授权

3.5.1.1 基于服务器的 AAA 授权简介

认证关注的是确保设备或终端用户是合法的，授权则关注允许和禁止经过认证的用户访问网络上的特定区域和程序。

TACACS+协议允许将认证从授权中分离出来。一台路由器可以被配置为在用户成功通过认证后限制其只能执行特定功能。记住，RADIUS 没有将认证从授权进程分离出来。

授权的另一个重要方面是控制用户访问特定服务的能力。对配置命令的访问进行控制，大大简化了大型企业网络中基础设施的安全性问题。Cisco 安全 ACS 上的每用户权限设置简化了网络设备的配置。

例如，一名用户被允许使用 **show version** 命令，但不能使用 **configure terminal** 命令。路由器通过查询 ACS 了解用户可以执行哪些命令。当用户执行 **show version** 命令时，ACS 发送接受（ACCEPT）响应；如果用户执行 **configure terminal** 命令，ACS 发送拒绝（REJECT）响应。

TACACS+默认为每个授权请求建立一个新的 TCP 会话，这可能在用户输入命令时产生延迟。为了提升性能，Cisco 安全 ACS 通过配置 **single-connection tacacs** 服务器配置模式命令来支持持久 TCP 会话。

3.5.1.2 AAA 授权配置

要配置命令授权，可使用 **aaa authorization** 命令。服务类型可以指定命令或服务的类型。

- **network**：用于网络服务（比如 PPP）。
- **exec**：用于启动一个 exec（shell）。
- **commands** *level*：用于 exec（shell）命令。

没有启用 AAA 授权时，所有用户具有完全访问权限。开启认证后，默认情况改变为不允许访问。这意味着管理员在启用授权前必须创建一个具有完全访问权限的用户。如果不这样做，一旦输入了 **aaa authorization** 命令，管理员就立刻被锁在系统之外。在这种情况下，唯一的恢复途径是重启路由器。如果这台路由器用于生产环境，重启可能是不可接受的。因此，应确保至少有一个用户始终具有全部权限。

3.5.2 配置基于服务器的 AAA 审计

3.5.2.1 基于服务器的 AAA 审计简介

有些公司通常希望能记录个人或组使用的资源。AAA 审计能够跟踪使用情况。这样的例子包括一个部门需要对其他部门的访问进行收费，或一个公司为另一个公司提供内部支持。

尽管审计通常被认为是网络管理或财务管理的问题，但由于它与安全性紧密关联，因此这里将对审计进行简单讨论。审计所解决的一个安全问题是创建用户及其登录网络的时间清单。例如，如果管理员知道有一名员工在半夜登录进系统，就可以使用这一信息进一步调查此次登录的目的。

实施审计的另一个原因是创建一个清单，记录网络中发生的改变、谁做出的改变以及这些改变的准确性质。如果这些改变导致了非预期的结果，可以利用这些信息协助进行故障处理。

Cisco 安全 ACS 作为审计信息的中央存储库，可以对网络中发生的事件进行跟踪，其方式类似于跟踪信用卡账户的财务活动。通过 Cisco 安全 ACS 建立的每个会话都可以被完整审计并储存在服务器上。这些存储的信息对管理、安全审计、容量规划和网络使用计费都非常有用。

类似于认证和授权方法列表，用于审计的方法列表定义了进行审计的方式和执行这些方法的顺序。启用后，默认的审计方法列表被自动应用到所有接口上，除非接口上显式应用了用户自定义的审计方法列表。

3.5.2.2 配置 AAA 审计

使用 **aaa accounting** 命令可以配置 AAA 审计。

下面 3 个参数是经常使用的 **aaa accounting** 关键字。

- **network**：对所有与网络相关的服务请求进行审计，包括 PPP。
- **exec**：对 EXEC shell 会话进行审计。
- **connection**：对所有出站连接（比如 SSH 和 Telnet）进行审计。

与 AAA 认证一样，也可以使用关键字 *default* 和 *list-name*。

接下来配置记录类型和触发器。触发器指定了哪些操作会导致审计记录发生更新。触发器有下面这些。

- **start-stop**：在进程的开始阶段发送一个"开始"（start）审计通知，在进程结束时发送一个"停止"（stop）审计通知。
- **stop-only**：针对所有情况（包括认证失败）发送一个"停止"（stop）审计记录。
- **none**：在线路或接口上禁用审计服务。

3.5.3 802.1X 认证

3.5.3.1 使用基于 802.1X 端口的认证的安全性

IEEE 802.1X 标准定义了一个基于端口的访问控制和认证协议，用来限制未经授权的工作站通过可公开访问的交换机端口连接到 LAN。认证服务器对连接到交换机端口的每一台工作站进行认证，然后再让它们使用交换机或 LAN 提供的服务。

在基于 802.1X 端口的认证中，网络中的设备都有特定的角色。

- **请求方（客户端）**：该设备（工作站）请求访问 LAN 和交换机服务，然后响应来自交换机的请求。工作站必须运行兼容 802.1X 的客户端软件（在 IEEE 8032.1X 规范中，客户端连接的端口是请求方［客户端］）。

- **认证器（交换机）**：基于客户端的认证状态控制对网络的物理访问。交换机充当客户端（请求方）和认证服务器之间的中间人（代理），它从客户端请求身份认证信息，并使用认证服务器对这一信息进行认证，然后将响应返回到客户端。交换机使用了一个 RADIUS 软件代理，后者负责封装和解封装可扩展的认证协议（Extensible Authentication Protocol，EAP）帧，并与认证服务器通信。

- **认证服务器**：实际执行客户端的认证。认证服务器验证客户端的身份，并告知路由器，客户端是否被授权访问 LAN 和交换机服务。由于交换机充当代理，因此认证服务对客户端来说是透明的。带有 EAP 扩展的 RADIUS 安全系统是唯一得到支持的认证服务器。

在对工作站进行认证之前，802.1X 访问控制仅允许基于 LAN 的可扩展认证协议（Extensible Authentication Protocol over LAN，EAPOL）流量通过工作站所连接的端口传输。在工作站成功通过认证之后，可以通过端口传输正常的流量。

交换机端口状态决定是否授予客户端访问网络的权限。当配置为基于 802.1X 端口的认证时，端口开始进入未授权的状态。此时，端口会禁止所有的出入站流量，802.1X 协议数据包除外。当客户端成功通过认证后，端口成为已授权状态，此时客户端的所有流量都可以正常出入该端口。如果交换机请求客户端身份（认证器初始化），但是客户端不支持 802.1X，则端口会仍然处于未授权状态，因此客户端没有获得访问网络的权限。

相反，当支持 802.1X 的客户端连接到一个端口，并通过发送 EAPOL-start 帧到交换机（没有运行 802.1X 协议）的方式来发起认证进程（请求方初始化）时，没有收到任何响应，则客户端开始发送帧，如同端口处于已授权状态一样。

3.5.3.2　802.1X 端口授权状态

如果客户端成功通过认证（从认证服务器接收到一个 "accept" 帧），则端口变为已授权状态，并且来自已认证客户端的所有帧都会通过端口传输。

如果认证失败，则端口仍然处于未授权状态，但是可以重新对客户端进行认证。如果认证请求无法抵达认证服务器，则交换机可以重新发送请求。在经过指定次数的尝试之后，如果没有从服务器收到任何响应，则认证失败，不给客户端授予网络访问权限。

当客户端登出时，会发送一个 EAPOL-logout 消息，让交换机端口进入未授权状态。

可以使用 **authentication port-control** 命令来控制端口的授权状态。

如果端口的链路状态从 up 变成 down，或者收到了一个 EAPOL-logoff 帧，则端口返回到未授权状态。

3.5.3.3 配置 802.1X

在配置 802.1X 时，需要执行如下几个基本步骤。

步骤 1 使用 **aaa new-model** 命令启用 AAA，并配置 RADIUS 服务器。

步骤 2 使用 **aaa authentication dot1x** 命令创建一个基于 802.1X 端口的认证方法列表。

步骤 3 使用 **dot1x system-auto-control** 命令在全局启用基于 802.1X 端口的认证。

步骤 4 使用 **authentication port-control auto** 命令，在接口上启用基于端口的认证。

步骤 5 使用 **dot1x pae** 命令在接口上启用 802.1X 认证。**authenticator** 选项用来设置端口访问实体（Port Access Entity，PAE）类型，以便接口只用作认证器，不会响应请求方的任何信息。

3.6 总结

认证、授权和审计（AAA）协议为启用管理性访问提供了一个可扩展的框架。AAA 控制允许谁连接到网络、连接到网络时他们能做什么，以及对他们所做的事情进行记录跟踪。

在小型或简单的网络中，AAA 认证可以使用本地数据库来实施。但是，在大型或复杂的网络中，必须使用基于服务器的 AAA 来实施 AAA 认证。AAA 服务器可以使用 RADIUS 或 TACACS+协议与客户端路由器通信。Cisco ACS 可以用来提供 AAA 服务。802.1X 可以用于基于端口的认证。

第 4 章

实施防火墙技术

本章介绍

随着网络的持续发展，网络越来越多地用于传输和存储敏感数据。这增加了对更强的安全技术的需求，并由此产生了防火墙。术语"防火墙"源于防火的墙壁，通常由石头或金属制造，用于在连接的建筑间阻止火焰的传播。在网络世界中，防火墙将保护区与非保护区隔离，阻止未授权的用户访问受保护网络中的资源。

最初，基本访问控制列表（ACL，包括标准的、扩展的、数字的和命名的）是提供防火墙保护的唯一手段。其他防火墙技术开始于 20 世纪 90 年代后期。状态防火墙使用状态表跟踪端到端会话的实时状态，它考虑到了网络流量的面向会话的本质。第一个状态防火墙使用的是 ACL 的"TCP established"选项。

如今，已经存在很多防火墙，包括数据包过滤、状态、应用网关、代理、地址转换、基于主机、透明及混合防火墙。现代网络设计必须包括正确地设置一个或多个防火墙以保护那些必须保护的资源，同时允许安全地访问它们。

4.1 访问控制列表

4.1.1 用 CLI 配置标准和扩展 IPv4 ACL

4.1.1.1 ACL 简介

访问控制列表（ACL）广泛用于计算机网络和网络安全，用于缓解网络攻击和控制网络流量。管理员使用 ACL 在网络设备上定义和控制流量类别,以满足一组既定的安全需求。可以针对 OSI 模型的第 2 层、第 3 层、第 4 层和第 7 层定义 ACL。

在历史上,ACL 的类型可以通过数字编号来识别。比如,范围为 200~299 的编号 ACL 根据以太网类型控制流量。范围为 700~799 的编号 ACL 表示根据 MAC 地址来分类和控制流量。

如今,在对流量进行分类时,最常用的 ACL 类型使用了 IPv4 和 IPv6 地址,以及 TCP 和 UDP 端口号。标准和扩展 IPv4 ACL 可以进行命名和编号。IPv6 ACL 必须使用名字。

4.1.1.2 配置编号 ACL 和命名 ACL

ACL 是一个由允许或拒绝语句组成的顺序列表,这些语句称为访问控制条目(Access Control Entry,ACE)。ACE 通常也称为 ACL 语句。创建的 ACE 可以根据一些特定的条件(源地址、目的地址、协议、端口号)来过滤流量。

标准 ACL 通过检查数据包 IP 头中的源 IP 地址字段来匹配数据包。这种 ACL 完全基于 3 层源信息过滤数据包。

扩展 ACL 基于 3 层和 4 层的源和目的信息来匹配数据包,4 层信息可以包括 TCP 和 UDP 端口信息。与标准 ACL 相比,扩展 ACL 在网络访问方面具有更强的灵活性和控制能力。

除了使用数字编号之外,也可以使用名字来配置 ACL。命名 ACL 必须被指定为标准 ACL 或扩展 ACL。

4.1.1.3 应用 ACL

在创建了 ACL 后,管理员可以采用多种不同的方式应用它。

在 Cisco 路由器或交换机上启用 **log** 参数后,会对其性能造成显著影响。只有当网络被攻击,且管理员尝试找出攻击者时,才能使用 **log** 参数。

将 ACL 应用到接口或线路上只是其中的一种使用方式。ACL 还可以作为其他安全配置的一部分,比如基于区域的防火墙、入侵防御系统和虚拟专用网络。

4.1.1.4 编辑现有的 ACL

默认情况下,ACL 中的语句在编号时以 10 为增量,然后被指派给 ACL 内的每一个 ACE。在创建并应用 ACL 之后,可以使用这些编号对语句进行编辑,比如使用不同的序列号在 ACL 的不同位置删除或添加特定的 ACE。如果没有为一个新的条目指定序列号,路由器自动将该条目放到 ACL 末尾,并为其分配一个合适的序列号。

4.1.1.5 序列号和标准 ACL

在标准访问列表中，Cisco IOS 使用了一个内部逻辑来配置 ACE 并验证 ACL。与主机有关的语句（带有指定的 IPv4 地址）首先被列出，但是它们在 ACL 中的顺序不一定与输入时的顺序相同。首先，IOS 将主机语句放在一个特定的顺序中，这个顺序由特定的散列函数来确定。由此生成的排序结果可以优化主机 ACL 条目的查找。这个排序结果不一定是按 IPv4 地址的顺序排列。

在标准 ACL 中，序列号并不表示它们的处理顺序。但是，序列号可以作为一个标识符，用来删除特定的条目。

注意：最初，序列号表示语句的输入顺序，而不是语句的处理顺序。但是在路由器重启后，访问列表的序列号将被重新编号，以反映新的顺序。

4.1.2 使用 ACL 缓解攻击

4.1.2.1 使用 ACL 来防欺骗

ACL 可以用来缓解许多网络威胁，比如 IP 地址欺骗和 DoS 攻击。大多数 DoS 攻击使用了某些类型的欺骗。IP 地址欺骗会覆盖正常的数据包创造过程，方法是使用不同的源 IP 地址在数据包中插入一个自定义的 IP 报头。攻击者通过伪造源 IP 地址来隐藏自己的身份。

如果有流量去往公司的网络，则这些流量的源 IP 地址不能使用许多周知的 IP 地址类型。例如，S0/0/0 接口连接到互联网，则它不能接受来自下述地址的入站数据包：

- 全 0 的地址；
- 广播地址；
- 本地主机地址（172.0.0.0/8）；
- 预留的私有地址（RFC 1918）；
- IP 组播地址范围（224.0.0.0/4）。

4.1.2.2 允许必要的流量穿过防火墙

一种缓解攻击的有效策略是显式允许某些类型的流量穿过防火墙。例如，DNS、SMTP、FTP 都是必须要允许穿过防火墙的服务。另外一种常见的情况是，对防火墙进行配置，以便允许管理员通过防火墙进行远程访问。SSH、syslog 和 SNMP 都是路由器应该包含的服务。尽管这些服务很有用，但是应该对它们进行控制和监控。针对这些服务的攻击会引发安全问题。

4.1.2.3 缓解 ICMP 滥用

黑客可以使用 ICM echo 数据包（ping）发现受保护网络中的子网和主机，并发动 DoS 泛洪攻击。他们也可以使用 ICMP 重定向消息修改主机路由表。路由器应该阻止 IMCP echo 和重定向消息入站。

为了网络的正常运行，需要用到某些 ICMP 消息，因此应该允许下面这些消息进入内部网络。

- **echo reply**：允许用户 ping 外部主机。
- **source quench（源抑制）**：请求发件人降低消息的传输速率。
- **unreachable（不可达）**：ACL 出于管理性目的拒绝了数据包而产生的不可达消息。

为了网络的正常运行，还需要用到其他一些 ICMP 消息，因此应该允许下面这些消息离开网络。

- **echo**：允许用户 ping 外部主机。
- **parameter problem（参数问题）**：通告主机"数据包头部有问题"。
- **packet too big（数据包太大）**：启用数据包最大传输单元（Maximum Transmission Unit，MTU）发现。
- **source quench（源抑制）**：在必要时限制流量。

这里没有提及的其他 ICMP 消息类型，应该阻止其出站。

ACL 也可以用来阻止 IP 地址欺骗、有选择性地允许某些服务通过防火墙，以及只放行需要的 ICMP 消息。

4.1.2.4 缓解 SNMP 漏洞利用

诸如 SNMP 等管理协议在远程监控和管理网络设备时，相当有用。但是，它们仍然有漏洞可被利用。如果需要使用 SNMP，可以通过应用接口 ACL 的方式过滤来自非授权设备的 SNMP 数据包，从而缓解 SNMP 的漏洞利用。如果 SNMP 数据包来自一个伪造的源地址，并且该地址已经被 ACL 允许，则仍然有可能存在 SNMP 的漏洞。

尽管这些安全措施相当有用，但是最有效的漏洞防御方法是在 IOS 设备上禁用掉不需要的 SNMP 服务器。使用 **no snmp-server** 命令可以在 Cisco IOS 设备上禁用 SNMP 进程。

4.1.3 IPv6 ACL

4.1.3.1 IPv6 ACL 简介

近年来，许多网络开始向 IPv6 环境过渡。之所以向 IPv6 进行过渡，部分原因是 IPv4 本身具有弱点。在设计 IPv4 之时，还没有如下这些现代网络的需求：

- 安全——IP 安全（IPSec）；
- 设备漫游——移动 IP；
- 服务质量——资源预留协议（Resource Reservation Protocol，RSVP）；
- 地址可扩展性——DHCP、NAT、无类域间路由（CIDR）、变长子网掩码（VLSM）。

不幸的是，伴随着向 IPv6 的过渡，IPv6 攻击也变得越来越普及。IPv4 不会在一夜之间就消失，它会先与 IPv6 共存一段时间，然后逐渐被 IPv6 替代。这无疑会带来安全漏洞。一个相关的安全示例是攻击者使用 IPv4 在双栈中寻找 IPv6 的漏洞。双栈是一个集成的方法，在这个方法中，设备有连接到 IPv4 和 IPv6 网络的两条连接。作为结果，该设备也有两个协议栈。

通过利用安装了双栈的主机、无赖邻居发现协议（NDP）消息和隧道技术，攻击者可以实现隐形攻击，从而产生信任漏洞。例如，Teredo 隧道就是一种 IPv6 过渡技术，当 IPv4/IPv6 主机位于 IPv4 网络地址转换（NAT）设备后面时，这种技术可以自动分配 IPv6 地址——这是通过在 IPv4 UDP 数据包中嵌入 IPv6 数据包来实现的。攻击者在 IPv4 网络中获得了立足点。被攻陷的主机发送无赖路由器通告，触发双栈主机来获取 IPv6 地址。攻击者可以使用这个立足点在网络内部移动，并在将流量发送回网络之前危害其他主机。

有必要开发和实现一种策略，来缓解针对 IPv6 基础设施和协议的攻击。该缓解策略应该使用多种技术（比如 IPv6 ACL）在边缘实现过滤。

4.1.3.2 IPv6 ACL 语法

IPv6 中的 ACL 功能与 IPv4 中的 ACL 相似。但是，IPv6 中不存在等同于 IPv4 标准 ACL 的对应 ACL，所有的 IPv6 ACL 必须配置一个名字。IPv6 ACL 允许基于传入/传出到某个特定端口的源和目的地址进行过滤，还可以基于 IPv6 选项报头和可选的上层协议类型信息对流量进行过滤，从而提供更精细的控制粒度；这类似于 IPv4 扩展 ACL。为了配置 IPv6 ACL，可执行 **ipv6 access-list** 命令进入 IPv6 ACL 配置模式。然后使用相应的语法配置每一个访问列表条目，以明确允许或拒绝流量。使用 **ipv6 traffic-filter** 命令可将 IPv6 ACL 应用到接口上。

4.1.3.3 配置 IPv6 ACL

IPv6 ACL 包含一条隐式的 **deny ipv6 any** 语句。每一个 IPv6 ACL 也包含了隐式的允许规则，可用于启用 IPv6 邻居发现。IPv6 NDP 需要使用 IPv6 网络层来发送邻居通告（Neighbor Advertisement，NA）和邻居请求（Neighbor Solicitation，NS）消息。如果管理员配置 **deny ipv6 any** 语句时没有明确允许邻居发现，则会禁用 NDP。

4.2 防火墙技术

4.2.1 使用防火墙保护网络

4.2.1.1 定义防火墙

术语"防火墙"起源于用于阻隔火焰扩散到相邻建筑的防火墙（通常用石头和金属建造）。后来，此术语也用于指汽车或飞机上将乘客舱和发动机舱分隔的金属门。最终，该术语也在计算机网络中得以采用，用来指阻止不期望的流量进入网络中指定区域的设施。

对于不同的人和公司，防火墙也不同，但所有防火墙都具有如下特性：

- 防火墙能抵抗攻击；
- 防火墙是网络间的唯一传送点（所有流量都经过防火墙）；
- 防火墙实施访问控制策略。

1988 年，数字设备公司（DEC）创建了第一台数据包过滤形式的网络防火墙。这些早期的防火墙检查数据包，看是否与规则匹配，从而选择是转发还是丢弃。这一类型的数据包过滤防火墙也称为无状态过滤，它不考虑数据包是否是已存在的数据流量的一部分。每个数据包基于数据包头部中的特定参数值单独过滤，这与 ACL 的数据包过滤机制类似。

1989 年，AT&T 贝尔实验室开发了第一个状态防火墙。状态防火墙通过评估数据流中连接的状态来过滤数据包。状态防火墙可以确定数据包是否属于已经存在的数据流。它主要应用静态规则（与数据包过滤防火墙中一样）和实时创建的动态规则来定义这些活跃的流量。状态防火墙有助于缓解这样的 DoS 攻击，即利用穿越防火墙设备的活跃连接发起的攻击。

最初的防火墙不是单独的设备，而是路由器或服务器安装了提供防火墙功能的软件。随着时间的推移,很多公司开发了独立的防火墙。专用的防火墙设备使得路由器和交换机不用再去处理内存密集型和处理器密集型的数据包过滤。对不需要使用专用防火墙的公司来说,也可以使用现代路由器,比如集成服务路由器(ISR)作为复杂的状态防火墙。

防火墙是一个系统或者一组系统,可以在网络之间执行访问控制策略。它包含多个选项,比如数据包过滤路由器、连接两个 VLAN 的交换机以及安装了防火墙软件的多台主机。

4.2.1.2　防火墙的利弊

在网络中使用防火墙有如下好处:

- 防止敏感的主机、资源和应用暴露于不受信任的用户前;
- 净化协议流量,防止利用协议缺陷;
- 阻止来自服务器和客户端的恶意数据;
- 通过将大部分的网络访问控制工作卸载到网络中的少量防火墙,来降低安全管理的复杂性。

防火墙也有一些局限性:

- 如果配置不当,防火墙会对网络造成严重后果(比如单点故障);
- 很多应用的数据不能安全通过防火墙;
- 用户可能会积极寻找绕过防火墙接收被阻信息的方法,使网络遭受潜在攻击的危险;
- 网络性能可能下降;
- 未授权的流量可能经隧道或隐藏在合法的流量中通过防火墙。

要重点理解不同类型的防火墙及其特定功能,这样才能在不同情况下选择使用正确的防火墙。

4.2.2　防火墙类型

4.2.2.1　防火墙类型的描述

防火墙系统可能由很多不同设备和组件构成,其中之一就是流量过滤组件,也就是大多数人通常所说的防火墙。本章还讲解了下面 3 种防火墙。

- 数据包过滤防火墙——通常是能够过滤数据包内容(如 3 层和 4 层信息)的路由器。

- **状态防火墙**——监视连接状态，无论连接是处于初始状态、数据传输状态还是终止状态。
- **应用网关防火墙（代理防火墙）**——在 OSI 参考模型的 3、4、5 和 7 层过滤信息的防火墙。大多数防火墙的控制和过滤以软件实现。当客户端需要连接远程服务器时，将首先连接到代理服务器，代理服务器代表客户端连接到远程服务器。因此，服务器只能看到来自代理服务器的连接。

实施防火墙的一些其他方法如下所示。

- **基于主机（服务器或个人电脑）的防火墙**——运行防火墙软件的 PC 或服务器。
- **透明防火墙**——在一对桥接接口之间过滤 IP 流量的防火墙。
- **混合防火墙**——结合了不同防火墙类型的防火墙。例如，应用检测防火墙就结合了状态防火墙和应用网关防火墙。

4.2.2.2 数据包过滤防火墙的利与弊

数据包过滤防火墙通常是路由器防火墙的一部分，它基于 3 层和 4 层信息来允许或拒绝流量。数据包过滤防火墙是无状态防火墙，使用简单的策略表查询，并基于特定的条件过滤流量。例如，SMTP 服务器默认监听端口 25，管理员可以配置数据包过滤防火墙，阻止来自特定工作站 25 端口的数据包，以免广播邮件病毒。

下面是使用数据包过滤防火墙的一些好处。

- 可以使用简单的允许或拒绝规则集来实施数据包过滤器。
- 数据包过滤器对网络性能的影响较低。
- 数据包过滤器易于实施，而且得到了大多数路由器的支持。
- 数据包过滤器在网络层上提供了最基本的安全。
- 数据包过滤器可以用较低的成本来执行高端防火墙的几乎大多数任务。

数据包过滤器并不能代表一个完整的防火墙解决方案，但它们是防火墙安全策略的重要组成部分。下面是使用数据包过滤防火墙的一些坏处。

- 数据包过滤器容易遭受 IP 欺骗。黑客可以发送满足 ACL 条件的任意数据包，并通过过滤器。
- 数据包过滤器不能可靠地过滤分片的数据包，因为分片的 IP 数据包在第一个分片中包含了 TCP 头部，而且数据包过滤器基于 TCP 报头的信息来执行过滤，在第一个分片通过之后，后续所有分片都将无条件通过。在使用数据包过滤器时，要假定第一个分片的过滤器准确地执行了过滤策略。

- 数据包过滤器使用了复杂 ACL，这些 ACL 难以实施和维护。
- 数据包过滤器无法动态过滤某些服务。例如，如果不开放对整个端口范围的访问，则难以过滤使用动态端口协商的会话。
- 数据包过滤器是无状态的。它会挨个检查每一个数据包，而不是检查连接的状态上下文。

4.2.2.3 状态防火墙

状态防火墙是最通用也是最常见的防火墙技术。状态防火墙利用存储在状态表中的连接信息提供状态数据包过滤。状态防火墙在防火墙体系中属于网络层，但是它可以分析 OSI 模型第 4 层和第 5 层的流量。

与使用静态数据包过滤的无状态防火墙不同，状态过滤器跟踪通过防火墙所有接口的每一个连接，确认连接是否有效。状态防火墙使用状态表跟踪实际的通信过程。防火墙检查 3 层数据包和 4 层数据分段的头部信息。例如，防火墙查看 TCP 头中同步（SYN）、复位（RST）、确认（ACK）、结束（FIN）及其他控制代码，来确定连接的状态。

每次建立 TCP 或 UDP 连接的入站或出站连接时，状态防火墙在状态表中记录特定流的信息。状态会话流表包含源和目的地址、端口号、TCP 序列信息和与特定会话相关的 TCP 或 UDP 连接的额外标志。这些信息建立一个连接对象，由防火墙用来将所有入站和出站数据包与状态会话流表中的会话流进行比较。只有当存在一个适当的连接来验证数据通路（the passage of that data）时，防火墙才允许该数据通过。

注意：这也是之前版本的 IOS 防火墙实施状态过滤的行为，较新版本的 Cisco IOS 防火墙使用基于域（zone-based）的方法进行过滤，本章后面将会讨论。

4.2.2.4 状态防火墙的利与弊

在网络中使用状态防火墙的好处如下。

- 状态防火墙可以过滤非预期、不必要的流量，通常作为主要的防御手段来使用。
- 通过提供更为严格的安全控制，状态防火墙可以加强数据包过滤功能。
- 状态防火墙提升了数据包过滤器或代理服务器的性能。
- 状态防火墙通过确定数据包是属于现有的连接还是来自未经授权的源，可以防御欺骗和 DoS 攻击。

- 状态防火墙提供的日志信息要比数据包过滤防火墙多。

状态防火墙也会带来下述弊端。

- 状态防火墙无法阻止应用层攻击，因为它不会检查 HTTP 连接的实际内容。
- 并非所有的协议都是有状态的。例如，UDP 和 ICMP 不会针对状态表生成连接信息，因此对过滤没有多大帮助。
- 很难跟踪使用动态端口协商的连接。有些应用在打开多个连接时，需要打开一个全新的端口范围，才能允许第二条连接。
- 状态防火墙不支持身份认证。

4.2.2.5 下一代防火墙

下一代防火墙在以下几个重要方面超越了状态防火墙：

- 能够更为准确地标识、看到和控制应用程序内的行为；
- 基于站点的声誉来限制 Web 和 Web 应用的使用；
- 能够主动防护来自互联网的威胁；
- 基于用户、设备、角色、应用类型和威胁类型执行策略；
- 支持 NAT、VPN 和状态协议检测（Stateful Protocol Inspection，SPI）；
- 使用了集成的入侵防御系统（IPS）。

在 2014 年 8 月，Cisco 宣布将 Sourcefire 的 FirePOWER 服务集成到 Cisco ASA 中。带有 FirePOWER 服务的 Cisco ASA 在设计时采用了高级恶意软件保护，它是一个自适应的以威胁为中心的防火墙，因此也称为 Cisco ASA 下一代防火墙。它的设计目的是在整个攻击阶段（包括攻击前、攻击中、攻击后）提供防御。

4.2.3 经典防火墙

4.2.3.1 经典防火墙简介

Cisco IOS 经典防火墙之前被称为基于上下文的访问控制（Context-Based Access Control，CBAC），是一个添加到 Cisco IOS 12.0 之前版本中的状态防火墙特性。经典防火墙提供了 4 个主要功能：流量过滤、流量检测、入侵检测及产生审计和警告信息。经典防火墙也可以检测嵌入了 NAT 和 PAT 信息的连接，并执行必要的地址转换。经典防火墙能够阻止 P2P 连接，如 Gnutella 和 KaZaA 应用使用的连接。即时消息的流量，如 Yahoo!、AOL 和 MSN，也会被阻止。

然而，经典防火墙仅对管理员指定的协议提供过滤，如果没有指定，则已有的 ACL 将确定如何过滤协议，并且不会创建临时开口。此外，经典防火墙仅检测和防止穿越防火墙的攻击。它通常不能防护源自受保护网络的攻击，除非这些流量经过了启用 Cisco IOS 防火墙的内部路由器。

在可以预见的未来，Cisco IOS 软件经典防火墙仍然有用武之地，但是不会再使用新特性来增强其功能。相反，基于区域的策略防火墙（Zone-Based Policy Firewall，ZPF）是 Cisco IOS 状态检测防火墙的战略发展方向。

4.2.3.2 经典防火墙的操作

经典防火墙会在 ACL 中创建一个临时开口，以允许返回流量。这个条目是在被检流量离开网络时创建的，并且在连接终止时或连接的空闲时间超时时删除。

例如，假设一个用户发起从受保护网络到外部网络的出站 SSH 连接，并启用了经典防火墙来检测 SSH 流量。同时假设在外部接口上应用了 ACL 来阻止 SSH 流量进入受保护网络。该连接需要经历多个操作步骤，才能在防火墙中创建一个临时开口，具体如下。

1．当流量首次生成时，它穿越路由器，并先由入站 ACL 进行处理。如果 ACL 拒绝这种类型的连接，则丢弃数据包。如果 ACL 允许该连接，则检查经典防火墙的检测规则。

2．依据经典防火墙的检测规则，Cisco IOS 可能需要检查连接。如果没有检查到 SSH 流量，则允许数据包通过，而且不搜集其他信息；否则，该连接进入到下一步。

3．将连接信息与状态表中的条目比较。如果表中没有此连接，则添加新的条目；如果已经存在，则重置此连接的空闲计时器。

4．如果添加了新的条目，则添加一条动态 ACL 条目，允许返回的 SSH 流量，前提是这个返回的 SSH 流量是同一个 SSH 连接的一部分。只要会话处于打开状态，则临时开口就会一直有效。这些动态条目不会保存到 NVRAM 中。

5．会话终止时，状态表中的动态信息和动态 ACL 条目将被删除。

经典防火墙还可以配置为在入向和出向这两个方向上检测流量。在需要保护网络的两个网段，且这两个网段都发起某些连接，并允许返回的流量到达源端时，这会非常有用。

4.2.3.3 经典防火墙的配置

假设在一个场景中，管理员想要在 10.0.0.0 和 172.30.0.0 网络之间允许 SSH 会话。但是，只允许来自 10.0.0.0 网络的主机发起 SSH 会话，其他所有的访问将被拒绝。在使用经典防火墙配置这一策略时，只需要 4 个步骤。

步骤 1 选择一个内部或外部接口。在这里，G0/0 是内部接口，G0/1 是外部接口。

步骤 2 在接口上配置 ACL。

INSIDE ACL 只允许来自 10.0.0.0 网络的 SSH 流量，它应用到 G0/0 接口。在配置检测规则之前，OUTSIDE ACL 会拒绝来自 172.30.0.0 网络的入站流量，该 ACL 应用到 G0/1 接口。

步骤 3 定义检测规则。

检测规则 FWRULE 规定：需要检查 SSH 连接的流量。这个检测规则在应用到接口之前没有任何效果。尽管允许 G0/0 接口上的 SSH 连接去往 172.30.0.0 网络内的主机，但是去往 G0/1 的 SSH 返回流量将被拒绝。

步骤 4 将检测规则应用于接口。当 FWRULE 应用到 G0/0 接口上的入站流量时，经典防火墙的配置将自动添加一个条目，允许两台主机主机之间的入站 SSH 流量。可以使用 show ip inspect sessions 命令对此进行验证。

4.2.4 网络设计中的防火墙

4.2.4.1 网络内部和外部

防火墙设计主要是依据源、目的和流量类型来确定设备接口是允许还是拒绝流量通过。有些防火墙的设计相当简单，只会通过防火墙上面的两个接口来指定外部网络和内部网络。外部网络（公共网络）是不可信网络，内部网络（私有网络）是可信网络。通常，具有两个接口的防火墙按照如下方式进行配置。

- 允许来自私有网络的流量，并且在其去往公共网络时进行检测。与源自私有网络的流量相关联，并从公共网络返回的流量在检测之后允许进入。

- 源自公共网络，且去往私有网络的流量通常会被完全阻止进入。

4.2.4.2 DMZ

非军事区（demilitarized zone，DMZ）是这样一种防火墙设计：通常有一个内部接口连接到私有网络，一个外部接口连接到公共网络，此外还有一个 DMZ 接口。

- 源自私有网络的流量在去往公共网络或 DMZ 网络时要进行检测，并被不加限制或很少限制地允许发送。从 DMZ 或公共网络返回，且去往私有网络的被检测流量被允许进入。

- 源自 DMZ 网络的流量在去往私有网络时通常被阻止。
- 源自 DMZ 网络的流量在去往公共网络时，会基于服务的需求来选择性地允许。
- 源自公共网络的流量在去往 DMZ 时，会被有选择性地允许和检测。这种类型的流量通常是电子邮件、DNS、HTTP 或 TTTPS 流量。从 DMZ 返回且去往公共网络的流量是动态允许的。
- 源自公共网络的流量在去往私有网络时是被阻止的。

4.2.4.3 ZPF

ZPF 使用了区域（zone）的概念来提供额外的灵活性。区域是一组具有相似功能或特性的多个接口。区域有助于指定 Cisco IOS 防火墙的应用位置。默认情况下，同一个区域中接口之间的流量不受任何策略的限制，可以自由通过。但是，所有的区域到区域之间的流量将被阻止。为了允许区域之间的流量，必须配置策略来允许或检测流量。

这种默认的 deny any 策略的唯一例外是路由器自身区域（self zone）。这个自身区域是路由器自身，包含了所有的路由器接口 IP 地址。包含自身区域的策略配置会应用到出入于路由器的流量。默认情况下，这种类型的流量没有策略。在为自身区域设计策略时，应该考虑的流量包含管理平面和控制平面流量，比如 SSH、SNMP 和路由协议。

4.2.4.4 分层防御

分层防御在不同层次上使用不同类型的防火墙来增强一个组织的安全性。可以在层之间和层内部执行策略。这些策略的执行点确定是转发还是丢弃流量。例如，来自不可信网络的流量首先在边缘路由器上遇到数据包过滤器，如果策略允许该流量，它将进入屏蔽防火墙或堡垒主机系统，后者对流量应用更多的策略，并丢弃可疑的数据包。堡垒主机是一台加固的计算机，通常位于 DMZ 中。流量然后进入内部的屏蔽防火墙。流量只有在成功通过外部路由器和内部网络之间的所有策略执行点之后，才能进入内部的目标主机。这种类型的 DMZ 设置称为被屏蔽子网（screened subnet）配置。

分层防御方法并不能确保一个内部网络的安全。网络管理员在构建完整的纵深防御时要考虑很多因素。

- 防火墙通常不能阻止来自网络或区域内的主机的入侵。
- 防火墙不能阻止无赖接入点（AP）的安装。
- 防火墙不能替代备份和灾难恢复机制，后者可在发生攻击或硬件故障时发挥效用。

- 防火墙不能替代见多识广的管理员和用户。

4.3 基于区域策略防火墙

4.3.1 ZPF 概述

4.3.1.1 ZPF 的优点

Cisco IOS 防火墙有两种配置模式。

- **经典防火墙**：这是传统的配置模式，其中所有的防火墙策略应用到接口上。
- **ZPF**：新的配置模式，接口被指派到安全区域，防火墙策略应用到在区域之间传输的流量。

如果一个额外的接口添加到私有区域，则连接到该新接口的主机可以将流量传递到同一区域中现有接口上的所有主机。

由于 ZPF 模型的结构简单，而且易于使用，因此网络安全从业人员向 ZPF 模型进行迁移。ZPF 模型这一结构化的方法对于文档记录和沟通来说也很有用，它的易用性也可以让大量的安全从业人员更容易实施网络安全。

ZPF 具有如下优点：

- 不依赖于 ACL；
- 除非明确允许，否则将阻止路由器安全态势（posture）；
- 可使用 Cisco 通用分类策略语言（Cisco Common Classification Policy Language，C3PL）轻松阅读策略并对其排错。C3PL 是一种基于事件、条件和动作来创建流量策略的结构化方法，它通过让一个策略影响任何给定的流量来提供可扩展性，而不需要用到多个 ACL 和检查操作。

在确定是实施经典防火墙还是 ZPF 时，要重点知道的是，这两种配置模式可以在一台路由器上同时启用。例如，一个接口不能既配置为一个安全区域的成员，又同时进行 IP 检测。

4.3.1.2 ZPF 设计

常见的 ZPF 设计是 LAN 到互联网的防火墙。

设计 ZPF 时需要如下几个步骤。

步骤 1 **确定区域**——管理员需要将网络分成不同的区域。例如，公共网络是一个区域，而内部网络是另外一个区域。

步骤 2 **建立区域间的策略**——对每对"源-目的"区域（如从内部网络去往外部的互联网），定义源区域中的客户端可以向目的区域中的服务器发送请求的会话。这些会话通常是 TCP 或 UDP 会话，但也可以是 ICMP 会话，如 ICMP echo。对于不是基于会话的流量，管理员必须定义从源到目的的单一方向的流量，反之亦然。

步骤 3 **设计物理架构**——在定义了区域并记录了区域之间的流量需求后，管理员必须设计物理架构。在设计物理架构时，管理员必须考虑安全和可用性需求，这包括指定最安全和最不安全区域之间的设备数量，以及确定冗余设备。

步骤 4 **标识区域内的子网，以及合并流量的需求**——对设计中的每个防火墙设备，管理员必须识别其接口所连接的区域子网，并合并这些区域的流量需求。例如，可能有多个区域间接连接到防火墙的同一个接口，从而需要特定于设备的区域间策略。尽管实施区域子网是一个重要的考虑因素，但这超出了本课程的范围。

4.3.2 ZPF 的操作

4.3.2.1 ZPF 的行为

Cisco IOS ZPF 可以采取 3 种行为。

- **Inspect**（检测）——执行 Cisco IOS 状态数据包检测。
- **Drop**（丢弃）——类似于 ACL 中的拒绝语句，一个 **log** 选项可用来记录被拒绝的数据包。
- **Pass**（通过）——类似于 ACL 中的允许语句。"通过"行为不跟踪连接或流量内会话的状态。

4.3.2.2 流量传输规则

通过路由器接口传输的流量会受到用来控制接口行为的若干规则的约束。规则与入站接口和出站接口是否是同一区域中的成员有关。

- 如果这两个接口都不是区域成员，则相应的行为就是放行流量。
- 如果两个接口是同一区域的成员，则相应的行为就是放行流量。

- 如果一个接口是区域成员，另外一个不是，则相应的行为是丢弃流量，而不管是否存在区域对（zone-pair）。

- 如果两个接口属于同一个区域对，并且存在一个策略，则相应的行为是检测流量，并根据策略的定义允许或丢弃流量。

4.3.2.3 自身区域中的流量规则

自身区域是路由器自身，它包含了指派给路由器接口的所有 IP 地址。用于 ZPF 的规则与自身区域所用的规则不同。对于自身区域的流量来说，规则取决于路由器是流量的源还是目的。如果路由器是源或目的，则所有流量都被允许。这里的一个例外是，源和目的是一个带有特定服务策略的区域对。在这种情况下，策略将应用到所有流量上。

4.3.3 配置 ZPF

4.3.3.1 配置 ZPF

在配置 ZPF 时，某些配置必须按照顺序完成。例如，必须先配置 class-map，然后才能将 class-map 分配给 policy-map。与之类似，在没有配置策略之前，不能将 policy-map 指派给 zone-pair。如果在配置某个部分时，这个部分依赖于还没有配置的另外一个部分，则路由器会报错。

4.3.3.2 创建区域

配置 ZPF 的第 1 步是创建区域。但是，在创建区域之前，需要先回答下面几个问题。

- 区域中应该包含什么接口？
- 每个区域的名字是什么？
- 区域之间的流量和方向分别是什么？

我们这里使用了两个接口、两个区域以及单向流动的流量。来自公共区域的流量将被阻止。

4.3.3.3 识别流量

接下来使用 class-map 来识别流量。类（class）基于其内容，并使用"match"（匹配）条件来识别一组数据包。通常，定义类的目的是为已经识别出来的流量应用一个行为（这个行为是由策略定义的）。类使用 class-map 定义。

class-map 有多种类型。对于 ZPF 配置，需要使用 **inspect** 关键字来定义 class-map。当存在多个匹配条件时，要确定数据包的评估方式。数据包必须满足其中一个匹配条件（math-any），或者是满足所有的匹配条件（match-all），才能被视为类的成员。

4.3.3.4 定义一个行为

第 3 步是使用 policy-map 来定义对类成员的流量采取什么行为。行为是一种特定的功能，通常与流量类相关。例如，**inspect**、**drop** 和 **pass** 都是行为。

- **inspect**：这个行为提供了基于状态的流量控制。例如，如果要检查从 PRIVATE 区域到 PUBLIC 区域的流量，路由器需要维护 TCP 或 UPD 流量的连接或会话信息。这样一来，路由器才能允许从 PUBLIC 区域返回的流量，以此响应 PRIVATE 区域连接请求。

- **drop**：这是所有流量的默认行为。与每一个 ACL 末尾的隐式 **deny any** 语句相似，IOS 也会在每一个 policy-map 末尾应用一个显式的 **drop**。它在任何 policy-map 配置的最后一部分作为 **class class-default** 列出。policy-map 内的其他 class-map 也可以配置为丢弃不需要的流量。与 ACL 不同，流量是默默丢弃的，不会有 ICMP 不可达消息发送给流量的源。

- **pass**：该行为允许路由器将来自一个区域的流量转发给另外一个区域。它不会跟踪连接的状态。该行为只在一个方向放行流量。要想让返回的流量在反方向通过，则必须应用相应的策略。对于具有可预测行为的安全协议（比如 IPSec）来说，这个行为很理想。但是，大多数应用的流量在 ZPF 中使用 **inspect** 选项进行处理会更好。

4.3.3.5 识别区域对并与策略匹配

第 4 步是识别区域对并将该区域对与 policy-map 关联起来。区域对使用 **zone-pair security** 命令创建，然后再使用 **service-policy type inspect** 命令来连接一个 policy-map，并将其行为与区域对关联起来。

在创建了防火墙策略后，管理员将其应用到使用 **zone-pair security** 命令创建的一对区域之间的流量上。为了应用策略，需要先将其分配给一个区域对。区域对需要指明源区域、目的区域以及在源/目区域之间处理流量的策略。

4.3.3.6 将区域指派到接口

第 5 步是将区域指派到适当的接口。将区域与接口关联后，可以立即应用与区域相关联的 service-policy。如果还没有配置区域的 service-policy，则所有的传输流量将被丢弃。可以使用 **zone-member security** 命令将区域指派到一个接口上。

4.3.3.7 验证 ZPF 配置

通过查看运行配置可以验证 ZPF 的配置。注意，首先列出的是 class-map。policy-map 使用了 class-map。

区域配置遵循了 policy-map 的配置：具有区域名、区域对，并将 service-policy 与区域对关联起来。最后，将接口指派给区域。

4.3.3.8 ZPF 配置考量

在使用 CLI 配置 ZPF 时，需要考虑下述因素。

- 路由器从来不会过滤同一区域内接口之间的流量。
- 接口不能属于多个区域。要创建一个联合的安全区域，需要指定一个新的区域、适当的 policy-map 以及区域对。
- 尽管 ZPF 和经典防火墙不能在同一个接口上使用，但是两者可以共存。在应用 **zone-member security** 命令之前，需要先删除 **ip inspect** 接口配置命令。
- 如果某个接口指派了一个区域，但是另外一个接口没有指派区域，则这两个接口之间不能传输流量。在配置另外一个区域成员之前，应用 **zone-member** 配置命令将会导致服务临时中断。
- 默认的区域间策略是丢弃所有的流量，除非是为区域对配置的 service-policy 明确许可了这些流量。
- **zone-member** 命令不保护路由器自身（出入于路由器的流量不受影响），除非使用预定义的自身区域配置了区域对。

4.4 总结

防火墙可以隔离受保护区域和非受保护区域，这可以防止未经授权的用户访问受保护网络中的资源。实施防火墙的常见方法如下所示。

- **数据包过滤防火墙**——通常是使用 ACL 过滤数据包内容（例如 3 层和 4 层信息）的路由器。
- **状态防护墙**——监控连接的状态，无论连接处于发起状态、数据传输状态还是连接终止状态。

标准和扩展 IP ACL 可以用来提供数据包过滤防火墙功能。它们是基本的网络流量过滤工具，能够缓解广泛的网络攻击。要确定使用标准 IP ACL 还是扩展 IP ACL，则依据于流量的类型以及流量的源和目的。ACL 与网络流量的流向相关联。网络拓扑确定了 ACL 的创建和应用方式。

状态防火墙可以按照如下 3 种方式实施。

- **流量过滤防火墙**——包括使用 TCP established 选项的 ACL 以及自反 AC（自反 ACL 对 ACL 的功能进行了扩展，以考虑网络流量的双向流动）。
- **Cisco IOS 经典防火墙**——经典防火墙（之前称为 CBAC）针对大多数现代应用的流量提供了复杂的状态过滤。经典防火墙的配置相当复杂，它依赖于应用到适当接口的 ACL 和检测规则。
- **ZPF**——于 2006 年引入，是最新的现代防火墙技术。ZPF 配置的核心是创建与网络不同位置相关联的区域，这些区域对应了不同的安全级别。相较于经典防火墙，ZPF 的实施要更结构化，更容易理解。ZPF 使用 class-map 和 policy-map 来分类和过滤流量。

第 5 章

实施入侵防御

本章介绍

当今，网络管理员所面临的安全挑战无法由任何单个应用程序来成功管理。尽管实施设备加固、AAA 访问控制以及防火墙特性都是网络安全的一部分，但是在面对快速发展的互联网蠕虫和病毒时，这些特性仍然无法使网络免于攻击。一个网络必须能够及时识别、缓解蠕虫和病毒的威胁。

在网络中也不再可能只在几个点上实施入侵防御。整个网络都需要使用入侵防御在每个入站点和出站点上检测和阻止攻击。

网络架构范式需要不断调整，以防御快速进化的攻击。它必须包括性价比高的检测和防护系统，比如入侵检测系统（Intrusion Detection System，IDS），或者更具扩展性的入侵防御系统（Intrusion Prevention System，IPS）。网络架构将这些解决方案整合到网络的入点和出点上。

当实施 IDS 或 IPS 时，关键是要熟悉可用系统的类型、基于主机和基于网络的方法、这些系统的放置位置、特征分类的角色以及检测到攻击时 Cisco IOS 路由器可能采取的行动。

5.1 IPS 技术

5.1.1 IDS 和 IPS 特性

5.1.1.1 零日攻击

互联网蠕虫和病毒可以在几分钟内蔓延到整个世界。而网络必须立即识别、缓解蠕虫和病毒威胁。防火墙功能有限，无法抵挡恶意软件和零日攻击（zero-day attack）。

零日攻击有时也称为零日威胁，是一种尝试利用未被软件开发商知晓的或未公开的软件漏洞的计算机攻击。术语"零时"（zero-hour）描述漏洞被发现的时刻。在软件开发商开发和发布补丁期间，网络很容易受到这些漏洞攻击。为了防止这些快速发展的攻击，需要网络安全从业人员采取更为复杂的网络架构视图，而不再是在网络的少数几个点上实施入侵防御。

5.1.1.2 监控攻击

对管理员来说，防止蠕虫和病毒进入网络的一个方法就是要不断地监视网络和分析由网络设备生成的日志文件。这个解决方案不太容易扩展。手工分析日志文件信息需要消耗时间，并且对于已经开始的网络攻击的认识是有限的。因为在分析日志的时候，攻击早已经开始了。

入侵检测系统（IDS）被动地监测网络上的流量。一个启用了 IDS 的设备会复制流量流，并且分析的是复制的流量，而不是实际转发的数据包。它工作在离线模式，会将捕获的流量流与已知的恶意特征进行比较，这与检查病毒的软件相类似。离线意味着：

- IDS 是被动工作的；
- IDS 设备被放置在网络中，流量要想到达 IDS，必须先被镜像（mirrored）；
- 如果网络流量没有被镜像，则不会通过 IDS。

尽管流量会被监视而且也可能会进行报告，但是 IDS 不会对数据包采取任何行动。这一离线 IDS 的实施也称为混杂模式。

IDS 处理流量副本的优点是不会对数据包的转发造成影响，缺点是 IDS 在响应攻击之前，无法阻止恶意的单包攻击到达目标。IDS 经常需要其他网络设备的协助，比如路由器和防火墙，来响应攻击。

一个比较好的解决方案是使用一个能立即检测和阻止攻击的设备。IPS 可以执行该功能。

5.1.1.3 检测和阻止攻击

入侵防御系统（IPS）构建在 IDS 技术之上。不像 IDS，IPS 设备是以在线模式实施的，这就意味着所有入站和出站流量都要经过它来处理。IPS 在没有分析数据包之前，不允许它进入网络的信任区域。IPS 也可以检测并立即解决网络问题。

IPS 监视第 3 层和第 4 层的流量并且分析数据包的内容和荷载，以发现可能包含在第 2 层到第 7 层恶意数据中的更复杂的嵌入攻击。Cisco IPS 平台使用了多种检测技术，包含了基于特征、基于配置文件（profile）以及基于协议分析的入侵检测。这些深入的分析可以让 IPS 识别、阻止和阻塞攻击，这些攻击通常可能会通过传统的防火墙设备。当一个数据包进入到

IPS 上的一个接口时,在它被分析完之前,数据包不能送到出站或信任的接口。

IPS 在线运行方式的优点是可以在阻止单包攻击到达目标系统,其缺点是配置不当的 IPS 或不正确的 IPS 解决方案会对流量的转发产生影响。

IDS 和 IPS 之间的最大区别是,IPS 可以立即响应并且不会允许恶意数据流通过,而 IDS 可能会在解决恶意流量之前允许其通过。

5.1.1.4 IDS 和 IPS 的相似性

IDS 和 IPS 技术共用一些特征。IDS 和 IPS 技术都是作为传感器来部署的。一个 IDS 或 IPS 传感器可以是下述任何设备。

- 配备了 Cisco IOS IPS 软件的路由器。
- 专门设计用来提供专有 IDS 或 IPS 服务的设备。
- 安装在 ASA、交换机或路由器上的网络模块。

IDS 和 IPS 技术使用特征来检测网络流量的模式。特征(signature)是一个规则集,IDS 或 IPS 用它来检测恶意行为。特征可以用来检测严重的安全违规、常见的网络攻击,并用来收集信息。IDS 和 IPS 技术可以检测原子特征样本(单数据包)或复合特征样本(多数据包)。

5.1.1.5 IDS 和 IPS 的优缺点

IDS 的优点和缺点

IDS 平台的一个主要优点是它是以离线模式来部署的。由于 IDS 传感器不是在线工作的,因此它不会影响网络性能。它不会引入延迟、抖动或者其他流量问题。另外,如果传感器失效,它也不会影响网络功能。它只会影响 IDS 分析数据的能力。

但是,部署 IDS 平台也有很多缺点。IDS 传感器主要关注的是识别可能的事故、记录与事故相关的信息以及进行报告。IDS 传感器不能停止触发数据包(trigger packet),也不能保证停止连接。触发数据包会提醒 IDS 注意潜在威胁。它们对阻止邮件病毒和自动攻击(如蠕虫攻击)用处不大。

用户部署 IDS 传感器响应行为时,必须具有成熟的安全策略,并且具有良好的 IDS 部署的操作知识。用户必须花时间调整 IDS 传感器,来达到期望的入侵检测的级别。

最后,因为 IDS 传感器不是在线工作的,所以当很多网络攻击手段启用了网络安全规避技术时,IDS 的实施会有很多隐患。

IPS 的优点和缺点

IPS 传感器可以通过配置来执行数据包丢弃行为，这样可以停止触发数据包、与连接相关的数据包，或者来自源 IP 地址的数据包。另外，由于是在线工作，IPS 传感器可以使用流标准化技术。当攻击发生在多个数据分段时，流标准化技术可以用来重构数据流。

由于 IPS 是在线部署的，因此在 IPS 发生错误、故障或者因为过量的流量而导致不堪重负时，会对网络性能造成负面影响。IPS 传感器通过引入延迟和抖动来影响网络性能。IPS 传感器必须具备适当的规模并正确实施，这样，那些时间敏感型应用，比如 VoIP，才不会受到影响。

部署考虑因素

使用这些技术中的一种并不意味着不能使用另一种。事实上，IDS 和 IPS 技术可以互相补充。比如，可以实施 IDS 来验证 IPS 的操作，因为 IDS 可以在离线方式进行更深入的数据包检测。这就可以让 IPS 更关注于虽然较少但非常重要的在线流量模式。

决定使用哪种实施方式取决于网络安全策略中规定的安全目标。

5.1.2 基于网络的 IPS 实施

5.1.2.1 基于主机的 IPS

IPS 主要有两种可用的类型：基于主机的 IPS 和基于网络的 IPS。

基于主机的 IPS（Host-based IPS，HIPS）是安装在一台主机上的软件，可以监控和分析可疑的行为。HIPS 的一个显著优势是，它可以监控并保护特定于所在主机的操作系统和关键系统进程。通过详细地了解操作系统，HIPS 可以监控异常行为，并防止主机执行与典型行为不匹配的命令。这个可疑或恶意的行为可能包含未授权的注册表更新、更改系统目录、执行安装程序以及可能会引发缓冲区溢出的行为。IPS 还可以监控网络流量，以防止主机参与 DoS 攻击，或者成为非法 FTP 会话的一部分。

可以将 HIPS 看做防病毒软件、反恶意软件以及防火墙的组合。通过与基于网络的 IPS 进行组合，HIPS 可以有效地为主机提供额外的保护。

HIPS 的一个缺点是，它只能在本地运行，没有完整的网络视图，对网络上正在发生的协调事件也没有全面的了解。

要想在网络中生效，HIPS 必须安装在每一台主机上，并支持每一个操作系统。

5.1.2.2 基于网络的 IPS 传感器

基于网络的 IPS 可以使用专用或非专用的 IPS 设备来实施。基于网络的 IPS 实施是入侵防御的关键组件，尽管有基于主机的 IDS/IPS 解决方案，但是它们必须与基于网络的 IPS 实施相集成，才能确安全架构强壮可靠。

传感器实时地检测恶意和非授权的行为，并且可以在需要时采取行动。传感器被部署在指定的网络点上，启用安全管理来监控发生的网络活动，而不管攻击目标位于哪个位置。

传感器可以通过多种途径来实施：

- 带有/不带有 IPS 高级集成模块（Advanced Integration Module，AIM）或者 IPS 网络模块增强（Network Module Enhanced，NME）的 ISR 路由器；
- 带有/不带有 AAA 高级检测和防御安全服务模块（Advanced Inspection and Prevention Security Services Module，AIPSSM）的 ASA 防火墙设备；
- 使用入侵检测系统服务模块（IDSM-2）添加到 Catalyst 6500 交换机；
- 作为一台独立的设备，例如 Cisco IPS 4200 系列传感器。

基于网络的 IPS 传感器通常需要针对入侵防御分析进行调整。安装了 IPS 模块的平台的底层操作系统会剥离不必要的网络服务，只保护基本的服务。这就是所说的加固（hardening）。它的硬件由 3 部分组成。

- **网络接口卡（NIC）**——基于网络的 IPS 必须能够连接到任意网络（比如以太网、快速以太网、吉比特以太网）。
- **处理器**——入侵防御需要 CPU 来执行入侵检测分析和模式匹配。
- **内存**——入侵检测分析需要占用大量内存。内存直接影响基于网络的 IPS 有效、准确地检测攻击的能力。

基于网络的 IPS 可以使安全管理员实时地观察他们的网络，而不管网络的规模如何。额外的主机可以添加到被保护的网络，而不需要更多的传感器。只有当流量能力超出额定速率，它们的性能不能满足当前需求时，才需要增加传感器；或者对安全策略进行了修订以及网络设计需要额外的传感器来加强安全边界时，才需要增加传感器。当新的网络加入时，附加的传感器很容易进行部署。

5.1.2.3 Cisco 的模块化解决方案和基于设备的 IPS 解决方案

Cisco 1900、2900 和 3900 ISR G2 可以使用命令行界面（CLI）来配置，以支持使用 Cisco IOS IPS 的 IPS 特性。Cisco IOS IPS 是 Cisco IOS 安全技术方案（Security Technology Package）

的一部分。这里不需要安装 IPS 模块，但是需要下载特征文件并且需要足够的内存来载入这些特征文件。然而，这种部署只适用于具有有限流量模式的小型组织。

对于大规模的流量，Cisco IPS 传感器可以使用独立的设备或者作为添加到网络设备上的模块来实施。

除了 Cisco IOS IPS 之外，Cisco 还提供了多种模块化的解决方案和基于设备的 IPS 解决方案。

- **Cisco IPS 高级集成模块（AIM）和网络模块增强（IPS NME）**——Cisco ISR 上集成的 IPS 用在中小型公司（SMB）和分支办公室环境，以提供高级 IPS 功能。
- **Cisco IPS 高级检测和防御安全服务模块（AIP SSM）以及安全服务卡（AIP SSC）**——增强了 Cisco ASA 5500 系列自适应安全设备的 IPS 功能。
- **Cisco ASA 5500-X 系列和 ASA 5585-X 的 Cisco IPS 安全服务处理器（SSP）**——与 Cisco ASA 5500-X 系列的小型办公室和分支办公室版本一起使用，不需要额外的硬件来优化 IPS 的性能。
- **Cisco IPS 4300 和 4500 系列传感器**——将在线（inline）IPS 服务与创新的技术进行了整合；创新的技术在检测、分类和阻止威胁（包括蠕虫、间谍软件和广告软件、网络病毒）方面提高了精确性。因此，在不需要丢弃合法网络流量的前提下，就能阻止更多的威胁。
- **Cisco Catalyst 6500 系列入侵检测系统服务模块**——作为 Cisco IPS 解决方案的一部分，它与其他组件一起工作，以更为有效地保护数据基础设施。

Cisco 还提供了其他的模块化解决方案和基于设备的解决方案。

- **Cisco ASA 5500-X 系列下一代防火墙**：包括 Cisco 应用程序可见性与控制（AVC）、Web 安全要素（WSE）和 IPS。这是一个具有下一代防火墙功能的状态检测防火墙。它针对端到端的网络智能提供了基于网络的安全控制，简化了安全的操作。
- **带有 FirePOWER 服务的 Cisco ASA**：为 ASA 5500-X 系列和 ASA 5585-X 防火墙产品带来了适应性、以威胁为中心的下一代安全服务。带有 FirePOWER 服务的 Cisco ASA 可以在攻击的前中后这 3 个阶段提供集成的威胁防御。它将 ASA 防火墙与 Sourcefire 威胁、高级恶意软件保护组合到一个设备中。具有 FirePOWER 服务的 Cisco ASA 针对未知和高级的威胁提供全方位的保护，其中包括保护目标免遭攻击，以及防范持续恶意软件的攻击。

5.1.2.4 选择 IPS 解决方案

选择不同的传感器要依赖于组织的需求。很多因素会影响传感器的选择和部署：

- 网络流量的数量；
- 网络拓扑；
- 安全预算；
- 管理 IPS 的可用安全人员。

在小型的实施中（比如分支办公室），可能只需要启用 Cisco IOS IPS 的 ISR 路由器。随着流量模式的增加，可以对 ISR 进行配置，将它的 IPS 功能卸载到 IPS NME 或 IPS AIM 上。

大型的安装要使用现有的 ASA 5500-X 设备来部署。

企业和服务提供商可能需要专门的 IPS 设备或者带有 IDSM-2 网络模块的 Catalyst 6500。

5.1.2.5 基于网络的 IPS

基于网络的 IPS 具有很多优点和缺点。

其中一个优点是，基于网络的监控系统可以很容易地发现跨越整个网发生的攻击。它可以清楚地显示出网络遭受攻击的程度。另外，因为监控系统只检查来自网络的流量，所以它不必支持在网络上使用的每种操作系统的类型。

基于网络的 IPS 也有很多缺点。如果网络数据是加密的，对于基于网络的 IPS 来说则根本看不到，所以不会检测到攻击。另外一个问题是，IPS 很难有时间重组用作监控目的的分片流量。最后，随着网络带宽利用率的增大，将基于网络的 IPS 放在单一地点来成功捕获所有流量的难度也随之增加。解决这个问题的办法是在整个网络上使用更多的传感器，而这会增加成本。

5.1.2.6 部署模式

Cisco IDS 和 IPS 可以在在线模式（也称为在线接口对模式）或混杂模式（也称为被动模式）中运行。

在混杂模式中，数据包不会流经传感器。传感器分析被监控流量的副本，而不是真正转发的数据包。传感器在混杂模式中运行的优势是，不会对转发的流量造成影响；劣势是传感器无法阻止某些攻击类型（比如原子攻击，即单数据包攻击）的恶意流量到达其目标。运行在混杂模式下的传感器设备所采用的响应方法是事后响应，而且通常需要其他网络设备（比如路由器和防火墙）的帮助才能响应攻击。但是，在原子攻击中，工作在混杂模式下的传感器在受管设备上应用 ACL 修改之前，单个数据包完全有机会到达目标系统。

在在线模式中，IPS 被直接放到流量流中，而且由于增加了延迟，数据包转发速率得以降低。在在线模式中，传感器在恶意流量到达目标之前就先将其丢弃，从而阻止了攻击，并因此提供了保护服务。在线设备不但处理第 3 层和第 4 层的信息，还会分析数据包的内容和载荷，以查找更为复杂的嵌入攻击（第 3 层到第 7 层）。这种更深入的分析可以让系统识别并阻止穿越传统防火墙设备发起的攻击。IDS 传感器也可以部署为在线模式。IDS 将被配置为只发送警告而不丢弃任何数据包。

5.1.3 思科交换端口分析器

5.1.3.1 端口镜像

数据包分析器是一种很有价值的工具，可以帮助监控和排错网络。数据包分析器（通常称为数据包嗅探器或流量嗅探器）通常是一种捕获出入于网卡数据包的软件。在被监控的设备上安装数据包分析器并不是可行、可取的。有时最好是在一个指定的单独站点上捕获数据包。

当 LAN 基于 HUB 时，连接数据包分析器是一个很简单的事情。当 HUB 接收到一个以太网帧时，会将其在其他所有的端口上转发出去（接收到这个帧的端口除外）。数据包分析器通常连接到 HUB，可以接收去往该 HUB 的所有流量。

现代的 LAN 基本上是交换式网络。一个二层交换机基于源 MAC 地址以及以太网帧的入口端口来填充它的 MAC 地址表（也称为二层转发表）。在这个转发表生成以后，交换机将去往某个 MAC 地址的流量直接转发到相应的端口。这种方式可以防止连接到另一个端口的数据包分析器接收单播流量。

端口镜像是这样一个特性：它允许交换机对传来的以太网帧进行复制，然后把这个副本发送到连接了数据包分析器的端口。原始数据帧以往常的方式进行转发。

5.1.3.2 Cisco SPAN

Cisco 交换机上的交换端口分析器（Switched Port Analyzer，SPAN）特性将进入某个端口的数据帧的副本，发送到同一台交换机的其他端口。运行数据包分析器的主机或 IDS 可能连接在这个接口上。

SPAN 具有下面几个术语。

- **入站流量**：进入交换机的流量。
- **出站流量**：离开交换机的流量。
- **源（SPAN）端口**：使用 SPAN 特性进行监控的端口。
- **目的（SPAN）端口**：监控源端口的一个端口，通常连接了数据包分析器或 IDS。

源端口是一个出于流量分析的目的而进行监控的端口。SPAN 将从一个或多个源端口收发的流量镜像到一个目的端口进行分析。2 层和 3 层端口可以被配置为 SPAN 源端口。流量被复制到目的（也称为监控）端口。

源端口与目的端口之间的关联称为 SPAN 会话。在单个会话中，可以监控一个或多个源端口。在某些 Cisco 交换机中，可以将会话流量复制到多个目的端口。

或者，也可以指定一个源 VLAN，其中源 VLAN 内的所有端口都成为 SPAN 流量的源。每一个 SPAN 会话可以将端口或 VLAN 作为源端口，或者同时将两者作为源端口。

在配置 SPAN 时，需要考虑 3 件重要的事情。

- 目的端口不能是源端口，源端口也不能是目的端口。
- 目的端口的数量与平台相关，有些平台可以有多个目的端口。
- 目的端口不再是一个普通的交换端口，只有被监控的流量能够通过该接口传输。

5.1.3.3 使用入侵检测来配置 Cisco SPAN

Cisco 交换机上的 SPAN 特性将进入源端口的每个帧的副本发送到目的端口，去往数据包分析器或 IDS。

SPAN 会话使用会话编号来标识。**monitor session** 命令用来将源端口、目的端口与 SPAN 会话关联。每个会话使用一个单独的 **monitor session** 命令。可以指定 VLAN（而不是物理端口）。

show monitor 命令用来验证 SPAN 会话。该命令显示会话的类型、每个流量方向的源端口和目的端口。

注意：当数据包分析器或 IDS 所在的交换机不是被监控流量所在的交换机时，可以使用远程 SPAN（RSPAN）。RSPAN 通过在整个网络上启用多台交换机的远程监控，扩展了 SPAN。每一个 RSPAN 会话的流量在用户指定的 RSPAN VLAN 中传输，该 RSPAN VLAN 供参与 RSPAN 会话的所有交换机使用。

5.2 IPS 特征

5.2.1 IPS 特征的特点

5.2.1.1 特征属性

为了制止到来的恶意流量，网络必须首先能够识别它们。幸运的是，恶意流量显示出明显的特点（characteristics）或者特征（signature）。特征是一组规则，IDS 和 IPS 使用它来检测典型的入侵活动，比如 DoS 攻击。这些特征唯一地识别特定的蠕虫、病毒、协议异常以及恶意流量。IPS 传感器被用来寻找匹配的特征或异常流量模式。从概念上来看，IPS 特征很像病毒扫描器使用的 virus.dat 文件。

当传感器扫描网络数据包时，它们使用特征来检测已知的攻击并按照预先定义好的行为来回应。一个恶意的数据包流具有特定类型的行为和特征。IDS 和 IPS 传感器使用很多不同的特征来检查数据流。当传感器匹配了一个数据流的特征时，它就会采取行动，比如记录这个事件或者发送警报给 IDS 或 IPS 管理软件。

特征具有 3 个显著的属性：

- 类型；
- 触发器（警报）；
- 行动。

5.2.1.2 特征类型

特征类型一般分为原子特征和组合特征。

原子特征

原子特征是最简单的特征格式。它由单个数据包、行为或被检查的事件组成，确定是否匹配了已经配置的特征。如果匹配，会触发警报，并且会执行特征行为（signature action）。因为这些特征可以匹配单独的事件，所以它们不需要入侵系统来维护状态信息。状态是指所需信息的多个数据包不一定是在同一时间收到的情况。比如，如果需要维护状态，IDS 或 IPS 必须要跟踪建立 TCP 连接的 3 次握手过程。使用原子特征文件，整个检测可以由一个原子操作完成，该原子操作不需要了解过去的和将来的行为。

在 IPS 或 IDS 设备上检测原子特征消耗的资源（比如内存）是最少的。因为使用这些特征来比较特定的事件或数据包，所以它们很容易被识别和理解。用于原子特征的流量分析通常可以迅速且有效地执行。比如，一个 LAND 攻击有一个原子特征，因为它发送的欺骗 TCP SYN 数据包（发起连接）的源和目的地址与目标主机的 IP 地址相同，而且源和目的端口也与目标主机上的一个打开端口相同。LAND 攻击之所以奏效，是因为它会导致机器不断对它进行回复。需要一个数据包来识别这种类型的攻击。IDS 特别容易受到原子攻击，因为在发现这个攻击前，恶意的单数据包已经被允许进入网络了。而 IPS 能够完全阻止这些数据包进入网络。

组合特征

组合特征也称为有状态的特征。这种特征的类型识别任意时间段跨越多个主机分布的操作的次序。不像原子特征，组合特征的状态属性通常需要多个数据来匹配攻击特征，并且 IPS 设备必须维护状态。特征必须维护状态的时间长度叫作视界线（event horizon）。

每个特征的视界线的长度是不一样的。一个 IPS 不能无限期地保持状态信息，否则会最终耗尽资源。因此，当检测到初始的特征成分时，IPS 使用配置好的视界线来决定用多久查找一个特定的攻击特征。配置视界线的时长时，需要平衡系统资源的消耗和需要多长时间能检测到攻击。

注意：术语"原子"和"组合"类似于化学中使用的术语"原子"和"化合物"。

5.2.1.3 特征文件

网络安全威胁发生十分频繁并且传播得很快。一个新的威胁被识别后，就必须创建新的特征并且上传到 IPS。为了让这个过程更容易，所有的特征都包含在一个特征文件里，并定期上传到 IPS 上。

特征文件把网络特征打包在一起，更新到位于具有 IPS 或 IDS 功能的 Cisco 产品上的特征数据库。IPS 或 IDS 解决方案使用特征数据库来比较网络流量和特征文件库中的数据样本。IPS 或 IDS 使用这个对比来检测可疑的恶意网络流量行为。

比如，LAND 攻击会被"不可能的 IP 数据包"特征（特征 1102.0）识别出来。特征文件包含了这个特征以及很多其他特征。部署了最新特征文件的网络能够更好地预防网络入侵。

在 ISR G2 设备上安装了 VeriSign SSL 证书以后，可以对该设备进行配置，使其定期地自动从 Cisco 官网上获取 IPS 特征更新。

5.2.1.4 特征微引擎

为了使特征的扫描更加有效，Cisco IOS 软件依赖特征微引擎（SME），它用来把常见的特征按组分类。Cisco IOS 软件可以基于组特点（而不是一次一个特征）来扫描多个特征。

当 IDS 或 IPS 启用后，SME 会被装载或建立在路由器上。当 SME 建立后，路由器可能需要编译在特征中找到的正则表达式。正则表达式是一个系统化的方法，用来指定一个字节序列模式的搜索。

SME 随后会在具体的协议里寻找恶意的行为。每个引擎为其检测的协议和字段定义了一组具有允许范围的合法参数或一组值。微引擎扫描原子和组合数据包以识别出在数据包中的协议。特征可以使用由 SME 提供的参数来定义。

每个 SME 从数据包中提取值并传递数据包的一部分到正则表达式引擎。正则表达式引擎可以同时查找多个模式。

可用的 SME 因平台、Cisco IOS 版本以及特征文件版本的不同而不同。Cisco IOS 定义了 5 个微引擎。

- 原子——检查简单数据包的特征，比如 ICMP 和 UDP。
- 服务——检查很多被攻击的服务的特征。
- 字串——使用基于正则表达式的模式来检测入侵的特征。
- 多字串——支持灵活的模式匹配和趋势实验室（Trend Labs）特征。
- 其他——处理混杂特征的内部引擎。

SME 需要不断地升级。比如，在发布 12.4(11) T 之前，Cisco IPS 特征格式使用版本 4.x。从 12.4(11)T 以后，Cisco 引入了版本 5.x，这是一个改进了的 IPS 特征格式。新版本支持加密特征参数和其他特性，比如特征风险评级，即给安全风险的特征定义级别。

当为了维护特征而确定路由器的需求时，有几个因素需要考虑。首先，编译正则表达式需要比最终存储正则表达式耗费更多的内存。在载入和合并特征前，要确定完成的特征最终需要多少内存。其次，评估在不同的路由器平台上实际可以支持多少特征。可以支持的特征和引擎的数量取决于可用的内存。基于这个原因，应尽可能地把启用 Cisco IOS IPS 的路由器的内存配置到最大。

5.2.1.5 获取特征文件

Cisco 针对它们发现的新威胁和恶意行为研究和创建特征，并定期地发布。典型的、低优先级的 IPS 特征每半个月发布一次。如果威胁很严重，Cisco 将在识别后的几小时内发布这个特征文件。

为了保护网络，特征文件必须定期升级。每一次升级包含了新的特征和以前版本的所有特征。比如，特征文件 IOS-S855-CLI.pkg 包含了 IOS-S854-CLI.pkg 文件中的所有特征，外加为随后发现的威胁创建的特征。

就像病毒检查程序必须持续更新它们的病毒数据库一样，网络管理员必须时刻警惕并定期更新 IPS 特征文件。可用的新特征可以在 Cisco 官网上找到。为了检索特征，需要一个 Cisco 官网的账户。

注意：ISR G2 路由器上用于 IPS 特征定义文件的自动更新选项可以节省时间，而且可以确保实时的威胁防御。

5.2.2 IPS 特征警报

5.2.2.1 特征警报

任何一个 IPS 特征的中心是特征警报，经常也被称为特征触发。对于一个家庭安全系统，用作防盗报警器的触发机制就是一个移动检测器，当有人进入到由报警器保护的房间时，该检测器会对该人的活动进行监测。

IPS 传感器的特征触发可以是在发生入侵或安全策略违规时能够可靠地发出信号的任何事情。当基于网络的 IPS 检测到数据包载荷中包含一个去往特定端口的特定字符串时，它就会触发特征行为。当特定的函数被触发时，基于主机的 IPS 会触发特征行为。在发生入侵或安全策略违规时，任何能够可靠地发出信号的事情都可以作为触发机制。

注意：函数调用是一个将控制和参数传递给一个函数的表达式。

Cisco IDS 和 IPS 传感器（例如 Cisco IPS 4300 系列传感器和 Cisco Catalyst 6500 IDSM-2）可以使用 4 种特征触发类型：

- 基于模式的检测；
- 基于异常的检测；
- 基于策略的检测；
- 基于蜜罐的检测。

这些触发机制可以应用到原子和组合特征上。触发机制可以是简单的，也可以是复杂的。每个 IPS 结合使用一个或多个基本的触发机制的特征来触发特征行为。

其他的常见触发机制叫作协议解码。它不是简单地查找数据包中的模式，而是首先将数据包分解为协议字段，然后在特定协议字段内查找特定模式，或者查找协议字段中一些其他畸形的情况。协议解码的优点是能够更细微地检测流量并且降低误报的数量，比如数据流产生警报但是没有威胁到网络。

5.2.2.2 基于模式的检测

基于模式的检测也就是基于特征的检测，是最简单的触发机制，因为它查找特定的、预先定义好的模式。基于特征的 IDS 或 IPS 传感器把网络数据流和已知的攻击数据库作对比，如果找到匹配项，就会触发报警或者阻止通信。

特征触发可以是文本、二进制，甚至是一系列的函数调用。它可以在单数据包（原子）

或一连串数据包（组合）中被检测到。在很多情况下，只有在可疑的数据包关联到一个特殊的服务或往来于特殊的端口时，特征才会和模式匹配。这种匹配技术有助于减少对每个数据包进行检查的数量。然而，它使系统更难以处理那些没有使用周知端口的协议和攻击，比如特洛伊木马和其他相关的可随意流动的数据流。

在 IDS 或 IPS 的基于模式的工作开始阶段，在特征还没有调整好以前，可能会有很多误报。在对系统进行了调整并且适应了特定的网络参数后，这时的误报会比使用基于策略的方法更少一些。

5.2.2.3 基于异常的检测

基于异常的检测也称为基于配置文件（profiile）的检测，它需要首先定义对网络或主机来说是正常的配置文件。这个正常的配置文件可以通过在一段时间内，经过监视网络上的行为或主机上的具体应用而学习到。它也可以以定义的规范（比如 RFC）为基础。在定义了正常的行为后，如果发生了超出正常配置文件中指定门限值的过量行为，特征将触发一个行为。

基于异常的检测的优点是新的和以前未发布的攻击能被检测到。管理员只需简单地定义正常行为的配置文件即可，不用针对不同的攻击场景而定义大量的特征。任何偏离配置文件的行为都是不正常的，并且会触发特征行为。

尽管这一优点很明显，但是一些缺点使得基于异常的特征很难使用。比如，一个异常特征警报不一定表明发生了攻击。它只是指出偏离了定义的正常行为，有效的用户流量有时也会导致这一行为。随着网络的发展，正常的定义经常发生改变，所以正常的定义必须重新定义。

另外需要注意的是，管理员必须保证在学习阶段不会发生网络攻击。合则，攻击行为将被认为是正常数据流。当建立正常行为时，应该采取防范行为，以确保网络没有被攻击。然而，定义正常的流量是很困难的，因为大多数网络都是由系统、设备和不断变化的应用混合而成的。

当特征产生了一个警报时，它很难把这个警报对应到特定的攻击，因为这个警报只是表明检测到了不正常的流量。这里还需要更多的分析来确定流量是否发生了真正的攻击，以及什么攻击实际上已经完成了。另外，如果攻击流量恰巧和正常的流量非常相像，那么攻击可能会逃脱检测。

5.2.2.4 基于策略的检测和基于蜜罐的检测

基于策略的检测也叫作基于行为的检测，它和基于模式的检测类似，但是它不是去尝试定义特定的模式，而是由管理员根据历史分析来定义可疑的行为。

基于行为的检测方式用一个单一的特征覆盖一整个类的攻击活动，而不必特殊针对个别情况。例如，现在有一个可以触发行为的特征，当一个电子邮件客户端调用 cmd.exe 时，会让管理员将这个特征应用到其行为与电子邮件客户端的基本特征相似的任意应用程序上，而不是单独为每一个客户端应用程序应用特征。因此，如果某个用户安装了新的电子邮件应用程序，该特征仍然适用。

基于蜜罐的检测是使用一个虚假的（dummy）服务器吸引攻击。蜜罐方式的目的是把攻击从真实的网络设备转移。通过在蜜罐服务器中转移不同类型的漏洞，管理员可以分析进入的攻击类型和恶意的流量模式。随后他们可以使用这个分析结果调整传感器特征来检测恶意网络流量的新类型。蜜罐系统在生产网络中很少使用，防病毒和其他安全厂商喜欢用它来做研究。

5.2.2.5　Cisco IOS IPS 解决方案的好处

Cisco 在它的 Cisco IOS 软件中实施了 IPS 功能。Cisco IOS IPS 使用来自 Cisco IDS 和 IPS 传感器产品线的技术，其中包括 Cisco IPS 4300 系列传感器，以及 Cisco Catalyst 6500 系列入侵检测系统服务模块（IDSM-2）。

使用 Cisco IOS IPS 解决方案有很多优点。

- 它使用底层的路由基础设施来提供额外的安全层。
- 因为 Cisco IOS IPS 是在线（inline）部署的，并且很多的路由平台都对其提供支持，这样就能通过拒绝来自网络内部和外部的恶意流量，有效地缓解攻击。
- 当结合使用 Cisco IDS、Cisco IOS 防火墙、虚拟专用网络（VPN）以及网络准入控制（NAC）解决方案时，Cisco IOS IPS 可以在网络所有的进入点提供威胁防护。
- 设备使用的特征数据库的大小可以根据路由器中可用内存的大小发生改变。

5.2.2.6　报警触发机制

触发机制可能会产生误报或者漏报的报警。在实施 IPS 传感器时必须解决这些报警。

- 误报（false positive）是可预期的，但不是希望的结果。误报的发生是当处理正常的用户流量时，本不该有报警产生，但是入侵系统会产生一个警报。但是如果它发生了，管理员必须要调整 IPS，将这些警报类型修改为真负（true negative，被模型预测为负的负样本，可以称作判断为假的正确率）。分析误报会导致浪费时间，原因是安全分析应该检查网络上真正的入侵行为。
- 漏报（false negative）是指入侵系统在处理完攻击流量后没有产生报警，而这些攻击是入侵系统需要检测的内容。一个入侵系统必须要禁止产生漏报行为,因为它意味着很多已知的攻击没有被检测到。我们的目标是使这些警报成为真正(true positive,被模型预测为正的正样本,可以称作判断为真的正确率)。

- 真正(true positive)描述的是入侵系统对于已知的攻击流量会产生警报响应的情况。
- 真负(true negative)描述了正常网络流量不会产生报警的情况。

5.2.3 IPS 特征行为

5.2.3.1 特征行为

只要特征检测出已配置的行为,特征就会触发一个或多个行为。有多个行为可以被触发。

- 产生一个警报。
- 记录这个行为。
- 丢弃或阻止这个行为。
- 重置 TCP 连接。
- 阻塞后续(future)的行为。
- 允许该行为。

可应用的行为依赖于特征的类型和平台。

5.2.3.2 管理设生成的警报

监视由基于网络和基于主机 IPS 系统产生的警报是理解正在发生的网络攻击所必需的。

如果攻击者发起伪造警报的泛洪,那么检查这些警报就会导致安全分析超负荷。基于网络的 IPS 解决方案和基于主机的 IPS 解决方案都把原子警报和汇总警报这两种警报类型组合在一起,能够使管理员有效地监视网络的运行。理解这些警报的类型对于提供更加有效的网络防护是极其重要的。

原子警报

每一次特征触发都会产生原子警报。在有些情况下,这种行为是有用的并且能够指出所有特定攻击的发生。但是,攻击者可以通过向 IPS 设备或应用产生数千个虚假警报,从而达到让监控台产生警报泛洪的目的。

汇总警报

作为对于每个特征事件产生警报的替换，一些 IPS 解决方案使管理员能够产生汇总警报。汇总警报是一个单一的警报，指示从同一源地址或端口多次出现相同的特征。警报汇总模式限制了警报产生的数量，并且使攻击者很难对传感器上的资源进行消耗。

使用汇总模式，当在一个特定的时间内发现了匹配特征的行为后，管理员同样会收到与匹配次数相关的信息。当使用警报汇总时，入侵行为的第一个实例通常会触发正常的警报。随后，同样行为的其他实例（重复警报）在特征的汇总间隔内会不断地计数，直到时间到期。当汇总间隔定义的时间长度消耗完毕时，发出汇总警报，指出在这段时间内发出的警报数量。

一些 IPS 解决方案即使在默认行为是产生原子警报的情况下，也会启用自动汇总。在这种情况下，如果在指定时间内，原子警报的数量超出了配置的数量门限值，特征会自动切换为产生汇总警报，来代替原子警报。在定义好的时间过后，特征又恢复到它的初始配置。自动汇总使管理员能够自动调节产生警报的数量。

还有些 IPS 解决方案也允许产生单独的原子警报，但是随之会在特定的时间段内禁止从相同源地址发起的特征的警报。这可以防止给管理员带来超负荷（overwhelmed）的警报，但仍然可以指出特定系统有可疑的行为。

5.2.3.3 记录行为供日后分析

在某些情况下，管理员并不一定有足够的信息来停止一个行为。因此，先记录看到的行为或数据包，以便后续进行详细分析，这是非常重要的。IPS 可以记录攻击者数据包、对数据包（pair packet）或者仅仅是受害者数据包。

通过进行详细的分析，管理员才能精确地识别出正在发生什么，并且决定下一步是允许还是禁止。

比如，如果管理员配置了一个特征来查询字符串 **/etc/password**，并且只要特征被触发，就会记录携带攻击者 IP 地址的行为。IPS 设备开始记录来自攻击者 IP 地址的指定时间段内或指定字节数的数据流。这些日志信息通常保存在 IPS 设备上的特殊文件里。因为特征也会产生警报，管理员可以在管理控制台上观察这些警报。以后这些日志数据可以从 IPS 设备上找到，用来分析在触发初始的警报后，攻击者在网络上执行的行为。

5.2.3.4 拒绝行为

IPS 设备最强大的行为之一就是丢弃数据包或者阻止一个行为发生。IPS 可以拒绝攻击者数据包、拒绝连接或者拒绝具体的数据包。

丢弃数据包的行为让设备在攻击者有机会执行恶意行为之前就停止它。不像传统的 IDS 设备，IPS 设备在两个接口之间积极转发数据包。分析引擎决定哪个包应该转发，哪个包应该丢弃。

除了丢弃单独的数据包，丢弃行为还可以扩展到丢弃特定连接的所有数据包，甚至在一定时间范围内，可以丢弃来自特定主机的所有数据包。通过丢弃一个连接或主机的流量，IPS 保留了资源，而不用单独地分析每个数据包。

5.2.3.5 重置、阻塞和允许流量

IPS 可以重置或阻塞数据包。

重置 TCP 连接

TCP 重置特征行为是一个基本的行为，它通过产生一个携带 TCP RST 标志位的用于连接的数据包来终止 TCP 连接。很多 IPS 设备使用 TCP 重置连接行为来快速停止一个执行非预期操作的 TCP 连接。重置 TCP 连接行为可以和拒绝数据包以及拒绝连接行为配合使用。拒绝数据包和拒绝数据流的行为不会自动导致 TCP 重置行为发生。

阻塞后续（future）的行为

大多数 IPS 设备具有阻塞后续流量的能力，它通过让 IPS 设备更新基础设施设备上的访问控制列表（ACL）来实现。ACL 阻止来自攻击系统的流量，而不需要 IPS 消耗资源来分析它们。在一个配置的一段时间过期后，IPS 设备会移走该 ACL。基于网络的 IPS 设备通常提供这个阻塞功能和其他行为，比如丢弃不需要的数据包。阻塞行为的一个优点是，单个 IPS 设备可以阻止整个网络上多个位置的流量，而不管这个 IPS 设备放在哪里。比如，位于网络深处的 IPS 设备可以在边界路由器或防火墙上应用 ACL。

允许该行为

最终的行为是允许特征行为。这里读者可能有一些困惑，因为大多数 IPS 设备都是用来停止和阻止网络上的非预期流量的。允许的动作是必需的，以便管理员能够定义特征的例外配置。当一台 IPS 设备被配置为不允许某些行为，但有时需要允许少量系统或用户是配置规则的例外。配置例外情况使管理员采取更加严格的办法来保障安全，因为他们可以首先拒绝所有行为，然后只允许需要的行为。

比如，假设 IT 部门使用常见的漏洞扫描器例行扫描网络，这一扫描会导致 IPS 触发很多警报。在攻击者扫描网络时，IPS 会产生同样的警报。通过允许来自认可的 IT 扫描主机的警报，管理员可以在实现防止入侵者扫描的同时，消除合法的 IT 例行扫描造成的误报警。

一些 IPS 设备间接地通过其他的机制也可以提供允许行为，比如特征过滤。如果 IPS 不提供直接的许可或允许这样的行为，管理员需要查询产品文档来找到用来启用例外特征的机制。

5.2.4 管理和监视 IPS

5.2.4.1 监视行为

监视网络上安全相关的事件同样是保护网络不受攻击的重要方面。理解这些针对网络进行的攻击，管理员能够评估当前的保护有多强大，并且在网络扩展时什么方面需要增强。只有通过监视网络上的安全事件，管理员才能精确地识别正在发生的攻击和安全策略违规行为。

5.2.4.2 监视考量

在实施一个监视策略时，有 4 个因素需要考量。

管理方法

IPS 传感器可以单独管理也可以集中管理。如果只有几个传感器，那么单独配置每个 IPS 设备是最简单的方法。单独管理很多 IPS 路由器和 IPS 传感器则会很困难，并且很费时间。

在大型网络中，集中的管理系统可以允许管理员部署单一的中央系统，并通过该中央系统配置和管理所有的 IPS 设备。在大量的传感器部署中使用集中管理方式，可以节约时间、降低人力需求，并且能够使网络上发生的所有事件具有更高的可见度。

事件关联

事件关联是指将攻击与同时在网络的不同位置发生的其他事件进行关联的过程。通过让设备从 NTP 服务器上获取它们的时间，能够让所有 IPS 产生的警报被准确地计时，然后关联工具可以基于它们的时间戳关联警报。管理员应该在所有网络设备上启用 NTP，这样就可以使用相同的系统时间来给事件标记时间戳。之后，当与其他事件相关联的特定网络事件发生时，这些时间戳就可以用来进行精确的评估，而不管哪些设备检测到了事件。

另一个有助于事件关联的因素是在网络上部署集中监控设备。通过在单点监控所有 IPS 事件，管理员可以大幅改善事件关联的准确度。

安全人员

当处理网络流量的时候，IPS 设备往往会产生大量的警报和其他事件。大型企业需要合适的安全人员来分析这些行为，并且决定 IPS 如何更好地保护网络。另外，检查这些警报也可以使安全操作员来调整 IPS，优化 IPS 的运行，以满足网络的独特需求。

事件响应计划

如果网络上的系统受到安全威胁，那么必须要执行相应的响应计划。受威胁的系统必须能恢复到它在受攻击前的状态。必须确定受威胁的系统是否造成了知识产权的损失或者导致网络上的其他系统受到威胁。

注意：尽管 CLI 可以用来配置 IPS 的部署，但是使用基于 GUI 的设备管理器会更简单。很多 Cisco 设备管理软件解决方案可以用来帮助管理员管理 IPS 解决方案。它们有些提供了本地管理的 IPS 解决方案，有些提供了集中管理的解决方案。

基于 GUI 的 IPS 设备管理器有下面 3 个：

- Cisco Configuration Professional；
- Cisco IPS Manager Express（IME）；
- Cisco Security Manager。

5.2.4.3 安全设备事件交换

当启用的特征被触发时，IPS 传感器和 Cisco IOS IPS 将产生警报。这些警报存储在传感器里，可以在本地查看，也可以通过管理应用程序（比如 IPS Manager Express）来查看。

一旦检测到攻击特征，Cisco IOS IPS 特性会以安全设备事件交换（Secure Device Event Exchange，SDEE）的格式发送系统日志信息或警报。

SDEE 格式的开发是为了提升由安全设备产生的事件的通信，它主要用于 IDS 的事件通信，但该协议的目的是为了进行扩展，以允许包含更多的事件类型。

一个 SDEE 系统警报消息类型具有如下格式：

%IPS-4-SIGNATURE:Sig:1107 Subsig:0 Sev:2 RFC1918 address [192.168.121.1:137

->192.168.121.255:137]

5.2.4.4 IPS 配置最佳实践

在很多 IPS 设备上管理特征是很困难的。为了提高网络中的 IPS 管理效率，考虑使用下面这些推荐的配置最佳实践。

- 在为传感器升级最新的特征包时，必须平衡瞬间停机时间，因为在这个期间网络变得很容易被攻击。

- 当部署大量的传感器时，要自动升级特征包，而非对每个传感器手工升级。这会给安全操作员更多的时间来分析事件。
- 将新的特征包下载到管理网络内的安全服务器上。使用另一台 IPS 来保护这台服务器，以免被外界攻击。
- 将特征包放置到管理网络内的专用 SFTP 服务器上。如果一个特征更新不可用，则可以创建一个自定义的特征来检测和缓解特定的攻击。
- 配置 SFTP 服务器，使得只能只读访问特征包所在的目录。
- 配置传感器，使其定期地针对新的特征包来检查 SFTP 服务器。一天内错开每个传感器的时间来针对新特征包检查 SFTP 服务器，也可以通过一个预定的变更窗口来检查 SFTP 服务器。这可以防止多个传感器在同一时间请求同一文件，使得 SFTP 服务器不堪重负。
- 保持管理控制台上支持的特征级别和传感器上的特征包同步。

注意：可以在 ISR G2 路由器上进行配置，使其自动下载更新的 IPS 特征定义文件。这种方式可以替代依赖 SFTP 服务器进行的更新。

5.2.5　IPS 全局关联

5.2.5.1　Cisco 全局关联

除了维护特征包，Cisco IPS 还包含一个名为 Cisco 全局关联（Global Correlation）的安全特性。通过全局关联，Cisco IPS 设备会定期从名为 Cisco SensorBase Network 的中央 Cisco 威胁数据库接收更新。Cisco SensorBase Network 包含互联网上已知威胁的实时、详细信息。

参与的 IPS 设备是 SensorBase Network 的一部分，而且会接收全局关联更新，该更新包含网络设备的信息以及恶意活动的声誉（reputation）。与人类的社交相似，声誉是一个与互联网上的设备相关的意见（opinion）。具有声誉的网络设备最有可能是恶意的或被病毒感染的设备。包含在全局关联更新中的声誉分析数据需要在网络流量分析中加以考虑。这会增加 IPS 的有效性，因为流量会基于源 IP 地址的声誉来拒绝或允许。

注意：Cisco 全局关联可用于 Cisco IPS 4300 和 4500 系列设备，以及 Cisco ASA 5500-X 和 ISR G2 IPS 模块。

5.2.5.2　Cisco SensorBase Network

可以对 IPS 传感器进行配置，使其参与到全局关联更新和发送遥测数据（telemetry data）中。这两个服务也可以都被关闭。

当参与全局关联时，Cisco SensorBase Network 为 IPS 传感器提供了带有声誉的 IP 地址的信息。当传感器从具有已知声誉的主机接收到潜在的有害流量时，可以使用这一信息来确定应该采取什么行动。由于全局关联数据库的变化很快，传感器必须定期从全局关联服务器下载全局关联更新。可以查看事件的声誉评分以及攻击者的声誉评分。还可以通过声誉过滤器来查看统计。

安装在客户站点的传感器也可以参与到网络中，它们在网络中向 SensorBase Network 发送数据。这会使得 SensorBase Network 从世界各地的传感器收集近乎实时（nearly real-time）的数据。传感器和 SensorBase Network 的通信涉及一个 TCP/IP 上的 HTTPS 请求和响应。网络参与则需要一条通往互联网的网络连接。有 3 种网络参与模式：关闭（off）、部分参与和完全参与。

5.2.5.3　Cisco 安全智能运营中心

对于要发生的全局关联来说，首先由 SensorBase Network 来收集原始（raw）信息。SensorBase Network 是一个很大的后端安全生态系统（即 Cisco 安全智能运营中心，SIO）的一部分。Cisco SIO 的目的是检测威胁行为、研究和分析威胁，并提供实时更新和最佳实践以通知和保护组织。Cisco SIO 包含 3 个元素：

- 来自 Cisco SensorBase Network 的威胁智能；
- 威胁运营中心（Threat Operations Center），它由自动以及人工的分析和处理组成；
- 以动态更新的方式推送到网络元素的自动和最佳实践内容。

Cisco SIO 是一个安全智能生态系统，它以全球为基础定义了威胁的当前状态，并为网络管理系统提供了用来检测、预防和响应威胁的宝贵信息。SIO 通过关联来自 SensorBase Network 的威胁信息（这些信息已经被威胁运营中心分析过）来充当早期预警系统。SIO 然后将这些信息馈送到执行元素，比如配置了全局关联的 IPS 设备。这些执行元素基于恶意软件的爆发、最新漏洞和零日攻击提供了实施的威胁防御。

5.2.5.4　声誉、黑名单和流量过滤器

声誉以一个人们共同持有的观点为基础。当有人因为某些原因而导致不再被信任时，他的声誉就会受损。这在网络中也适用。IP 地址、邮件服务器、URL 和其他实体都可以享

有声誉。

如今，许多网络保护技术和过滤系统使用名单来确定信息的好（白名单）与坏（黑名单）。反垃圾邮件技术依赖于这些不好的邮件服务器的 IP 地址列表，阻止来自垃圾邮件服务器的电子邮件的泛洪。

恶意软件是安装在未知主机上的一种软件。恶意软件的一个常见特征是，存在用户必须点击访问才能受到攻击的 URL。垃圾邮件、基于 URL 的病毒、网络钓鱼攻击和间谍软件都将用户指向一个恶意的 URL。通过分析这些 URL 以及相关的声誉，有助于快速停止这些攻击，并避免以任何方式传播这些 URL。

通过参与 Cisco 的全局关联，IPS 传感器可以从名为 Cisco SensorBase Network 的中央 Cicso 威胁数据库定期接收威胁更新。这包括与僵尸网络、恶意软件、垃圾邮件发布程序和其他威胁相关的信息。IPS 传感器可以使用声誉过滤器来拒绝黑名单中的 IP 地址，而没有必要进一步分析这些流量。声誉过滤器基于黑名单中的 IP 地址来拒绝流量，提供了第一级的防御。

还可以使用所选择的黑名单地址来补充 Cisco 动态数据库，方法是将这些地址添加到静态黑名单中。如果动态数据库包含的黑名单地址不应该被列入到黑名单中，则可以将它们手动输入到静态白名单中。列入到白名单中的地址，即网络上允许的地址，会生成 syslog 消息。但是，由于我们的目标是黑名单 syslog 消息，因此白名单的 syslog 消息是信息性（informational）消息。

今天的企业必须考虑它们的安全实践可能会对更大、更复杂且相互关联的网络安全生态系统带来怎样的影响。如果不具有这种大局观，则可能会导致它们的声誉得分不高，这意味着主流的安全提供商将不允许用户访问这些公司的站点（被列入到黑名单中），或转发它们的邮件。一家公司如果被列入到黑名单中，再想洗白并不容易，甚至有很多公司永远无法完全洗白。

5.3 实施 IPS

5.3.1 使用 CLI 配置 Cisco IOS IPS

5.3.1.1 实施 IOS IPS

Cisco IOS IPS 使管理员能够在路由器上管理入侵防御。Cisco IOS IPS 通过把数据流和已知威胁的特征进行比较，并在检测到威胁时阻塞这些数据流，从而达到检测和防御入侵的目的。

使用 Cisco IOS CLI 协同 IOS IPS 5.x 格式特征来工作需要一系列步骤。Cisco IOS 12.4(10) 或更早期的版本使用 IPS 4.x 的格式特征，并且一些 IPS 命令已经进行了修改。

为了实施 IOS IPS，需要执行如下步骤。

步骤 1　下载 IOS IPS 文件。

步骤 2　在闪存（flash）中创建 IOS IPS 配置目录。

步骤 3　配置 IOS IPS 加密密钥。

步骤 4　启用 IOS IPS。

步骤 5　载入 IOS IPS 特征包到路由器。

5.3.1.2　下载 IOS IPS 文件

Cisco IOS 12.4(11)T 版本及更早的版本在 Cisco IOS 软件映像中提供内置的特征，还对导入的特征提供了支持。IPS 特征的选择涉及在路由器上载入一个 XML 文件。这个文件叫作特征定义文件（Signature Definition File，SDF），它使用 Cisco IPS 传感器软件 4.x 特性格式对每一个所选特征进行了详细描述。

在较新的 IOS 版本中，Cisco IOS 软件中不再内置（硬编码）特征，改为所有特征都存储在一个单独的特征文件里，而且必须被导入。IOS 12.4(15)T4 和后续版本使用新的 5.x 格式特征文件，这些文件可以从 Cisco 官网下载（这需要一个用户账户）。

步骤 1　**下载 IOS IPS 文件**。在配置 IPS 之前，需要从 Cisco 官网下载 IOS IPS 特征包和公共加密密钥。要下载的具体 IPS 文件取决于当前的版本。只有注册的用户能下载包文件和密钥。

- **IOS-Sxxx-CLI.pkg** —— 最新的特征包。
- **realm-cisco.pub.key.txt** —— IOS IPS 使用的公共加密密钥。

步骤 2　**在闪存中创建 IOS IPS 配置目录**。这一步是在闪存中创建一个目录来保存特征文件和配置。使用 **mkdir** 特权 EXEC 命令在闪存创建这个目录。其他有用的命令包括 **rename**，可用来对目录进行改名。为了验证闪存的内容，可以使用 **dir falsh:** 特权 EXEC 模式命令。

Cisco IOS IPS 支持任何配置位置的 Cisco IOS 文件系统，只要它们有正确的写访问权限。Cisco USB 闪存驱动器连接到路由器的 USB 端口，可以用来当作保存特征文件和配置的替代位置。如果使用 USB 闪存驱动器作为 IOS IPS 配置目录的位置，那么它必须保持和路由器的 USB 端口相连。

5.3.1.3 IPS 加密密钥

步骤 3 配置 IOS IPS 加密密钥。这一步是配置 IOS IPS 使用的加密密钥。这个密钥位于 realm-cisco.pub.key.txt 文件中，它是通过步骤 1 获得的。

该加密密钥验证主特征文件（sigdef-default.xml）的数字特征。该文件的内容是由 Cisco 私钥签发的，用来保证其真实性和完整性。

要配置 IOS IPS 的加密密钥，先要打开文本文件，复制文件的内容，然后把它粘贴到路由器的全局配置提示符下。该文本文件会执行不同命令来产生 RSA 密钥。

在特征编译的时间内，如果公共加密密钥无效则会产生错误信息。下面是一个错误信息的示例。

%IPS-3-INVALID_DIGITAL_SIGNATURE: Invalid Digital Signature found (key not found)

如果密钥的配置不正确，则该密钥必须删除并重新配置。使用 **no crypto key pubkey-chain rsa** 和 **no named-key realm-cisco.pub signature** 命令并重复步骤 3 来重新配置密钥。

输入 **show run** 命令，以确认加密密钥已配置好。

5.3.1.4 启用 IOS IPS

步骤 4 启用 IOS IPS。这一步是配置 IOS IPS，这个过程包含几个子步骤。

a. 确定 IPS 规则名称并指定位置。

使用 **ip ips name** 命令来创建一个规则名称。可选的扩展或标准访问控制列表（ACL）可以配置为过滤扫描后的流量。所有被 ACL 允许的流量都属于 IPS 检查的范畴。ACL 拒绝的流量不会被 IPS 检查。

使用 **ip ips config location flash** 命令来配置 IPS 特征存储位置。

注意：在 IOS 12.4(11)T 版本以前，使用的命令是 **ip ips sdf location**。

b. 启用 SDEE 和记录时间通知。

要使用 SDEE（安全设备事件交换），必须先使用 **ip http server** 命令或 **ip https sever** 命令来启用 HTTP 或 HTTPS 服务器。如果 HTTP 服务器没有启用，则路由器不能响应 SDEE 客户端，因为它看不到请求。SDEE 通知默认是禁用的，因此必须要显式启用。使用 **ip ips notify sdee** 命令来启用 IPS SDEE 事件通知。IOS IPS 同样支持记录发送事件通知。SDEE 和日志记录可以单独使用或者同时启用。记录通知默认为启用。如果记录控制台是启用的，则 IPS 日志消息会显示在控制台上。使用 **ip ips notify log** 命令启用记录日志功能。如果已经配置了一个 syslog 服务器，则 IPS 的日志消息会发送到该服务器。

c. 配置特征类别。

所有特征按照类别来分组，并且类别是分层次的。这有助于更容易地分组和调整特征。3 个最常见的分类是 **all**、**basic** 和 **advanced**。

IOS IPS 用来扫描数据流的特征可以是隐退的（retired）和非隐退的（unretired）。隐退特征是指 IOS IPS 不会将这个特征编译到用于扫描的内存中。非隐退特征会命令 IOS IPS 将这个特征编译到内存，并且使用它扫描数据流。当 IOS IPS 第一次配置时，处于 **all** 类别的所有特征应该都是隐退的，选定的特征在较少占用内存的类别中应该是非隐退的。要想隐退和非隐退特征，首先要使用 **ip ips signature-category** 命令进入 IPS 类别模式，然后使用 **category** 命令改变类别。比如，使用 **category all** 命令进入 IPS 类别 **all** 行为模式。要隐退一个类别，使用 **retired true** 命令。要非隐退一个类别，使用 **retired false** 命令。

警告：不要非隐退 **all** 类别。**all** 特征类别中包含了所有发布的特征。IOS IPS 不能同时编译和使用所有特征，因为它会耗尽内存。

在路由器上配置特征类别的顺序也是非常重要的。IOS IPS 在配置中列出了处理类别命令的顺序。有些特征属于多个类别。如果配置了多个类别，并且某个特征属于多个类别，IOS IPS 使用最后配置的类别作为特征的属性，比如，隐退、非隐退或行为。

d. 在需要的接口上启用 IPS 规则，并且指定方向。

使用 **ip ips** 接口配置命令来应用 IPS 规则。

5.3.1.5 在 RAM 中载入 IOS IPS 特征包

步骤 5 载入 IOS IPS 特征包到路由器。对于管理员来说，最后一步是上传特征包到路由器。最常用的方法是使用 FTP 或 TFTP。为了把从 FTP 服务器上下载的特征包复制到路由器上，必须在命令的最后使用带有参数 **idconf** 的 **copy tftp** 命令。

为了检验特征包是否编译正确，管理员可以使用 **show ip ips signature count** 命令。

5.3.2 修改 Cisco IOS IPS 特征

5.3.2.1 隐退和非隐退特征

Cisco IOS CLI 可以用来隐退或非隐退属于某一个特征类别中的某个单独的特征或一组特征。当一组特征被隐退或非隐退时，那一类别的所有特征都将隐退或非隐退。

一些非隐退的特征（可以是非隐退的单独特征，也可以是某个非隐退类别中的特征）可能由于内存空间不足、非法的参数或特征作废而不能编译。

5.3.2.2 改变特征行为

可以使用 IOS CLI 并基于特征分类来改变某个特征或某一组特征的行为。要改变行为，必须在 IPS Category Action 模式或 Signature Definition Engine 模式下使用 **event-action** 命令完成。

5.3.3 检验和监控 IPS

5.3.3.1 检验 Cisco IOS IPS

在实施 IPS 后，有必要检验配置以确保运行正确。有多个 **show** 命令能够用来检验 IOS IPS 配置。

- **show ip ips** 特权 EXEC 命令配合其他参数可以提供具体的 IPS 信息。
- **show ip ips all** 命令显示所有的 IPS 配置数据。它的输出长度与 IPS 的配置有关。
- **show ip ips configuration** 命令显示了一些额外的配置数据，这些配置数据在 **show running-config** 命令中看不到。
- **show ip ips interfaces** 命令显示接口配置数据。输出中显示了应用在特定接口上的入站和出站规则。
- **show ip ips signatures** 命令检验特征配置。这个命令后面也可以使用关键字 **detail** 来提供更加详细的输出。
- **show ip ips statistics** 命令显示审计的数据包数量以及发送的警报数量。可选关键字 **reset** 用来复位输出以反映最新的统计。

使用 **clear ip ips configuration** 命令可以禁用 IPS，删除所有的 IPS 配置条目，并且释放动态资源。而 **clear ip ips statistics** 命令用来复位与分析的数据包和发送的警报有关的统计信息。

5.3.3.2 报告 IPS 警报

使用 **ip ips notify** 全局配置命令可以指定事件通知的方法。**log** 关键字表示以 syslog 格式发送消息。**sdee** 关键字表示以 SDEE 格式发送消息。

5.3.3.3 启用 SDEE

SDEE 是用来报告 IPS 行为的首选方法。SDEE 使用 HTTP 和 XML 来提供标准的方法。

在 IOS IPS 路由器上可以使用 **ip ips notify sdee** 命令来启用它。Cisco IOS IPS 路由器仍然可以通过 syslog 发送 IPS 警报。

在启用 SDEE 时，管理员必须在路由器上启用 HTTP 或 HTTPS。使用 HTTPS 可以确保数据在穿越网络时是安全的。

当 Cisco SDEE 通知被禁用时，所有保存的事件都会丢失。在通知重新启用时会分配新的缓存。SDEE 使用牵引机制（pull mechanism）。在牵引机制下，请求来自网络管理应用程序，IDS 或 IPS 路由器做出应答。SDEE 是厂商设备向网络管理应用程序传达事件的标准格式。

默认情况下，缓存最高可以保存 200 个事件。如果请求的是一个较小的缓存，所有存储的事件会丢失。如果请求的是一个较大的缓存，所有存储的事件被保存，而且在所存储的条目超出之前的缓存时，还会为其分配额外的空间。默认的缓存大小可以通过 **ip sdee events** 命令进行更改。最大的事件数量是 1000。

clear ip ips sdee 命令用来清除 SDEE 事件或预定服务。

ip ips notify 命令代替了旧的 **ip audit notify** 命令。如果 **ip audit notify** 命令是现有配置的一部分，那么 IPS 把它解释为 **ip ips notify** 命令。

5.4 总结

网络必须能够立即识别、缓解蠕虫和病毒威胁。为了让网络防御快速发展的互联网蠕虫和病毒，在离线实施 IDS 的同时，也应该在线（inline）实施基于网络的 IPS。

IPS 特征与 antivirus.dat 文件类似，因为它们为 IPS 提供了一个已识别问题的列表。IPS 特征被配置为使用不同的触发器和行为。安全人员必须连续监控 IPS 解决方案，以确保它提供了足够的安全级别。如果没有的话，必须针对特定的网络来调整特征。

第 6 章

保护局域网

本章介绍

保护一个网络就是要让它最薄弱的环节强壮起来。基于这个原因,除了要保护网络边界,同样重要的事情是要保护网络内的终端设备。终端安全包括保护局域网(LAN)中的网络基础设施以及终端系统,比如工作站、服务器、IP 电话、访问点和存储区域网络(SAN)设备。有很多终端安全应用和设备可以用来完成这些保护,包括 Cisco 高级恶意软件保护(Advanced Malware Protection,AMP)、邮件和 Web 安全设备以及网络准入控制(Network Admission Control,NAC)。

终端安全同样是围绕着保护网络基础设施的第二层,来预防 MAC 地址欺骗和 STP 操纵攻击这样的第 2 层攻击。第 2 层安全配置包括启用端口安全、BPDU 保护、根保护、风暴控制和 PVLAN Edge。

6.1 终端安全

6.1.1 终端安全概述

6.1.1.1 保护 LAN 组件

新闻媒体通常会报道针对企业网络发起的外部攻击。这样的攻击示例如下所示:

- 对公司网络发起 DoS 攻击,以降低或停止公众对它的访问;
- 对公司的 Web 服务器发起攻击,破坏它们在网络上的形象;

- 对公司的数据服务器和主机发起攻击，窃取机密信息。

需要使用不同的网络安全设备来保护网络边界免遭外部访问。这样的设备包括提供 VPN 服务的加固型 ISR、ASA 防火墙设备、IPS 设备以及 AAA ACS 服务器。

许多攻击能够（而且是）从网络内部发起。因此，保护内部的 LAN 与保护外部网络一样重要。如果没有安全的 LAN，则公司内的用户仍然容易遭受网络威胁和中断的影响，这些威胁和中断会对公司的生产力和利润造成直接影响。当内部主机被渗透之后，它可能成为攻击者获取关键系统设备（比如服务器）和敏感信息访问权限的一个起点。

具体来说，需要保护两种内部 LAN 组件。

- **端点**：通常由笔记本、台式机、服务器和 IP 电话构成的主机，它们容易遭受恶意软件的攻击。
- **网络基础设施**：LAN 基础设备与端点相互连接，通常包含交换机、无线设备、IP 通信设备。这些设备很容易遭受 LAN 相关的攻击，比如 MAC 地址表溢出攻击、欺骗攻击、DHCP 相关的攻击、LAN 风暴攻击、STP 操纵攻击和 VLAN 攻击。

本节关注的是端点的安全。

6.1.1.2 传统的端点安全

在历史上，员工的端点设备是由公司分发的计算机，它位于一个具有明确定义的 LAN 范围内。这些主机由防火墙和 IPS 扫描设备提供保护，连接到 LAN 且位于防火墙后面的这些主机能够与这些安全设备良好工作。

端点也使用传统的基于主机的安全特性。

6.1.1.3 无边界网络

网络在不断发展，除了包含传统的端点设备之外，还包含了新的、轻量级的、便携式的消费级端点设备，比如 iPhone、iPad、Android 设备、平板电脑等。这些新的端点模糊了网络边界，因为用户可以从任何地点，使用任何连接方式，发起去往网络资源的访问。

传统的端点保护方法存在一些问题。在许多网络中，基于网络的设备各不相同，通常也不会相互之间分享信息。此外，传统的基于主机的端点安全解决方案，在保护新的端点设备方面有所欠缺，因为这些设备多种多样，且运行的操作系统也各不相同。

现在的挑战是让这些异构设备安全地连接到企业资源。

6.1.1.4 在无边界网络中保护端点

大型企业现在需要在攻击前、中、后进行保护，必须保护它们的端点免遭新的威胁。

6.1.1.5 现代端点安全解决方案

新的无边界网络安全架构通过让端点使用网络扫描元素解决了这些挑战。这些设备提供的扫描层数比单个端点提供的要多，而且相互之间能够分享信息，从而做出更明智的决定。

可以使用下面这些现代的安全解决方案来保护无边界网络中的端点：

- 反恶意软件保护（AMP）；
- 邮件安全设备（ESA）；
- Web 安全设备（WSA）；
- 网络准入控制（NAC）。

这些技术协同工作，提供的保护比基于主机的套件要多。

6.1.1.6 本地数据的硬件和软件加密

端点很容易遭受数据窃取的影响。例如，如果公司的笔记本丢失或被窃，窃贼就可以在硬盘上搜寻敏感信息、合同信息或者个人信息等。

相应的解决方案是使用强加密算法（比如 256 位的 AES 加密）在本地加密硬盘。加密可以保护机密数据免于未经授权的访问。加密后的磁盘卷只能使用授权密码进行正常的读写访问。

有些操作系统（比如 Mac OSX）自带了加密选项。Windows 操作系统支持 BitLocker、TrueCrypt、Credant、VeraCrypt 以及其他加密软件。

6.1.2 反恶意软件保护

6.1.2.1 高级恶意软件保护

恶意软件没有边界，针对端点发起的最常见和最普遍的威胁是恶意软件。出于这个原因，Cisco 在 2013 年收购了 Sourcefire。Sourcefire 是一家一流的反恶意软件公司，它提供了许多不同的安全资源，现在都被集成到 Cisco 产品中。

具体来说，Cisco 添加了 Sourcefire 的高级恶意软件保护（AMP）技术，相对于传统的基于主机的恶意软件保护，这种技术能够更加有效地保护端点和网络。AMP 为公司提供持续的可见性和控制，以便在攻击的前中后 3 个阶段通过扩展网络来击败恶意软件。

AMP 解决方案使用下述功能来实现恶意软件的检测和阻止、连续性分析以及追溯报警。

- **文件声誉**：在线分析文件并阻止或应用策略。
- **文件沙箱**：分析未知文件，理解真实的文件行为。
- **文件追溯**：持续分析文件以更改威胁低级别。

6.1.2.2 AMP 和受管理的威胁防御

AMP 使用 Cisco 和 Sourcefire 庞大的云安全智能网络来提供高级保护。

具体来说，AMP 访问 Cisco Talos Security Intelligence and Research Group（Talos）的集体安全情报。Talos 由 Cisco 安全智能运营中心（SIO）团队和 Sourcefire 漏洞研究团队（Vulnerability Research Team，VRT）整合而成。Talos 使用世界上最大的威胁检测网络实时检测和关联威胁。

Talos 有 600 多名工程师、技术人员和研究人员，他们以 40 多种语言全年无休、昼夜不停地分析这些信息，以及公共和私有威胁源。

这个团队从多种渠道收集实时威胁情报：

- 部署的 160 万台安全设备，包括防火墙、IPS、Web 和邮件设备；
- 1.5 亿台端点。

然后分析下面这些数据：

- 每天 100TB 的安全情报；
- 每天 130 亿个 Web 请求；
- 世界上 35%的企业邮件流量。

6.1.2.3 AMP for Endpoints

AMP 在攻击的前中后三个阶段提供保护。AMP 有多种不同的格式，具体如下。

- **AMP for Endpoints**：AMP for Endpoints 与 Cisco 的 AMP for Networks 集成，在扩展网络和端点上提供全方位的保护。
- **AMP for Networks**：提供基于网络的解决方案，集成到专用的 Cisco ASA 防火墙和

Cisco FirePOWER 网络安全设备中。

- **AMP for Content Security**：这是集成在 Cisco 云网络安全设备或 Cisco 邮件和 Web 安全设备中的一个特性，可以防范基于邮件和基于 Web 的高级恶意软件攻击。

Cisco AMP for Endpoints 运行一个 FireAMP 代理，成为一个 FireAMP 连接器。AMP for Endpoints 与 Cisco AMP for Networks 进行集成，在扩展网络和端点上提供全方位的保护。它使用了连续分析、追溯安全和多来源的攻击迹象。这有助于管理员识别隐蔽攻击，并关联这些事件，以获得更快的响应，实现更高的可见性和控制。

6.1.3 邮件和 Web 安全

6.1.3.1 保护邮件和 Web 的安全

过去 25 年以来，邮件已经从主要由技术人员和研究人员使用的工具演变为企业通信的中坚力量。每天会有 1000 亿封以上的企业邮件信息产生。随着使用水平的上升，安全问题日渐凸显。

大量的垃圾邮件不再是我们需要关注的唯一问题，如今，在包含入站威胁和出站风险的复杂场景中，垃圾邮件和恶意软件只是其中的一部分。出于这个原因，Cisco 在 2007 年收购了 IronPort 公司。IronPort 设备现在成为 Cisco 邮件安全设备（ESA）和 Cisco Web 安全设备（WSA）产品线中的一部分。

6.1.3.2 Cisco 邮件安全设备

为了防御关键任务的邮件系统，Cisco 提供了多种邮件安全解决方案，其中包括 ESA 以及虚拟、云和混合解决方案。这些解决方案提供了下述功能。

- 快速全面的邮件保护，可以在垃圾邮件和威胁到达网络之前就将其阻塞掉。
- 灵活的云、虚拟化和物理部署选项可以满足不断变化的业务需要。
- 通过设备的数据丢失防护（Data Loss Prevention，DLP）和邮件加密功能来控制出站的邮件信息。

Cisco ESA 可以为任何规模的企业对抗垃圾邮件、病毒和混合威胁。它加强了法规遵从性，保护了声誉和品牌资产，减少了宕机时间，并简化了企业邮件系统的管理。

Cisco ESA 通过 Cisco Talos 提供的实时信息不断更新，Cisco Talos 使用全球数据库监控系统来检测并关联威胁，然后这个系统将安全更新自动转发到 Cisco Talos。Cisco ESA 每 3～

5 分钟从 Cisco Talso 中提取一次威胁情报数据。

Cisco EAS 使用设备以及虚拟、云和混合解决方案来保护关键任务的邮件系统。下面是 Cisco 邮件安全解决方案的主要特性和优势。

- **全球威胁情报**：Cisco Talos 提供了 24 小时的全球流量活动视图，可以分析异常，发现新的威胁，并监控流量趋势。
- **垃圾邮件拦截**：一个多层防御，它将基于发送者声誉的外层过滤，与对消息进行深入分析的内层过滤结合了起来。
- **高级恶意软件保护**：充分利用了 Sourcefire 庞大的云安全智能网络，可以在攻击的前、中、后这三个阶段提供保护。
- **出站邮件控制**：通过 DLP 和邮件加密来控制邮件消息，以确保重要邮件遵从行业标准并在传输过程中得到保护。

6.1.3.3 Cisco Web 安全设备

Cisco Web 安全设备（WSA）是一种用来缓解 Web 威胁的技术，可以帮助企业解决在保护和控制 Web 流量方面的挑战。Cisco WSA 整合了高级恶意软件保护、应用可见性和控制、可接受的使用策略控制、报告和安全移动性，在单个平台上提供了一体化解决方案。

Cisco WSA 可以完全控制用户访问互联网的方式。诸如聊天、消息通信、视频和音频等特性和应用，可以根据公司的需求，被允许、被阻止或限制它们的使用时间和带宽。WSA 可以执行黑名单、URL 过滤、恶意软件扫描、URL 分类、Web 应用过滤以及 TLS/SSL 加解密。

下面是 Cisco Web 安全设备解决方案的主要特性和优势。

- **Talos 安全情报**：由大型威胁检测网络提供快速且全面的 Web 保护。
- **Cisco Web 使用控制**：将传统的 URL 过滤与动态内容分析结合起来，降低法规遵从性、责任和生产风险。
- **高级恶意软件保护（AMP）**：AMP 是所有 Cisco WAS 客户都可以使用的一个已授权的特性。
- **数据丢失防护（DLP）**：通过为基本 DLP 创建基于上下文的规则，防止机密数据离开网络。

注意：Cisco Web 安全虚拟设备（WSVA）是 Cisco WAS 的软件版本，运行在 VMware ESXi、KVM Hypervisor 和 Cisco UCS 服务器的上面。

6.1.3.4 Cisco 云网络安全

Cisco 云网络安全（CWS）是一个基于云的安全设备，在 Cisco 的云环境中使用 Web 代理扫描恶意软件的流量并执行策略。CWS 提供了如下优点：

- 对于应用程序、网站和特定的网页内容，可以在整个环境中设置和实施细粒度的 Web 使用策略；
- Cisco CWS 可以轻松集成到现有的基础设施中；
- 可以不断更新实时威胁情报，从而应对最新的威胁；
- 集中化的管理和报告提供了网络使用情况和威胁信息的可见性。

Cisco 客户可以使用两种方式直接连接到 Cisco CWS 服务：使用用户终端设备中的代理配置（PAC）文件；通过集成到下面 4 个 Cisco 产品中的连接器。

- Cisco ISR G2 路由器。
- Cisco ASA。
- Cisco WSA。
- Cisco AnyConnect 安全移动客户端。

Cisco CWS 使用下面 4 个步骤保护企业用户。

1. 一个内部用户生成一个 HTTP 请求，连接一个外部站点。

2. Cisco ASA 将 HTTP 请求转发到 Cisco CWS 全球云基础设施。

3. Cisco CWS 注意到外部站点有 Web 内容（可能是一个广告条幅），该内容会将用户重定向到未知的恶意站点。

4. Cisco CWS 阻止去往恶意站点的请求，但是会继续允许对外部站点其他内容的访问。

6.1.4 控制网络访问

6.1.4.1 Cisco 网络准入控制

Cisco 网络准入控制（Network Admission Control，NAC）的目的是允许授权和合规的系统（无论是否可管理）访问网络。Cisco NAC 旨在执行网络安全策略。NAC 通过提供认证、授权、姿态评估（使用网络策略对进入的设备进行评估）来维护网路稳定性。NAC 还可以隔离不合规的系统以及纠正不合规的系统。

Cisco NAC 产品主要分为两类。

- **NAC 框架**：NAC 框架使用现有的 Cisco 网络基础架构和第三方软件在所有终端上执行安全策略。网络中的不同设备（不一定是一个设备）可以提供 NAC 的特性。
- **Cisco NAC 设备**：作为 Cisco TrustSec 解决方案的一部分，Cisco NAC 设备将 NAC 功能集成到一个设备中，提供了控制网络访问的一个解决方案。

Cisco NAC 设备可以用来：

- 识别网络中的用户、用户所使用的设备和用户的角色；
- 评估设备是否与符合安全策略；
- 通过阻止、隔离和修复不合规的机器来执行安全策略；
- 提供简单和安全的访客访问；
- 简化非认证设备的访问；
- 对网络中的用户进行审计和报告。

Cisco NAC 设备将 NAC 扩展到所有的网络访问方法，包括通过 LAN、远程访问网关和无线接入点的访问。它还支持访客用户的姿态评估（posture assessment）。

注意：NAC 正在从基本的安全保护发展变化到更为复杂的端点可视化、访问和安全（EVAS）控制。与旧有的 NAC 技术不同，EVAS 使用更细粒度的信息，比如与用户角色、位置、业务流程考虑事项和风险管理相关的数据，来执行访问策略。EVAS 控制也有助于授予不局限于计算机的访问权限，允许网络管理员通过移动设备和 IoT 设备提供访问权限。

6.1.4.2 Cisco NAC 功能

NAC 框架和 Cisco NAC 设备的目标都是确保只允许授权的主机和安全姿态经过检查并被批准的主机进入网络。比如，公司的笔记本电脑在离开公司的一段时间，可能没有接收到当前的安全更新或者被其他系统所感染，这时它不能连接到公司的网络，直到它通过了检查、更新和批准。

网络访问设备的功能类似于执行层，它们强制客户查询 RADIUS 服务器来获得认证和授权。RADIUS 服务器可以查询其他设备，比如趋势公司的防病毒服务器，并向网络访问设备进行回复。

6.1.4.3 Cisco NAC 组件

Cisco 安全访问控制产品是基于 NAC 设备的 Csico TrustSec 解决方案的一部分，而

TrustSec 是安全无边界网络（Secure Borderless Network）架构的核心组件。在基于 NAC 设备的 TrustSec 方法中，Cisco NAC Manager（NAM）是一台策略服务器，它与 Cisco NAC 服务器（NAS）一起工作，用来认证用户，并评估 LAN、无线和 VPN 连接上的用户设备。对网络和资源的访问是基于用户凭据、他们在组织中的角色以及终端设备的策略遵从性来进行的。

- **Cisco NAC 管理器（NAM）**——基于设备的 NAC 部署环境的策略和管理中心。Cisco NAC 管理器定义了基于角色的用户访问和终端安全策略。
- **Cisco NAC 服务器（NAS）**——在基于设备的 NAC 部署环境中评估和执行安全策略规定。
- **Cisco NAC 代理（NAA）**——运行在终端设备上的一个可选的轻量级代理。它通过分析注册表设置、服务和文件，对设备上的安全配置文件进行深入检测。

其他的 TrustSec 策略执行工具如下所示。

- **Cisco NAC 访客服务器**——管理访客网络的访问，包括配置（provisioning）、通知、管理，以及报告所有访客用户的账户和网络行为。
- **Cisco NAC Profiler**——通过提供所有终端设备的发现、分析（profiling）、基于策略的放置以及连接之后的监控，来部署基于策略的访问控制。

6.1.4.4 针对访客的网络访问

Cisco NAC 访客服务器为 Cisco NAC 设备或执行了访客策略的 Cisco 无线 LAN 控制器提供了访客策略。Cisco NAC 访客服务器是 Cisco TrustSec 解决方案的一个组件，在访客访问的整个生命周期内提供支持，包括配置（provisioning）、通知、管理和报告。

Cisco NAC 访客服务器也为发起者（比如公司员工）提供了创建访客账户的能力。发起者（sponsor）在访客服务器上进行验证，然后基于他们的角色来赋予相应的权限。可以给予发起者基于角色的权限，来创建账户、编辑账户、挂起账户和运行报告。

可以采用 3 种方法来为发起者赋予权限：

- 为他们所创建的那些账户赋予权限；
- 为所有账户赋予权限；
- 不为任何账户赋予权限（他们不能更改任何权限）。

在创建了访客账户之后，访客可以使用发起者为其提供的详细信息登录网络。

6.1.4.5 Cisco NAC Profiler

Cisco NAC Profiler 能够动态发现、识别和监控连接到企业网络内的所有终端。它会基于用户定义的安全策略来智能地管理这些设备。

当作为边界 NAC 实施的一部分部署 Cisco NAC Profiler 时，它会方便 Cisco NAC 系统的部署和管理。它会发现和跟踪所有连接到 LAN 中的终端的类型和位置，其中包括那些不能被认证的终端。

Cisco NAC Profiler 允许安全管理员：

- 通过设备的自动识别和认证以及简化管理任务，来简化 Cisco NAC 的部署；
- 方便 Cisco ACS 802.1x 基础设施或 Cisco NAC 覆盖（overlay）解决方案的部署和管理；
- 收集终端设备配置信息并实时维护连网设备的上下文清单（contextual inventory）；
- 监视和管理设备的异常行为，比如端口插拔（port swapping）、MAC 地址欺骗、配置变更。
- 保护公司的所有终端，其中包括非认证的设备，比如打印机和 IP 电话。

NAC Profiler 有两个组件：NAC Profiler Collector 和 NAC Profiler Sever 应用程序。

6.2 第 2 层安全考虑

6.2.1 第 2 层安全威胁

6.2.1.1 第 2 层漏洞的描述

OSI 参考模型被划分为相互之间独立工作的 7 层，每一层都执行一个特定的功能，而且都有可以进行漏洞利用的核心组件。

网络管理员使用 VPN、防火墙和 IPS 设备定期执行安全解决方案，来保护从第 3 层到第 7 层的组件。如果第 2 层被攻陷，则其上的所有层都会受到影响。例如，具有内部网络访问权限的员工或访客捕获了第 2 层的数据帧，则在该层之上实行的所有安全都是无效的。该员工还可能对第 2 层 LAN 网络基础设施造成严重破坏。

6.2.1.2 交换机攻击分类

系统的安全性取决于它最薄弱的环节，第二层就是这个最薄弱的环节。这是因为传统的 LAN 是由单个企业进行管理控制的。我们非常信任连接到 LAN 中的人和设备。但是，随着 BYOD 和更多复杂攻击的出现，我们的 LAN 越来越容易被渗透。因此，除了保护第 3 层到第 7 层之外，网络安全从业人员必须缓解针对第二层 LAN 基础设施的攻击。

缓解第二层基础设施攻击的第一步，是理解第二层的底层操作以及第二层基础设施带来的威胁。

如果管理协议没有得到保护，则第二层的解决方案将没有效果。如果攻击者能够轻松连接到交换机、syslog、SNMP、TFTP 和 FTP 以及其他大多数常见的网络管理协议，则说明它们都是不安全的。因此，推荐使用如下策略：

- 总是使用这些协议的安全版本，比如 SSH、SCP 和 SSL；
- 考虑使用带外（OOB）管理；
- 使用专用的管理 VLAN，只承载管理流量；
- 使用 ACL 过滤不想要的访问。

6.2.2 CAM 表攻击

6.2.2.1 基本的交换机操作

为了做出转发决策，二层交换机构建一个 MAC 地址表，并存放到它的内容可寻址存储器（Content Addressable Memory，CAM）中。CAM 表与 MAC 地址表一样。本书中将使用 CAM 表这个术语。一个重要的例外是，在显示交换机中存储的地址时，使用的是 MAC。

CAM 表将 MAC 地址与连接到物理交换机端口的相关 VLAN 参数进行绑定，并存储起来。交换机在收到数据帧时，将它的目的 MAC 单播地址与整个 CAM 表进行比较，做出转发决策。如果目的 MAC 地址在 CAM 表中，交换机据此转发数据帧。如果不在 CAM 表中，则交换机将数据帧从它所有的端口泛洪出去（接收数据帧的端口除外），这称之为未知单播泛洪。

6.2.2.2 CAM 表攻击

所有的 CAM 表有固定的大小，因此交换机可能会耗尽存储 MAC 地址的资源。CAM 表溢出攻击（也称为 MAC 地址溢出攻击）充分利用了这个限制，它使用虚假的源 MAC 地址向交换机发送大量信息，直到交换机 MAC 地址被填满。

如果在旧条目过期之前，就在 CAM 表中输入了足够的条目，则该表在填满之后，就不能再接受新的条目。此时，交换机将数据帧视为未知单播，并开始将所有到来的流量泛洪到所有端口，而不再查询 CAM 表。交换机这时充当的是 HUB。这样一来，攻击者可以捕获主机相互之间发送的所有数据帧。

注意：流量只在本地 VLAN 内泛洪，因此入侵者只能看到他所连接的本地 VLAN 内的流量。

例如，使用网络攻击工具 macof 快速生成大量随机的源/目标 MAC 和 IP 地址。在短时间内，CAM 表被填充满，此时交换机开始泛洪它收到的所有数据帧。只要攻击工具持续攻击，CMA 表将保持填满的状态，交换机继续将到来的数据帧通过所有端口泛洪出去。这可以让攻击者捕获各种数据帧，并将其发送到原本无法到达的设备。

如果攻击者不能维护无效源 MAC 地址的泛洪，交换机最终会从 CAM 表中删除旧的地址条目，并再次充当交换机。如果在条目过期之前没有快速定位到攻击者，则泛洪问题的起因将很难判断，攻击者仍然可以逍遥法外。

注意：另外一种网络攻击工具是 Yersinia，它可以利用包括生成树（STP）、Cisco 发现协议（CDP）、动态中继协议（DTP）、动态主机配置协议（DHCP）、热备份路由器协议（HSRP）、IEEE 802.1Q、IEEE 802.1X 和 VLAN 中继协议（VTP）在内的协议中的漏洞。

6.2.2.3 CAM 表攻击工具

这些攻击工具之所以危险，是因为攻击者可以在几秒钟之内创建 CAM 表溢出攻击。例如，Catalyst 6500 交换机可以在其 CAM 表中存储 132000 个 MAC 地址。macof 这样的工具每秒钟可以向交换机发送 8000 个伪造的数据帧，因此只需几秒钟就可以创建 CAM 表溢出攻击。

这些攻击工具之所以危险的另外一个原因是，它们不但影响本地交换机，还会影响到连接的其他二层交换机。当交换机的 CAM 表填满时，它开始向所有端口广播数据帧，其中也包括连接了其他二层交换机的端口。

为了缓解 CAM 表溢出攻击，网络管理员必须实施端口安全。

6.2.3 缓解 CAM 表攻击

6.2.3.1 CAM 表攻击的对策

防止 CAM 表溢出攻击最简单最有效的方法是启用端口安全。端口安全允许管理员为端口静态指定 MAC 地址，或者让交换机动态学习有限数量的 MAC 地址。通过将端口上已允许的 MAC 地址数量限制为 1，端口安全可以用来控制未经授权的网络扩展。

当为一个安全端口指派了 MAC 地址时，如果数据帧的源 MAC 地址位于已定义地址组的外部，则端口不会转发该数据帧。当配置了端口安全的端口接收到数据帧时，会将数据帧的源 MAC 地址与端口上手动配置或自动配置（学习）的一组安全的源地址进行比较。

6.2.3.2 端口安全

为了启用端口安全，可以在访问端口上使用 **switchport port-security** 接口配置命令。注意，在启用端口安全之前，端口必须被配置为访问端口。这是因为端口安全只能配置在访问端口上，而且二层交换机在默认情况下被设置为 dynamic auto（trunking on），因此必须先使用 **swithport mode access** 接口配置命令来配置接口。

注意：可用的配置参数与交换机型号和 IOS 版本有关。

6.2.3.3 启用端口安全选项

使用 **switchport port-security maximum** *value* 命令可以设置端口上允许的 MAC 地址的最大数量。默认的端口安全值是 1。

注意：端口上可以配置的安全 MAC 地址的最大数量，是由活跃交换机数据库管理（SDM）模板中允许的最大可用的 MAC 地址数量来设置的。使用 **show sdm prefer** 命令可以查看当前的模板设置。

可以采用两种方法来配置交换机，使其了解安全端口上的 MAC 地址。

- **手动配置**：管理员使用 **switchport port-security mac-address** 接口配置命令手动配置 MAC 地址。
- **动态学习**：管理员使用 **switchport port-security mac-address sticky** 接口配置命令，让交换机动态学习 MAC 地址。

6.2.3.4 端口安全违规

如果接口所连设备的 MAC 地址与安全地址列表中的不同，则发生了端口违规，端口进入错误禁用状态。当其 MAC 地址不在地址列表中的设备试图访问接口，且 MAC 表为满的时候，将发生安全违规。当一个地址用于同一个 VLAN 中的两个安全端口时，也会发生安全违规。

交换机的行为取决于配置的违规模式。有 3 种安全违规模式可供使用。

使用 **switchport port-security violation {protect | restrict | shutdown | shutdown vlan}** 接口配置命令可以设置端口安全违规模式。

要重新启用错误禁用的端口，可以使用 **shutdown** 或 **no shutdown** 接口配置命令手动重新启用被禁用的端口。

注意：此外，也可以使用 **errdisable recovery cause psecure-violation** 全局配置模式命令，将交换机配置为自动重新启用错误禁用的端口。

6.2.3.5　端口安全老化

端口安全老化可以在接口设置静态和动态安全地址的老化时间。每个端口支持两种类型的老化。

- **绝对**：在指定的老化时间过后，删除端口上的安全地址。
- **不活跃**：只有当端口上的安全地址在指定的老化时间内不活跃时，才将其删除。

使用端口安全老化来删除安全端口上的安全 MAC 地址时，并不需要手动删除现有的安全 MAC 地址。也可以增加老化时间的限制，以确保即使新添加了 MAC 地址，旧有的安全 MAC 地址仍然存在。需要记得的是，每个端口上的安全地址的最大数量可以进行配置。可以以每个端口为基础，启用或禁用静态配置的安全地址的老化时间。

使用 **switchport port-security ageing** 命令可以启用或禁用安全端口的静态老化时间，也可以设置老化时间或类型。

6.2.3.6　IP 电话的端口安全

连接了 IP 电话或计算机的访问端口通常需要两个安全的 MAC 地址。但是，某些交换机的端口连接到 Cisco IP 电话时，可能需要 3 个安全的 MAC 地址。IP 电话的地址可以通过语音 VLAN 或访问 ALAN 学习到。在连接计算机与 IP 电话时，还需要一个额外的 MAC 地址。

地址通常都是动态学习到的。但是，当配置连接了 IP 电话的端口安全时，语音地址不能被设置为粘滞（sticky）地址。

6.2.3.7　SNMP MAC 地址通知

网络管理人员需要一种方法来监控使用网络的用户以及这些用户的位置。例如，如果端口 F0/1 在交换机上是安全的，但是当该端口的一个 MAC 地址条目从 CAM 表中消失时，将生成一个 SNMP trap 消息。

当转发表中新添加了 MAC 地址，或者从中删除了旧地址时，MAC 地址通知特性会向网络管理站（Network Management Station，NMS）发送 SNMP trap 消息。MAC 地址通知只用于动态和安全 MAC 地址。

MAC 地址通知可以让网络管理员监控交换机学习到的 MAC 地址，以及因为老化而被删除的 MAC 地址。

使用 **mac address-table notification** 全局配置命令，可以在交换机上启用 MAC 地址通知特性。

6.2.4 缓解 VLAN 攻击

6.2.4.1 VLAN 跳跃攻击

VLAN 体系架构不仅简化了网络维护，而且提高了性能，但同时打开了滥用之门。

一种特定类型的 VLAN 威胁是 VLAN 跳跃攻击。VLAN 跳跃攻击可以让来自一个 VLAN 的流量被其他 VLAN 看到，这个过程无需路由器的辅助。在基本的 VLAN 跳跃攻击中，攻击者充分使用了自动中继端口特性（大多数交换机端口默认启用了这个特性）。网络攻击者对主机进行配置，使其欺骗交换机使用 802.1Q 信令和 Cisco 专有的动态中继协议（DTP）信令，与连接的交换机建立中继。如果上述操作成功，则交换机与主机建立了一条中继链路，攻击者就可以访问交换机上的所有 VLAN，并在所有的 VLAN 上处理流量(比如发送和接送流量)。

可以采用两种方法发起 VLAN 跳跃攻击。

- 从攻击主机发出欺骗 DTP 信息，导致交换机进入中继模式。从此，攻击者可以发送标记为目标 VLAN 的流量，交换机随后就会把该数据表转发到目的地。
- 引入一个欺诈（rogue）交换机并且启用中继配置。攻击者随后就可以通过欺诈交换机访问受害者交换机上的所有 VLAN。

6.2.4.2 VLAN 双重标签攻击

另一种 VLAN 跳跃攻击的类型是双重标签（或双重封装）VLAN 攻击。这种攻击利用了大多数交换机硬件的工作方式。

大多数交换机只执行一层 802.1Q 的解封装,这就可能允许攻击者在特定环境下把隐藏的 802.1Q 标签嵌入到数据帧中。这个标签允许数据帧进入到初始 802.1Q 标签没有指定的 VLAN。双重封装 VLAN 跳跃攻击的一个重要特性就是即使中继端口被禁用了，主机通常也能在没有中继链路的网段上发送数据帧。

双重标签 VLAN 跳跃攻击按照以下 4 个步骤进行。

- 攻击者发送双重标签 802.1Q 数据帧给交换机。外层头部具有攻击者的 VLAN 标记，而且该标记与中继端口的本征 VLAN 相同。在本例中，假定它是 VLAN 10。内层标记是受害者 VLAN，在本例中为 VLAN 20。

- 数据帧到达第一台交换机，该交换机查看前 4 个字节的 802.1Q 标签。交换机看到这个数据帧是发往 VLAN 10 的，也就是本征 VLAN。交换机在剥掉 VLAN 10 标签后将数据帧通过所有的 VLAN 10 端口进行转发。VLAN 10 标签在中继端口被去掉，并且因为它是本征 VLAN 的一部分，因此不再重新打标签。在这时，VLAN 20 标签没有受到任何影响，并且没有被第一台交换机检查。

- 数据帧到达第二台交换机，但是该交换机不知道它应该去往 VLAN 10。因为 802.1Q 规范中提到，本征 VLAN 流量没有被发送交换机打标签。

第二台交换机只看到攻击者发送的内层 802.1Q 标签，并且看到该数据帧是发往 VLAN 20 的，即目标 VLAN。第二台交换机根据是否有受害者主机的 MAC 地址表条目，将数据帧发送到受害者端口，或者是将其泛洪。

这种攻击的类型是单向的，而且只有当攻击者连接的端口在这样一个 VLAN 中，即该 VLAN 与中继端口的本征 VLAN 一样时，该攻击才奏效。这种攻击的思路是双重标签允许攻击者在 VLAN 上向主机或服务器发送数据，而这些数据本应该被某些类型的访问控制配置给阻塞掉。而且这些返回流量也将被放行，这使得攻击者能够与通常被阻塞的 VLAN 上的设备进行通信。

6.2.4.3 缓解 VLAN 跳跃攻击

可以采用如下方法来防止基本的 VLAN 跳跃攻击。

- 使用 switch-port mode access 接口配置命令禁用 DTP（自动中继）协商或非中继端口。
- 使用 switchport mode trunk 接口配置命令在中继接口上手动启用中继链路。
- 使用 switchport non-negotiate 接口配置命令在中继接口上禁用 DTP（自动中继）协商。
- 使用 switchport trunk native vlan *vlan_number* 接口配置命令，将本征 VLAN 设置为 VLAN 1 之外的任何未用的 VLAN。
- 禁用未用的端口，并将其放到未用的 VLAN 中。

6.2.4.4 PVLAN 边缘特性

有些应用程序要求同一交换机上的端口之间不转发二层流量，这样一个邻居就看不到其他邻居生成的流量。

在这种环境中，使用 PVLAN（私有 VLAN）边缘特性可以确保在交换机的 PVLAN 边缘端口之间不会交换单播、广播或组播流量。PLVAN 边缘特性也称为受保护端口（Protected Port）。

PVLAN 边缘特性具有如下特点。

- 如果两个端口都是受保护端口，则相互之间不会转发任何单播、组播和广播流量。数据流量不会在二层的受保护端口之间转发，而只能转发控制流量，原因是这些控制流量数据包由 CPU 处理并使用软件转发。受保护端口之间传输的所有流量都必须通过三层设备进行转发。
- 受保护端口与未受保护的端口之间的转发行为与往常一样。
- 默认情况下，没有定义任何受保护端口。

6.2.4.5　PVLAN 边缘

使用 **switchport protected** 接口配置模式命令可以配置 PVLAN 边缘特性。

可以在物理接口或 EtherChannel 组上配置 PVLAN 边缘特性。当在端口通道上启用了 PVLAN 边缘特性时，端口通道组中的所有端口也就都应用了这个特性。使用 **no switchport protected** 接口配置模式命令，可以禁用受保护端口。

使用 **show interfaces interface-id switchport** 全局配置模式命令，可以验证 PVLAN 边缘特性的配置。

PVLAN 边缘是一个对交换机只有本地意义的特性，位于不同交换机的两个受保护端口之间没有任何隔离。受保护端口不会将任何流量（单播、组播或广播）转发到同一交换机上的另外一个受保护端口。二层流量不能在受保护端口之间转发；要在受保护端口之间转发流量，必须通过三层设备来实现。

6.2.4.6　私有 VLAN

VLAN 是广播域。但是在某些情况下需要打破这一规则，并在 VLAN 内允许所需的最小二层连接。

PVLAN 在同一个广播域内提供了端口之间的二层隔离。有 3 种类型的 PVLAN 端口。

- **混杂端口**：混杂端口可以与任何端口通信，其中包括 PVLAN 内的隔离端口和团体端口。

- **隔离端口**：隔离端口只能与混杂端口通信。隔离端口与 PVLAN 内的其他端口之间具有完全的二层隔离，但是没有与混杂端口隔离。PVLAN 会阻止来自隔离端口的所留流量，允许来自混杂端口的流量。来自隔离端口的流量只能被转发到混杂端口。
- **团体端口**：团体端口可以与其他团体端口或混杂端口通信。这些端口在二层与其他团体的其他端口相分离，或者与同一个 PVLAN 内的隔离端口相分离。

通过将路由器用作代理，可以绕过 PVLAN 提供的安全性。

注意：PVLAN 主要用在服务提供商的协同定位（co-location）站点。另外一个典型的应用案例是，酒店中的每一个房间都连接到自己的隔离端口。

6.2.5 缓解 DHCP 攻击

6.2.5.1 DHCP 欺骗攻击

DHCP 服务器为客户端动态提供 IP 配置信息，其中包括 IP 地址、子网掩码、默认网关、DNS 服务器。

当一台无赖（rogue）DHCP 服务器连接到网络中，并向合法的客户提供虚假的 IP 配置参数时，发生的就是 DHCP 欺骗攻击。无赖服务器可以提供多种误导性信息。

- **错误的默认网关**：攻击者通过提供无效的网关或其主机的 IP 地址来创建中间人攻击。当入侵者拦截网络中的数据流时，可以不被发现。
- **错误的 DNS 服务器**：攻击者提供一个错误的 DNS 服务器地址，让用户连接到一个邪恶的站点。
- **错误的 IP 地址**：攻击者提供一个无效的默认网关 IP 地址，针对 DHCP 客户端发起 DoS 攻击。

可采用如下步骤发起 DHCP 欺骗攻击。

- 攻击者成功地将一台无赖 DHCP 服务器连接到一个交换机端口，该交换机端口与客户端位于同一个子网中。无赖服务器的目标是为客户端提供虚假的 IP 配置信息。
- 合法的客户端连接网络，并请求 IP 地址信息。因此，客户端广播一个 DHCP Discovery 请求，查找来自 DHCP 服务器的响应。无赖服务器和合法的服务器都会收到该请求并进行响应。
- 合法的 DHCP 服务器使用有效的 IP 配置信息进行响应。而无赖服务器也使用 DHCP Offer 消息进行响应，只不过该消息中包含了攻击者定义的 IP 配置参数。客户端会对收到的第一个 Offer 消息进行应答。

- 客户端首先收到了来自无赖服务器的 Offer 消息，因此广播一个 DHCP 请求，接受来自无赖服务器的攻击者定义的参数。合法服务器和无赖服务器都会接收到该请求。
- 无赖路由器单播一条回复消息给客户端，确认客户端的请求。合法服务器将停止与客户端的通信。

6.2.5.2　DHCP 饥饿攻击

另外一种 DHCP 攻击是 DHCP 饥饿（starvation）攻击，这种攻击的目的是向连接客户端发起 DOS 攻击。DHCP 饥饿攻击需要用到 Gobbler 这样的攻击工具。

Gobbler 能够查看可租 IP 地址的整个范围，并尝试将它们全部出租。具体来讲，它会使用伪造的 MAC 地址创建 DHCP Discovery 消息。

DHCP 饥饿攻击的原理如下所示。

- 攻击者启动 Gobbler 工具，用来识别 DHCP 地址范围，然后为整个地址范围中的每一个可租用的 IP 地址发送 DHCP Discovery 消息。
- DHCP 为收到的每一条 Discovery 消息提供一个 Offer 消息。
- Gobbler 请求所有的 DHCP Offer 消息。
- 服务器确认每一个请求。

6.2.5.3　缓解 DHCP 攻击

使用端口安全可以轻松缓解 DHCP 饥饿攻击。但是，缓解 DHCP 欺骗攻击则需要采用更多的保护。

例如，Gobbler 的每一个 DHCP 请求使用一个唯一的 MAC 地址。可以配置端口安全，来缓解这一攻击。然而，也可以配置 Gobbler，使其为每一个请求使用相同的接口 MAC 地址和不同的硬件地址。这样一来，端口安全将不再有效。

DHCP 欺骗攻击可以通过在受信任的端口上使用 DHCP 侦听来缓解。DHCP 侦听通过限制不可信端口可以接收的 DHCP Discovery 消息的数量，来缓解 DHCP 饥饿攻击。DHCP 侦听会构建并维护一个 DHCP 侦听绑定表，交换机可以使用这个表过滤来自不可信源的 DHCP 消息。这个表中包含客户端 MAC 地址、IP 地址、DHCP 租期、绑定类型、VLAN 号，以及与每个交换端口或接口相关的接口信息。

注意：在大型网络中，在启用 DHCP 侦听之后，需要花费一定的时间来创建这个 DHCP

绑定表。例如，如果 DHCP 的租期是 4 天，则 DHCP 侦听需要花费 2 天的时间来完成这个表。

当在接口或 VLAN 上启用 DHCP 侦听时，交换机从不可信端口接收到一个数据包，然后将这个数据包的源信息与 DHCP 侦听绑定表中的信息进行对比。当数据包中包含下面这些特定的信息时，将会被交换机拒绝：

- 未经授权的 DHCP 服务器消息来自不可信端口；
- 未经授权的 DHCP 客户端消息不符合侦听绑定表或速率限制；
- DHCP 中继代理数据包包含了与不可信端口相关的 option-82 信息。

注意：为了使用相同的 MAC 地址来对抗 Gobbler，DHCP 侦听可以让交换机检查 DHCP 请求中的客户端硬件地址（Client Hardware Address，CHADDR）字段。这可以确保该地址与 DHCP 侦听绑定表中的硬件 MAC 地址和 CAM 表中的 MAC 地址相匹配。如果不匹配，则丢弃该请求。

注意：DHCPv6 和 IPv6 客户端可以使用类似的缓解技术。由于 IPv6 设备也可以从路由器的路由器通告（Router Advertisement，RA）消息中接收地址信息，因此也有相应的缓解方案来阻止无赖 RA 消息。

6.2.5.4 配置 DHCP 侦听

DHCP 侦听能识别如下两种类型的端口。

- **可信的 DHCP 端口**：只应该信任连接到上游 DHCP 服务器的端口。这些端口应该可以使用 DHCP Offer 和 DHCP Ack 消息进行应答。必须在配置中明确标识可信的端口。

- **不可信的端口**：这些端口连接了不应该提供 DHCP 服务器消息的主机。默认情况下，所有交换机端口都是不可信的。

在配置 DHCP 侦听时，一般规则是"信任端口并通过 VLAN 启用 DHCP 侦听"。因此，在启用 DHCP 侦听时，需要用到如下步骤。

步骤 1　使用 **ip dhcp snooping** 全局配置命令启用 DHCP 侦听。

步骤 2　在可信端口上执行 **ip dhcp snooping trust** 接口配置命令。

步骤 3　通过 VLAN 或者一组 VLAN 启用 DHCP 侦听。

在不可信端口上执行 **ip dhcp snooping limit rate** 接口配置命令，可以限制它每秒接收到的 DHCP Discovery 消息的数量。

注意：速率限制可以进一步缓解 DHCP 饥饿攻击的风险。

6.2.6 缓解 ARP 攻击

6.2.6.1 ARP 欺骗和 ARP 中毒攻击

通常，一台主机会向其他主机广播 ARP 请求消息，以确定具有某个特定 IP 地址的主机的 MAC 地址。子网中的所有主机都会接收和处理 ARP 请求。与 ARP 请求中的 IP 地址相匹配的主机发送一个 ARP 应答消息。

根据 ARP RFC，客户端可以主动发送一个名为"无故 ARP"的 ARP 应答消息。当主机发送一个无故 ARP 时，子网中的其他主机将无故 ARP 中的 MAC 地址和 IP 地址存放到它们的 ARP 表中。

问题是攻击者可以向交换机发送包含了伪造 MAC 地址的无故 ARP 消息，交换机因此更新其 CAM 表。因此，任何主机都可以宣称它就是所选择的 IP/MAC 对的所有者。在典型的攻击中，恶意用户主动向子网上的其他主机发送 ARP 应答消息，该消息中携带了攻击者的 MAC 地址以及默认网关的 IP 地址。

例如，PC-A 需要其默认网关（R1）的 MAC 地址，因此向 MAC 地址 192.168.10.1 发送 ARP 请求。

R1 使用 PC-A 的 IP 和 MAC 地址更新其 ARP 缓存，然后向 PC-A 发送一个 ARP 应答，然后 PC-A 使用 R1 的 IP 和 MAC 地址来更新其 ARP 缓存。

然后，攻击者使用它自己的 MAC 地址向指定的目的 IP 地址发送两条伪造的无故 ARP 应答。PC-A 使用它的默认网关更新其 ARP 缓存，但是默认网关现在指向攻击者的主机 MAC。R1 也使用 PC-A 的 IP 地址（现在指向攻击者的 MAC 地址）更新它的 ARP 缓存。

攻击者主机现在可以进行 ARP 中毒攻击。当攻击者使用 ARP 欺骗来重定向流量时，就会发生 ARP 中毒攻击，这会引起各种中间人攻击，给网络带来严重的安全威胁。

注意：互联网上有很多工具可以创建 ARP 中间人攻击，其中包括 dsniff、Cain & Abel、ettercap、Yersinia 等。

注意：IPv6 使用 ICMPv6 邻居发现协议来解析二层地址。IPv6 包含了可以缓解邻居通告欺骗的策略，其方式与 IPv6 防止欺骗 ARP 应答的方式相似。

6.2.6.2 缓解 ARP 攻击

为了防止 ARP 欺骗或中毒，交换机必须确保只转发有效的 ARP 请求和应答。

在典型的攻击中，一名恶意用户向子网中的其他主机主动发送 ARP 应答消息，该消息中带有攻击者的 MAC 地址和默认网关的 IP 地址。

动态 ARP 检测（DAI）不将无效或无故的 ARP 应答消息转发到同一 VLAN 内的其他端口，从而预防了这样的攻击。动态 ARP 检测截获所有的 ARP 请求和来自不可信端口的所有应答，并验证截获的每一个数据包，看是否存在有效的 IP 和 MAC 绑定。来自无效设备的 ARP 应答要么被路由器丢弃，要么被记录下来以备审计，以此来预防 ARP 中毒攻击。也可以通过限制 DAI 的速率来限制 ARP 数据包的数量，而且如果超出了设置的速率，接口可以进入错误禁用状态。

DAI 需要用到 DHCP 侦听。借助于 DHCP 侦听创建的有效的 MAC/IP 地址绑定表，DAI 可以确定 ARP 数据包的有效性。此外，为了处理使用 IP 地址静态配置的主机，DAI 可以根据用户配置的 ARP ACL 验证 ARP 数据包。

6.2.6.3 配置动态 ARP 检测

通常建议将所有的访问交换机端口都配置为不可信端口，将连接了其他交换机的所有上行链路端口都配置为可信端口。

可以采用如下步骤缓解 ARP 欺骗：

- 通过全局启用 DCHP 侦听来实施针对 DHCP 欺骗的防护；
- 在所选的 VLAN 上启用 DHCP 侦听；
- 在所选的 VLAN 上启用 DAI；
- 为 DHCP 侦听和 ARP 检测配置可信接口（默认是不可信的）。

DAI 还可以配置为检查目的或源 MAC 地址和 IP 地址。

- **目的 MAC**：根据 ARP 中的目标 MAC 地址来检查以太网头部中的目的 MAC 地址。
- **源 MAC**：根据 ARP 中的发送方 MAC 地址来检查以太网头部中的源 MAC 地址。
- **IP 地址**：检查 ARP 中是否存在无效 IP 地址和意外 IP 地址，其中包括 0.0.0.0、255.255.255.255 地址以及所有的 IP 组播地址。

可以使用 **ip arp inspection validate {[src-mac] [dst-mac] [ip]}** 全局配置命令来配置 DAI，使得在 IP 地址无效时，丢弃 ARP 数据包。当 ARP 数据包中的 MAC 地址与以太网头部中指定的地址不匹配时，也可以使用该命令。注意如何通过配置一个命令来实现上述功能。输入多个 **ip arp inspection validate** 命令可以覆盖前面的命令。为了包含多个验证方法，可以将它们输入到同一个命令中。

6.2.7 缓解地址欺骗攻击

6.2.7.1 地址欺骗攻击

欺骗 MAC 地址和 IP 地址的原因有多种。当一台主机冒充另外一台主机接收原本无法访问的数据，或者绕过安全配置时，就会发生欺骗攻击。

交换机用来填充 MAC 地址的方法会导致名为 MAC 地址欺骗的漏洞。当攻击者修改他们主机的 MAC 地址，使其与目标主机的已知 MAC 地址相匹配时，发生的就是地址欺骗攻击。攻击主机随后会使用新配置的 MAC 地址在网络中发送数据帧。当交换机收到数据帧时，检查它的源 MAC 地址，然后覆盖当前的 CAM 表条目，然后将 MAC 地址指派给新的端口。交换机然后会在不知情的情况下，将去往目标主机的数据帧转发给攻击主机。

当交换机更改了 CAM 表后，目标主机在发送流量之前并不会收到任何流量。当目标主机发送流量时，交换机接收并检查数据帧，导致再次重写 CAM 表，并将 MAC 地址重新调整为原始端口。为了阻止交换机将欺骗后的 MAC 地址端口恢复为正确的地址，攻击者可以创建一个程序或脚本，不断地向交换机发送数据帧，以便交换机维持不正确的虚假信息。第二层缺乏相应的安全机制，可以让交换机验证 MAC 地址的源，从而使得 MAC 地址很容易被欺骗。

当一台无赖 PC 劫持了邻居的有效 IP 地址，或者使用了一个随机的 IP 地址时，就会发生 IP 地址欺骗。IP 地址欺骗很难进行缓解，尤其是当它发生在 IP 所在的子网中时。

6.2.7.2 缓解地址欺骗攻击

为了防止 MAC 和 IP 地址欺骗，可以配置 IP 源保护（IP Source Guard，IPSG）安全特性。IPSG 的工作方式与 DAI 相似，但是它会查看每一个数据包，而不仅仅是 ARP 数据包。与 DAI 一样，IPSG 也需要启用 DHCP 侦听。

具体来说，IPSG 部署在不可信的二层访问端口和中继端口。IPSG 基于 IP、MAC 与交换机端口的绑定关系，维护每个端口的 VLAN ACL（PVACL）。最初，端口上的所有 IP 流量都被阻止，但是 DHCP 侦听进程捕获的 DHCP 数据包会被允许通过。当客户端从 DHCP 服务器接收到有效的 IP 地址，或者用户配置了静态的 IP 源绑定时，端口上会安装 PVACL。

这个进程会将客户端的 IP 流量限制为只能来自绑定表中配置的那些源 IP 地址。只要 IP 流量的源 IP 地址不是 IP 源绑定表中的地址，就会被过滤掉。这一过滤机制限制了主机使用邻居 IP 地址来攻击网络的能力。

对于每一个不可信的端口，有两种 IP 流量安全过滤级别。

- **源 IP 地址过滤器**：IP 流量基于它的源 IP 地址进行过滤，而且只有在源 IP 地址与 IP 源绑定条目相匹配时，IP 流量才被允许。在端口上创建或删除一个 IP 源条目绑定时，PVACL 会自动进行调整，以反应 IP 源绑定的变化。
- **源 IP 和 MAC 地址过滤器**：IP 流量基于它的源 IP 地址和 MAC 地址进行过滤。只有当源 IP 地址和 MAC 地址与 IP 源绑定条目相匹配时，IP 流量才被允许。

6.2.7.3 配置 IP 源保护

使用 **ip verify source** 命令可以在不可信端口上启用 IP 源保护。该特性只能配置在二层的访问端口或中继端口上，而且需要 DHCP 侦听来学习有效的 IP 地址和 MAC 地址对。

使用 **show ip verify source** 命令可以验证 IP 源保护的配置。

6.2.8 生成树协议

6.2.8.1 生成树协议简介

生成树协议（Spanning Tree Protocol，STP）是第二层基础设施中易受攻击的另一项二层技术。出于这个原因，理解 STP 的角色和运行相当重要。

冗余性通过保护网络免于单点故障（比如网络电缆故障或交换机故障），增加了第二层设备的可用性。在将物理冗余引入到设计中时，也会发生环路和重复数据帧的情况。对交换式网络来说，链路和重复数据帧会造成严重的后果。STP 就是为了解决这些问题而开发的。

STP 确保冗余的物理链路是无环的。它通过故意阻断可能会引起环路的冗余路径来确保网络的所有目的之间只有一条逻辑路径。当用户数据被阻止进入或离开某个端口时，该端口就被认为是阻塞的。被阻塞的端口仍然可以交换 STP 用来预防环路的 BPDU 数据帧。当网络发生改变时，STP 通过动态阻塞冗余路径或解除这些冗余路径的方式来预防环路。

阻塞冗余路径对预防网络环路至关重要。尽管物理路径仍然可以提供冗余，但是这些路径将被禁用，以防止形成环路。当网络电缆或交换机发生故障，从而需要再次使用路径时，STP 将重新计算路径，并解除必要端口的阻塞状态，以让冗余路径重新上岗。

6.2.8.2 STP 的各种实现

STP 有多种实现，比如快速生成数据协议（Rapid Spanning Tree Potocol，RSTP）、多生

成树协议（Multiple Spanning Tree Protocol，MSTP）等。为了就生成树的概念进行正确的沟通，一定要在上下文中提及特定的实现方案或标准。在最新的 IEEE 生成树文档 IEEE 802.1D-2004 中提到"STP 已经被 RSTP 取代"。IEEE 使用 STP 来指代最初的生成树实施方案，而使用 RSTP 来描述 IEEE 802.1D-2004 中指定的生成树版本。在本课程中，当讨论最初的 STP 时，将使用"最初的 802.1D 生成树"这一概念，以避免混淆。

注意：STP 提供了防止意外或恶意桥接环路的重要保护，从而确保了拓扑是无环的。桥接环路可以方便快速地禁用 LAN，除非在特定条件下，并且清楚了解风险的情况，否则不应该禁用 STP。

6.2.8.3　生成树端口角色

生成树算法指派一台交换机作为根网桥，并将它用作所有路径决策的参考点。根网桥通过选举进程产生。所有参与 STP 的交换机交换 BPDU 帧，来确定网络上哪台交换机具有最小的网桥 ID（BID）。具有最小 BID 的交换机自动成为根网桥，用于生成树算法的计算。

注意：为了简化起见，假定所有交换机上的所有端口都分配到 VLAN 1，除非另有说明。交换机使用默认的 PVST+进行配置。每一台交换机都有一个与 VLAN 1 相关联的唯一 MAC 地址。

BPDU 是交换机针对 STP 而交换的一个信息帧。每一个 BPDU 都包含了一个 BID，它可以识别出发送 BPDU 的交换机。BID 包含一个优先级值、发送交换机的 MAC 地址，以及一个可选的扩展系统 ID。这 3 个字段的组合共同决定了 BID 值的大小。

在确定了根网桥之后，生成树算法将计算去往该网桥的最短路径。每台交换机使用生成树算法确定要阻塞哪个端口。在生成树算法为广播域中的所有交换机端口确定去往根网桥的最佳路径的时候，流量无法通过网络进行转发。在确定要阻塞哪个端口时，生成树算法需要同时考虑路径和端口开销。在一条既定的路径上，每一台交换机的端口速度都有一个相关联的端口开销值，路径开销就是使用端口开销值来计算的。端口开销值的和决定了去往根网桥的整体路径开销。如果有多条路径可供选择，生成树算法将选择具有最低路径开销的路径。

当生成树算法为每台交换机确定了最理想的路径以后，它将为参与的交换机端口指派端口角色。端口角色描述了端口在网络中与根网桥的关系，以及端口是否被允许转发流量。

注意：关闭的端口称为禁用端口。

6.2.8.4　STP 根网桥

每一个生成树实例（交换式 LAN 或广播域）都有一个交换机被指定为根网桥。根网桥充当所有生成树计算的参考点,来确定要阻塞哪条冗余的路径。

选举过程用来确定哪台交换机当选为根网桥。

广播域中的所有交换机都参与选举过程。在交换机重启后,它开始每两秒钟发送一次 BPDU 帧。这些 BPDU 帧包含交换机 BID 和根 ID。

当交换机转发其 BPDU 帧时,广播域中的相邻交换机从 BPDU 帧中读取根 ID 信息。如果从一个接收到的 BPDU 帧中读取的根 ID 小于接收交换机上的根 ID,则接收交换机更新其根 ID,表明相邻交换机是根网桥。实际上,该根网桥不一定是相邻交换机,也可能是广播域中的另外一台交换机。交换机然后将具有更低根 ID 的新 BPDU 帧转发到其他的相邻交换机。最终,具有最低 BID 的交换机成为生成树实例的根网桥。

每一个生成树实例都需要选举一个根网桥。也有可能有多个不同的根网桥。如果所有交换机上的所有端口都是 VLAN 1 的成员,则只有一个生成树实例。扩展系统 ID 对如何确定生成树实例具有关键作用。

6.2.8.5　STP 路径开销

当生成树实例中选举出了根网桥之后,生成树算法将开始确定从广播域中的所有目的地到根网桥的最佳路径。在从目的地到根网桥的路径上,通过将路径上各自的端口开销相加,可以确定路径信息。每一个"目的地"其实是一个交换机端口。

端口的默认开销是由端口的运行速度决定的。

注意:随着更新、更快的以太网技术进入市场,可能需要更改路径开销的值,以适应不同的速度。为了说明与高速网络互连相关的持续变化,Catalyst 4500 和 6500 交换机可以支持一个更长的路径开销方法。比如,10Gbit/s 的路径开销值为 2000;100Gbit/s 的路径开销值为 200,而 1Tbit/s 的路径开销值为 20。

尽管交换机端口都有一个与之相关的默认端口开销,但是端口开销是可配置的。对单独的端口开销进行配置的能力可以让管理员灵活地手动控制去往根网桥的生成树路径。

要配置一个端口的端口开销,可在接口配置模式下输入 **spanning-tree cost** *value*。*value* 的值为 1~200000000。

在示例中,交换机端口 F0/1 已经使用 **spanning-tree cost 25** 接口配置模式将端口开销配置为 25。

要将端口开销恢复为默认值 19,可以在接口配置模式命令中输入 **no spanning-tree cost**。

路径开销等于去往根网桥的路径上的所有端口开销的和。具有最小开销值的路径称为首选路径,所有其他冗余路径将被阻塞。在示例中,从 S2 到根网桥 S1 的路径开销中,路径 1

上的开销是 19（以 IEEE 指定的各个路径开销为基础），而路径 2 上的开销是 38。由于路径 1 具有去往根网桥的整体最小开销，因此成为首选路径。STP 然后将其他冗余路径配置为阻塞状态，以防止环路产生。

为了验证去往根网桥的端口和路径开销，请输入 **show spanning-tree** 命令。Cost 字段就是去往根网桥的全部路径开销。该值取决于去往根网桥必须穿越多少个交换机端口。在输出中，每一个接口也使用单独的端口开销 19 进行了识别。

6.2.8.6 802.1D BPDU 帧格式

生成树算法通过交换 BPDU 来确定根网桥。BPDU 帧包含 12 个不同的字段，用来传递路径和优先级信息，这些信息可以确定根网桥和去往根网桥的路径。

- 前 4 个字段用来识别协议、版本、消息类型和状态标记。
- 接下来的 4 个字段用来识别根网桥和去往根网桥的路径的开销。
- 最后 4 个字段都是计时器字段，用来确定发送 BPDU 消息的频率，以及通过 BPDU 进程接收到的信息要保留多长时间。

在示例中，BPDU 帧包含的字段要比前面描述得多。当在网络中传输 BPDU 消息时，它是封装在以太网帧中的。802.3 头部指出了 BPDU 帧的源和目的地址。该帧当前的目的 MAC 地址是 01:80:C2:00:00:00，这是一个生成树组的组播地址。当帧以这个 MAC 地址发送时，针对生成树进行配置的每一个交换机都会接受该帧，并读取里面的信息；网络上的其他设备则忽视该帧。

在本例中，在捕获到的 BPDU 帧中，根 ID 和 BID 相同。这表明帧是从根网桥上捕获的。定时器被设置为默认值。

6.2.8.7 BPDU 传播和过程

广播域中的每一台交换机在最开始都假定它自己是一个生成树实例中的根网桥，因此发送的 BPDU 帧包含本机交换机的 BID，并将其作为根 ID。默认情况下，在交换机重启以后，每 2 秒发送一次 BPDU 帧；也就是说，BPDU 帧中指定的 Hello 定时器的默认值是 2 秒。每台交换机都维护一个与其 BID、根 ID 和去往根网桥的路径开销有关的本地信息。

当相邻的交换机接收到 BPDU 帧时，它会将来自 BPDU 帧中的根 ID 与本地的根 ID 进行比较。如果 BPDU 帧中的根 ID 小于本地根 ID，交换机将使用 BPDU 消息中包含的根 ID 来更新本地根 ID。交换机也在它的 BPDU 消息中包含去往其他交换机的新根。去往根网桥的距离也通过更新后的路径开销来指示。例如，如果一个快速以太网交换机端口上接收到了一个 BPDU，则路径开销可能会增加 19。如果本地根 ID 小于从 BPDU 帧中接收到的根 ID，则将丢弃该 BPDU 帧。

当一个根 ID 已经被更新，以确定一个新的根网桥后，则由该相邻交换机发出的所有后续 BPDU 帧将包含新的根 ID 和更新后的路径开销。这样一来，所有其他相邻的交换机随时都能看到确定后的最小根 ID。由于 BPDU 帧在其他相邻的交换机之间传递，因此路径开销也不断进行更新，以指示去往根网桥的路径总开销。生成树中的每一台交换机使用它自己的路径开销来确定去往根网桥的最佳可能路径。

注意：在选举根网桥时，优先级是最初的决定因素。如果所有交换机的优先级都相同，则具有最低 MAC 地址的设备成为根网桥。

6.2.8.8 扩展系统 ID

网桥 ID（BID）用来确定网络上的根网桥。BPDU 帧中的 BID 字段包含 3 个独立的字段。在根网桥选举过程中会用到每个字段。

网桥优先级

网桥优先级是一个可自定义的值，对哪台交换机成为根网桥有着重要影响。具有最低优先级的交换机（即具有最低的 BID）成为根网桥。例如，为了确保某一台特定的交换机总是根网桥，可以将其优先级的值设置得比网络中剩余的交换机要低。所有 Cisco 交换机的默认优先级的值是 32768，优先级的范围为 0~61440，其增量为 4096。有效的优先级的值是 0、4096、8192、12288、16384、20480、24576、28672、32768、36864、40960、45056、49152、53248、57344 和 61440，其他值将被拒绝。优先级为 0 的网桥要优先于其他所有的交换机优先级成为根网桥。

扩展系统 ID

早期实施的 IEEE 802.1D 是针对是没有使用 VLAN 的网络设计的。在所有的交换机上只有一个公共的生成树。出于这个原因，在较早的 Cisco 交换机中，扩展系统 ID 在 BPDU 帧中可以被忽略。由于 VLAN 在网络基础设施的分段中日趋常见，人们也对 802.1D 进行了增强，以支持 VLAN，这就要求在 BPDU 帧中包含 VLAN ID。通过使用扩展系统 ID，可以将 VLAN 信息包含到 BPDU 帧中。默认情况下，所有较新的交换机都使用了扩展系统 ID。

交换机优先级字段为 2 字节或 16 比特，其中 4 比特用于交换机优先级，12 比特用于扩展系统 ID，后者可以标识参与这个特定 STP 过程的 VLAN。由于 VLAN ID 已经使用了 12 比特，因此交换机优先级只有 4 比特。这个 STP 过程将最右侧的 12 比特用于 VLAN ID，最左侧的 4 比特用于交换机优先级。这也解释了为什么交换机优先级只能以 4096（2^{12}）的倍数来配置。如果最左侧的比特为 0001，则交换机优先级为 4096；如果最左侧的比特为 1111，则交换机优先级为 61440（15×4096）。Catalyst 2960 和 3560 系列交换机不允许将交换机优先级配置为 65536（16×4096），原因是使用了扩展系统 ID，它会认为第 5 个比特不可用。

在 BID 中，扩展系统 ID 的值添加到交换机优先级的值，以识别优先级和 BPDU 帧的 VLAN。

当两台交换机配置有相同的优先级和相同的扩展系统 ID 时，则具有最低 MAC 地址的交换机拥有的 BID 较小。最初，所有的交换机使用相同的默认优先级的值来配置，因此在确定哪台交换机将成为根网桥时，MAC 具有决定性作用。为了确保根网桥决策能够满足网络需求，建议网络管理员使用较小的优先级来配置希望成为根网桥的路由器。这也可以确保在将一台新交换机添加到网络中时，不会触发新的交换机选举。而且在选举根网桥的过程中，网络通信将被中断。

当所有交换机被配置为相同的优先级时（与所有交换机都保持默认的优先级配置值 32768 一样），MAC 地址成为决定交换机是否当选为根网桥的因素。

注意：在该示例中，所有交换机的优先级是 32769，这个值以默认的优先级 32768 和指派给每台交换机的 VLAN 1 为基础（即 32768+1）。

具有最低值的 MAC 地址被当作首选的根网桥。

6.2.8.9 选择根网桥

当管理员想要一台特定的交换机成为根网桥时，则必须调整它的网桥优先级，以确保其值低于网络中其他所有交换机的网桥优先级。有两种不同的方法可在 Cisco Catalyst 交换机上配置网桥优先级的值。

方法 1

为了确保交换机具有最低的网桥优先级值，可以在全局配置模式下使用 **spanning-tree vlan** *vlan-id* **root primary** 命令。交换机的优先级被设置为预定义的值 24576（即 4096 的最大倍数），低于网络中检测到的最低网桥优先级。

如果需要一台备用根网桥，可以使用 **spanning-tree vlan** *vlan-id* **root secondary** 全局配置模式命令。该命令可以将交换机的优先级设置为预定义的值 28672。这可以确保在主根网桥失败时，备用交换机成为根网桥。这里的前提是，网络中的其他交换机具有默认的优先级值 32768。

方法 2

配置网桥优先级值的另外一种方法是使用 **spanning-tree vlan** *vlan-id* **priority** *value* 全局配置模式命令。该命令可以更精细地控制网桥优先级的值。优先级值的范围是 0～61440，增量为 4096。

为了验证交换机的网桥优先级，可以使用 **show spanning-tree** 命令。

6.2.9 缓解 STP 攻击

6.2.9.1 STP 操纵攻击

网络攻击者可以通过欺骗根网桥和更改网络拓扑来操纵 STP 发起攻击。攻击者可以使其主机显示为根网桥，因此，可以捕获即时交换域（immediate switched domain）中的所有流量。

为了执行 STP 操纵攻击，攻击主机广播包含了 STP 配置和拓扑更改信息的 BPDU，强制重新计算生成树。攻击主机发送的 BPDU 通告一个较低的网桥优先级，试图被选举为根网桥。如果成功，攻击主机可以成为根网桥，能看到之前本不应该看到的许多数据帧。

这种攻击可以用来击败所有的 3 个安全目标：机密性、完整性和可用性。

6.2.9.2 缓解 STP 攻击

为了缓解 STP 操纵攻击，可以使用 Cisco STP 稳定性机制来增强交换机的整体性能，并减少因拓扑变更而浪费的时间。

使用 STP 稳定性机制的推荐做法如下所示。

- **PortFast**：PortFast 可以立即将配置为访问端口或中继端口的接口，从阻塞状态切换为转发状态（绕过了侦听和学习状态）。应该为所有终端用户端口应用 PortFast。只有端口连接了主机而不是其他交换机时，才能配置 PortFast。
- **BPDU 保护**：BPDU 保护会立即将接收到 BPDU 消息的端口置为错误禁用状态。BPDU 保护通常用在启用了 PortFast 的端口上。应该为所有终端用户端口应用 BPDU 保护。
- **根保护**：根保护可以阻止不合适的交换机成为根网桥。根保护会对可以在其上协商根网桥的交换机端口进行限制。根保护可以应用到所有不应该成为根端口的端口上。
- **环路保护**：在因故障而出现单向链路时，环路保护可以防止备用或根端口成为指定端口。环路保护可以应用到所有非指定端口上。

这些特性在网络中强制指定了根网桥的位置，并强制指定了 STP 域的边界。

6.2.9.3 配置 PortFast

生成树的 PortFast 特性可以让配置为二层访问端口的接口从阻塞状态立即转换到转发状

态，绕过了侦听和学习状态。PortFast 可以在连接了一台工作站或服务器的二层访问端口上使用。这可以让所连设备立即连接到网络，而不用等待 STP 收敛。

由于 PortFast 的目的是在 STP 收敛期间，让访问端口必须等待的时间降至最低，因此它只能用在访问端口上。如果在连接了其他交换机的端口上启用 PortFast，则可能会创建生成树环路。

可以使用 **spanning-tree portfast default** 全局配置命令，在所有的非中继端口上全局配置 PortFast。也可以使用 **spanning-tree portfast interface** 配置命令在接口上启用 PortFast。

使用 **show running-config interface** *type slot/port* 命令可以验证是否启用了 PortFast。

6.2.9.4 配置 BPDU 保护

即使启用了 PortFast，接口也会侦听 BPDU。可能会因为意外而接收到 BDPU，在未经授权就尝试将交换机添加到网络中时，也会收到 BPDU。

当端口启用了 PortFast 时，BPDU 保护会保护该端口的完整性。BPDU 还可以防止将其他交换机添加到拓扑中，以免与 STP 拓扑中所允许的端到端的交换机的数量相违背。如果在启用了 BPDU 保护的端口上收到了任何 BPDU，该端口将进入错误禁用状态。也就是说，端口会关闭，而且必须手动重新启用，或者是通过错误禁用超时功能自动恢复。

使用 **spanning-tree portfast bpduguard default** 全局配置命令，可以在所有支持 PorFast 的端口上全局启用 BPDU 保护。此外，也可以使用 **spanning-tree bpduguard enable** 接口配置命令在支持 PortFast 的端口上启用 BPUD 保护。

注意：一定要在所有支持 PortFast 的端口上启用 BPDU 保护。

使用 **show spanning-tree summary** 命令可以显示与生成树状态有关的信息。

另外一个用来验证 BPDU 保护配置的命令是 **show spanning-tree summary totals**。该命令可以显示端口状态的汇总或配置中与生成树状态有关的总行数。

6.2.9.5 配置根保护

在网络中，有些交换机无论在什么情况下都不能成为 STP 根网桥。根保护通过限制哪些交换机可以成为根网桥，提供了一种在网络中强制放置根网桥的方法。

最好是在连接了不应该成为根网桥交换机的端口上部署根保护。如果支持根保护的端口接收到的 BPDU 优于当前根网桥发送的 BPDU，该端口将进入根不一致（root-inconsistent）状态。这等效于 STP 侦听状态，没有数据通过该端口进行转发。只要设备停止发送更优的 BPDU，该端口就会立即恢复。

使用 **spanning-tree guard root** 接口配置命令，可以在接口上配置根保护。

使用 **show spanning-tree inconsistent ports** 命令，可以查看接收到更优 BPDU 且进入根不一致状态的根保护端口。

注意：由于管理员可以将交换机的网桥优先级手动设置为 0，因此根保护看起来似乎没有必要。但是，这不能保证该交换机被当选为根网桥。如果另外一台交换机的优先级也是 0，但是 MAC 地址更低时，则它就有可能成为根网桥。

6.2.9.6 配置环路保护

双向链路中的流量在两个方向流动。如果某个方向的流量因为某种原因而失效，这将创建一个单向链路，可能会导致二层环路。STP 与 BPDU 数据包的连续接收和传输有关，而 BPDU 数据包的接收和传输则与端口的角色有关。指定端口传输 BPDU，未指定端口接收 BPDU。当冗余拓扑中的 STP 端口停止接收 BPDU，并错误地进入转发状态时，通常会创建二层环路。

STP 环路保护特性针对二层环路提供了额外的保护。如果支持环路保护的未指定端口没有收到 BPDU，则端口将进入环路不一致阻塞状态，而不是侦听/学习/转发状态。如果没有环路保护特性，端口将承担指定端口的角色，并创建环路。

使用 **spanning-tree guard loop** 接口配置命令可以在所有的非根保护端口上启用环路保护。

注意：使用 **spanning-tree loopguard default** 全局配置命令可以在全局启用环路保护。这可以在所有的点对点链路上启用环路保护。

6.3 总结

终端安全包括保护 LAN 中网络基础设备和终端系统（比如工作站、服务器、IP 电话、AP 和 SAN 设备）的安全。

有多种终端安全应用和设备可用于完成该目标，其中高级恶意软件保护（AMP）、Cisco 邮件安全设备（ESA）和 Web 安全设备（WSA）可以提供反垃圾邮件、防病毒和反间谍软件的安全。Cisco NAC 能够只允许授权和兼容系统访问网络，并执行网络安全策略。

在第二层存在大量的漏洞，它们需要专门的缓解技术：

- 使用端口安全解决 CAM 表溢出攻击；

- 通过禁用 DTP 并遵循基本的中继端口配置指南来控制 VLAN 攻击；

- 使用 BPDU 侦听来解决 DHCP 攻击；

- 使用动态 ARP 检测（DAI）来缓解 ARP 欺骗和 ARP 中毒攻击；

- 使用 IP 源保护来缓解 MAC 和 IP 地址欺骗攻击；

- 通过 PortFast、BPDU 保护、根保护和环路保护来处理 STP 操纵攻击。

第 7 章

密码系统

本章介绍

有多种方式可以用来保护网络。可以通过实施硬件加固、AAA 访问控制、ACL、防火墙特性和 IPS 来保护网络。这些组合特性对本地网络内的基础设施和终端设备进行保护。但当网络流量经过公共互联网时，应该怎样保护呢？答案是使用加密方法。

密码学的原理可以用来解释如何使用现代的协议和算法来保护通信。密码学是制定和破解密码的科学。密码的开发和使用称为密码术（cryptography），破解密码被称为密码分析（cryptanalysis）。密码术在几个世纪以来一直用于保护秘密文档。例如，凯撒大帝使用一种简单的字母密码来加密发给战场上将军们的消息。他的将军们知道解密这些消息所需要的密钥。

今天，人们以多种方法来使用现代密码方法，以确保通信的安全。

7.1 密码服务

7.1.1 保护通信安全

7.1.1.1 认证、完整性和机密性

为了保护公共基础设施和私有基础设施上进行的通信，网络管理员的首要目标是保护网络基础设施的安全，包括路由器、交换机和主机。这一目标是通过设备加固、AAA 访问控制、ACL、防火墙、使用 IPS 监视威胁、使用高级恶意软件保护（AMP）保护端点、使用 Cisco ESA 和 Cisco WSA 执行邮件和 Web 安全来达成的。

下一个目标是当数据在不同链路间传输时保护数据的安全。这可以包括内部流量，但更多的是保护传输到组织之外去往分支站点、远程办公站点和合作伙伴站点的数据。

安全的通信需要实现 3 个主要目标。

- 认证（**Authentication**）——保证消息不是伪造的，确实来自消息所宣称的源。
- 完整性（**Integrity**）——类似于帧的校验和功能，保证没有人曾经拦截和修改消息。
- 机密性（**Confidentiality**）——保证如果消息被捕获，它不能被破解。

许多现代网络使用散列消息认证码（Hash Message Authentication Code，HMAC）等协议来保障认证。完整性是同过实施 MD5 或 SHA 散列生成算法来保障的。数据机密性是通过对称加密算法来保障的，其中包括数据加密标准（DES）、3DES 和高级加密标准（AES）。对称加密算法基于这样一个前提，即每一个通信方都知道预共享的密钥。数据机密性也可以使用非对称算法来保障，其中包括 RSA 和公钥基础设施（PKI）。非对称加密算法基于这样一个前提，即通信双方之前没有共享过密码，必须先建立一个安全的方法来共享秘密。

注意：这 3 个主要目标与保护和维护计算机网络的 3 个主要目标（机密性、完整性、可用性）类似，但并不相同。

7.1.1.2 认证

在网络通信中，有两个主要的方法可以用来验证消息源：认证服务和数据认可服务（data nonrepudiation service）。

认证确保消息来自于它所宣称的源。认证类似于在 ATM 办理银行业务时输入一个安全的个人信息号码（Personal Information Number，PIN），只有用户和金融机构知道这个 PIN。PIN 是一种共享密码，用于防范伪造。在网络通信中，认证可以使用密码学方法实现。这一点对于应用程序（例如电子邮件）或协议（例如 IP）尤为重要，因为它们没有内置的机制来防止源欺骗。

数据认可是一种允许消息的发送者被唯一标识的类似服务。使用认可服务，发送者无法否认自己是该消息的源。虽然看上去认证服务和认可服务完成的是同一功能，尽管二者解决的都是证实发送者身份的问题，它们之间仍存在差异。

数据认可最重要的部分在于一个设备无法否认或反驳所发消息的有效性。认可依赖于这样一个事实：只有发送者具有唯一的特点和特征，能够用于该消息的处理方式。即使是接收设备也无法知道发送者是如何处理消息以证实其真实性的，否则接收者就能够将自己伪装成源。

如果我们主要关心的是由接收设备来验证源的合法性，而不关心接收设备是否假扮源，则发送者和接收者是否都知道如何处理消息来提供真实性就无关紧要了。真实性与认可进行对比的一个例子是同一公司两台计算机之间的数据交换和客户与电子商务站点之间的数据交换。同一组织内交换数据的两台计算机没有必要证明它们之中是谁发送了一条消息。

这一做法在商业应用（例如通过网店在线购买商品）中则是不可接受的。如果网店知道客户如何创建消息以证明源的真实性，网店就能够轻松地伪造"真正的"订单。在这一场景下，发送方必须是唯一知道如何创造消息的一方。网店可以向其他人证明订单确实是客户发出的，而客户无法反驳订单无效。

7.1.1.3 数据完整性

数据完整性确保消息在传输过程中不被更改。有了数据完整性，接收者就能够验证接收到的消息与发出的消息相同，没有被篡改。

欧洲贵族使用一种蜡封来密封信封，以确保文件的数据完整性。蜡封通常是使用一枚图章戒指来创建的，这些蜡封带有家族徽章、姓名首字母、肖像或图章戒指所有者的个人标识或箴言。信封上未破损的蜡封保证了信件内容的完整性，而独一无二的图章戒指印记也保证了信件内容的真实性。

7.1.1.4 数据机密性

数据机密性可以保护隐私，使得只有接收者能够阅读消息。这可以通过加密来实现。加密是对数据进行扰码的过程，这样未经授权的通信方就无法阅读这些数据。

启用了加密后，可读数据被称为明文（plaintext 或 cleartext），而加密后的数据被称为密文。明文可读消息被转换成密文，密文是不可读的、经过伪装的消息。解密是相反的过程。加密和解密一条消息需要密钥。密钥是明文与密文之间的联系纽带。

在历史上，曾经使用过多种加密算法和方法。据说凯撒大帝对消息进行加密的方法是将两组字母表一一对应，然后将其中一个移动一定的位置数。移动的位置数起到密钥的作用。他使用这个密钥将明文转换为密文，只有他的将军们知道这个密钥，知道如何解密消息。这一方法现在被称为凯撒密码。

散列函数是另一种确保数据机密性的方法。散列函数将一个字符串转换为一个较短的、固定长度的值或密钥来代表原始字符串。散列与加密的区别在于数据是如何存储的。使用加密文本，通过一个密钥可以把数据解密出来。使用散列函数，当数据被输入并通过散列函数转换后，明文就没有了。散列后的数据只用于比较。例如，用户输入一个密码后，密码被散列，然后与储存的散列值进行比较。如果用户忘记了密码，由于不可能解密已存储的值，因此必须重新设置密码。

加密和散列的目的在于保证机密性，使只有经过授权的实体能够读取消息。

7.1.2 密码术

7.1.2.1 创建密码文本

密码术的历史开始于几千年前的外交界。一个国王宫廷的信使将加密的消息带往另一个宫廷，有时候，其他国家会试图窃取送往其敌对国的任何消息。不久之后，军事首领开始使用加密来保护消息的安全。

多个世纪以来，多种密码方法、物理设备以及辅助手段被用来加密和解密正文：

- 斯巴达密码棒（scytale）；
- 凯撒密码；
- 维吉尼亚密码；
- 英格玛机器。

这些加密方法都使用专门的算法，称为密码（cipher），来加密和解密消息。密码是一系列完善定义的步骤，在加密和解密消息时可以作为程序遵照进行。创建密文有下面几种方法：

- 换位（transposition）；
- 替换（substitution）；
- 一次性密码（one-time pad）。

7.1.2.2 换位密码

在换位密码中，没有字母被替换，字母只是被重新排列。这种密码的一个例子是将消息 FLANK EAST ATTACK AT DAWN 换位为 NWAD TAKCATTA TSAE KNALF。在这个例子中，密钥是反转字母。

换位密码的另一个例子是栅栏式密码（rail fence cipher）。在这种换位中，单词的拼写方式类似栅栏，即采用几排平行的行，有的字母在前排，有的字母在中间，有的字母在后排。

现代加密算法，例如数据加密标准（Data Encryption Standard，DES）和三重数据加密标准（Triple Data Encryption Standard，3DES），仍然使用换位作为算法的一部分。

7.1.2.3 替换密码

替换密码是用一个字母替换另一个。在它们的最简形式下，替换密码保留了原始消息的字母出现频度。

凯撒密码是一种简单的替换密码。例如，如果当天的密钥是 3，字母 A 被右移 3 个位置，结果是在编码后的消息中使用字母 D 代替字母 A，字母 E 替换字母 B，以此类推。如果当天的密钥是 8，A 变成 I，B 变成 J，以此类推。

由于整个消息都依赖于相同的单键位移，凯撒密码被称为单字母替换密码（monoalphabetic substitution cipher）。它很容易被破解。出于此原因，发明了多字母密码，例如维吉尼亚密码。这一方法最早是在 1553 年由 Giovan Battista Bellaso 提出的，但后来被错误地归功于法国外交官和密码员 Blaise de Vigenére。

维吉尼亚密码基于凯撒密码，其区别是它在对正文加密时为每个明文字母使用不同的多字母键移。不同的键移使用发送方与接收方间的一个共享密钥进行识别。使用维吉尼亚密码表可以对明文消息进行加密和解密。

为了演示维吉尼亚密码表是如何工作的，假设发送方和接收方使用的共享密钥由这些字母组成：SECRETKEY。发送方使用这个密钥对明文"FLANK EAST ATTACK AT DAWN"编码。

- 对 F（**F**LANK）编码：查看 F 列与以 S（**S**ECRETKEY）开头的行的交叉点，得到密码字母 X。
- 对 L（F**L**ANK）编码：查看 L 列与以 E（S**E**CRETKEY）开头的行的交叉点，得到密码字母 P。
- 对 A（FL**A**NK）编码：查看 A 列与以 C（SE**C**RETKEY）开头的行的交叉点，得到密码字母 C。
- 对 N（FLA**N**K）编码：查看 N 列与以 R（SEC**R**ETKEY）开头的行的交叉点，得到密码字母 E。
- 对 K（FLAN**K**）编码：查看 K 列与以 E（SECR**E**TKEY）开头的行的交叉点，得到密码字母 O。

继续这一过程，直到整个文本消息"FLANK EAST ATTACK AT DAWN"被加密。这一过程也可被反转。例如，如果通过查看行 F（FLANK）与以 S（SECRETKEY）开头的列的交叉点对 F 进行编码，得到的密码字母仍是 X。

使用维吉尼亚密码时，如果消息比密钥长，密钥将被重复。例如，对"FLANK EAST ATTACK AT DAWN"编码时将要求使用"SECRETKEYSECRETKEYSEC"：

密钥：SECRE TKEY SECRET KE YSEC

明文：FLANK EAST ATTACK AT DAWN

密文：XPCEO XKUR SXVRGD KX BSAP

尽管维吉尼亚密码使用的密钥更长，但它仍可能被破解。出于此原因，需要有更好的加密方法。

7.1.2.4 一次性密码

Gilbert Vernam 是 AT&T 贝尔实验室的一名工程师，他在 1917 年发明了流密码（stream cipher）并申请了专利，后来与他人共同发明了一次性密码（one-time pad cipher）。Vernam 提出了一种电传打字机密码方案。这一方案在纸带上存放一个事先准备好的密钥，该密钥由任意长度的不重复数字序列组成。然后这个密钥与明文消息逐字进行组合，产生密文。

要解密密文，同样的纸带密钥被再次逐字组合，产生明文。由于每条纸带只使用一次，因此得名一次性密码。只要密钥带不重复且不重用，这类加密就不会被密码分析人员攻击，因为可用的密文并不体现密钥采用的模式。

在实际中，使用一次性密码会遇到一些固有的困难。困难之一是产生随机数据。由于其数学基础，计算机不能产生真正意义上的随机数据。另外，如果密钥的使用次数超过一次，它就很容易被破解。RC4 是互联网上广泛使用的这类密码的一个例子。而且，由于密钥是计算机生成的，它不是真正的随机数。除了这些问题，这类密码的密钥分发也面临困难。

7.1.3 密码分析

7.1.3.1 破解密码

只要存在密码学，就存在密码分析。密码分析是在没有共享密钥的情况下确定加密信息（破解密码）的活动和研究。

纵观整个历史，曾经出现过多种密码分析实例。

- 维吉尼亚密码一度被认为是绝对安全的，直到它在 19 世纪由英国密码学家 Charles • Babbage 破解。

- 苏格兰女王玛丽密谋推翻女王伊丽莎白一世的宝座，并向其同谋发送了加密后的消息。在这次篡位中使用的密码被破解之后，导致玛丽在 1587 年被处死。

- 德国人使用英格玛来加密通信，在大西洋中导航和指挥其潜艇。波兰和英国的密码专家破解了德国人的英格玛密码。温斯顿 • 丘吉尔宣称这是二战的一个转折点。

7.1.3.2 破解密码的方法

在密码分析中可以使用多种方法。

- **暴力破解（brute-force）方法**：攻击者尝试所有可能的密钥，因为最终将有一个密钥成功。
- **密文（ciphertext）方法**：攻击者有多条消息的密文，但不知道其密文背后的明文是什么。
- **已知明文（known-plaintext）方法**：攻击者知道多条消息的密文，也知道一些密文背后的明文。
- **选定明文（chosen-plaintext）方法**：攻击者选择一些数据被加密设备加密并观察输出的密文。
- **选定密文（chosen-ciphertext）方法**：攻击者可以选择不同的密文来解密，并能访问解密后的明文。
- **中途相遇（meet-in-the-middle）方法**：攻击者知道一部分明文和相应的密文。

注意：这些方法的实施细节超出了本书的范围。

最容易理解的方法是暴力破解方法。例如，如果有个小偷想要偷取一辆使用 4 位数字组成的密码锁进行保护的自行车，他必须最多尝试 10000 次（0000～9999）。所有的加密算法都很容易遭受这种攻击。平均来说，暴力破解攻击通过使用密钥空间（所有可能密钥的集合）大约有 50% 的成功机会。

现代密码学家的目标是拥有一个足够大的密钥空间，使得需要花费巨大的时间和费用才能完成暴力破解攻击。

7.1.3.3 密码破解案例

以凯撒密码中被加密的代码为例介绍如何选择密码分析方法。破解密码最好的办法是使用暴力破解。因为只有 25 种可能的旋转，尝试所有可能的旋转，看看哪一种能得出有意义的结果，并不会花很多力气。

一个更科学的方法是利用这样一个事实：英语字母表中的某些字符的使用频率高于其他字符。这一方法被称为频度分析（frequency analysis）。例如，字母 E、T 和 A 是英语语言中最常用的。字母 J、Q、X 和 Z 是最不常用的。理解这一模式有助于发现加密消息中可能包含了哪些字母。

例如，在凯撒密码加密的消息 "IODQN HDVW DWWDFN DW GDZQ" 中，密码字母 D

出现了 6 次，而密码字母 W 出现了 4 次。很有可能加密字母 D 和 W 代表明文 E、T 或 A。在这个例子中，D 代表字母 A，W 代表字母 T。

7.1.4 密码学

7.1.4.1 制定和破解密码

密码学是制定和破解密码的科学。密码学结合了两个独立的学科。

- **密码术**：开发和使用代码。
- **密码分析**：破解这些密码。

这两门学科存在一种共生关系，因为一方使另一方得到改善。国家安全组织雇佣两个学科的人员，并让他们进行对立的工作。

有时候一门学科会领先于另一门。例如，在英法百年战争中，密码分析领先于密码员的工作。法国相信维吉尼亚密码不可破解，然而英国人破解了它。一些历史学家相信，加密代码和消息的成功破解，对二战的结果具有重大影响。现在，密码员被认为处于领先位置。

7.1.4.2 密码分析

密码分析经常被政府用于军事和外交监控，企业用它来测试安全程序的强度，恶意的黑客则使用它来破解网站的漏洞。

密码分析员是进行密码分析以破解密码的人。

尽管密码分析经常与恶意目的联系在一起，但它实际上是一种必需品。密码学具有一个讽刺意味的事实是，不可能证明一个算法是安全的，只能证明一种算法不会遭受已知的密码分析攻击。因此，需要数学家、学者和安全取证专家持续尝试对加密方法进行破解。

7.1.4.3 秘密是密钥

在通信和网络世界中，认证、完整性和数据机密性使用不同的协议和算法以多种方式实现。对协议和算法的选择根据满足网络安全策略目标所需要达到的安全等级而异。

例如，对于信息完整性，消息摘要 5（MD5）比 SHA2 快，但安全性低于 SHA2。机密性可以使用 DES、3DES 或非常安全的 AES 实现。做何种选择依赖于网络安全策略文档中规定的安全需求。

旧的加密算法，例如凯撒密码和英格玛机器，基于算法的安全性来获得机密性。在实现逆向工程轻而易举的现代技术中，经常会用到公共领域算法。在最新的算法中，成功解密需要知道正确的密钥。这意味着加密的安全性在于密钥的安全性，而不是算法。

7.2 基本完整性和真实性

7.2.1 密码散列

7.2.1.1 密码散列函数

散列用于确保数据的完整性。散列函数接受二进制数据（称为消息），生成固定长度的压缩表示方式（称为散列）。最终生成的散列有时也称为消息摘要或数字指纹（fingerprint）。

散列基于一种单向的数学函数，这种函数相对来说易于计算，但非常难以逆向。磨咖啡是一个很好的单向函数的例子。磨碎咖啡豆很容易，但要将所有小碎片恢复成原来的咖啡豆几乎是不可能的。

设计密码散列函数的目的是验证和确保数据完整性。它也可以被用来验证身份。这一过程取用数据的一个可变块，返回一个被称为散列值或消息摘要的固定长度的比特串。

散列类似于计算循环冗余校验码（Cyclic Redundancy Check，CRC）的校验和，但它的加密强度要大很多。例如，给定一个 CRC 值，使用相同的 CRC 生成数据很容易。使用散列函数，要让两组不同的数据得到相同的散列输出在计算上是不可行的。数据的每次变化或更改，都会导致散列值发生变化。由于这一原因，密码散列值经常被称为数字指纹，它们可被用来检测重复的数据文件、文件版本变化以及类似的应用程序。这些值用于防范对数据的无意或有意变更以及数据的意外损坏。

密码散列函数被应用于很多不同的情况。

- 当与对称秘密认证密钥（例如 IPSec 或路由协议认证）一起使用时，提供真实性（authenticity）证据。

- 通过在诸如 PPP 挑战握手认证协议（Challenge Handshake Authentication Protocol，CHAP）这类认证协议中对挑战生成一次性的单向响应来提供认证（authentication）。

- 提供消息完整性检查证据（例如那些在数字签名的合同中使用的证据）和公钥基础设施（Public Key Infrastructure，PKI）证书（例如使用浏览器访问安全站点时被接受的证书）。

7.2.1.2 加密散列函数的特征（property）

在数学上，一个散列函数 (H) 是这样一个过程，它获得一个输入 (x)，返回一个被称为散列值(h)的定长串。计算公式是 $h = H(x)$。

一个密码散列函数应具备以下特征。

- 输入可以是任意长度。
- 输出的长度固定。
- 对于任意给定的 x，$H(x)$ 相对易于计算。
- $H(x)$ 是单向的，不可逆。
- $H(x)$ 不会发生冲突，这意味着两个不同的输入值将得到不同的散列结果。
- 如果一个散列函数很难反转，它就被认为是一个单向散列。难以反转意味着给定一个散列值 h，要找到一个输入 (x) 使得 $H(x) = h$ 在计算上是不可行的。

7.2.1.3 已知的散列函数

当要保护数据不被意外改变时（比如通信错误），散列函数很有用。例如，发送方想要确保消息在送往接收方的路途中不被改变。发送设备将消息输入到一个散列算法，计算出它的定长摘要或指纹。

消息和散列都是明文。指纹随后被附在消息上发给接收方。接收设备从消息上移除指纹，把消息输入相同的散列算法。如果接收设备计算出的散列值与被附在消息上的散列值相等，则消息在传输过程中未被篡改。如果散列值不相等，则认为消息不再是完整的。

尽管散列可以用来检测意外的变化，但是不能用来防范蓄意的更改。在散列过程中，发送方并没有提供独特的识别信息，因此任何人都可以计算任何数据的散列，只要他们有正确的散列函数。例如，当信息在网络中传输时，潜在的攻击者可以截获信息，将其改变，并重新计算散列值，然后将其添加到消息中。接收设备对会附加的任何散列值进行验证。因此，散列计算很容易受到中间人攻击，而且不能对传输的数据提供安全性。

有两种已知的散列函数：

- 使用 128 位摘要的 MD5；

- 使用 256 位摘要的 SHA-256。

7.2.2 MD5 和 SHA-1 的完整性

7.2.2.1 消息摘要 5 算法

MD5 算法是 Ron Rivest 开发的一种散列算法，用于今天的多种互联网应用程序。

MD5 是一种单向函数，这可以很容易地计算给定输入数据的散列，但要只根据一个散列值来计算输入数据则不可行。从本质上讲，MD5 是简单二进制操作（例如异或[XOR]和旋转）的一个复杂序列，在输入数据上执行该操作，生成一个 128 位的摘要。

MD5 现在被看做一种传统的算法，应该尽量避免使用。只有当没有更好的替代方法时，比如需要与古老的设备进行互操作时，才使用 MD5。建议应该逐步淘汰 MD5，使用更强的算法（比如 SHA-2）进行替换。

7.2.2.2 安全散列算法

美国国家标准和技术研究所（National Institute of Standards and Technology，NIST）开发了安全散列算法（Secure Hash Algorithm，SHA），这一算法在安全散列标准（Secure Hash Standard，SHS）中规定。1994 年发布的 SHA-1 纠正了 SHA 中一个未公布的缺陷。SHA 的设计非常类似于 Ron Rivest 开发的 MD5 散列函数。

SHA-1 算法对长度小于 2^{64} 位的消息生成一个 160 位的消息摘要。这一算法比 MD5 稍慢，但较长的消息摘要使得它在对抗暴力破解和逆向攻击时更为安全。

SHA-1 现在被看做一种传统的算法，因此，NIST 在 SHA 家族中发布了 4 种附加的散列函数，它们统称为 SHA-2：

- SHA-224（224 位）；
- SHA-256（256 位）；
- SHA-384（384 位）；
- SHA-512（512 位）。

SHA-2 算法是美国政府依法要求在某些应用中使用的安全散列算法。这包括在其他加密算法和协议中使用这些算法，用来保护敏感的非机密信息。

注意：SHA-256、SHA-384 和 SHA-512 被看作下一代算法，应该尽可能使用这些算法。

7.2.2.3 MD5 和 SHA 的对比

MD5 和 SHA-1 都基于消息摘要算法的之前版本，这使得 MD5 和 SHA-1 在很多方面很相似。SHA-1 和 SHA-2 能抵御暴力攻击，因为它们的摘要至少比 MD5 摘要长 32 位。

SHA-1 包括 80 步，MD5 包括 64 步。SHA-1 算法还必须拥有一个 160 位的缓冲区，而不是 MD5 的 128 位的缓冲区。由于步骤更少，在使用相同设备的前提下，MD5 通常执行得更快。

在选择散列算法时，要使用 SHA-256 或更高的算法，因为当前它们是最安全的。SHA-1 和 MD5 中都发现了安全漏洞，因此建议不再使用这些算法。

注意：具体来说，在生产网络中只能实施 SHA-256 或更高的算法。

7.2.3 HMAC 的真实性

7.2.3.1 密钥散列消息认证码

在密码学中，密钥散列消息认证码（HMAC 或 KHMAC）是消息认证码（Message Authentication Code，MAC）的一种。HMAC 使用额外的秘密密钥（secret key）作为散列函数的输入，从而为数据的完整性提供了认证保护。HMAC 是使用一个结合了密码散列函数和一个秘密密钥的专门算法计算得到的。散列函数是 HMAC 保护机制的基础。

只有发送者和接收者知道秘密密钥，散列函数的输出取决于输入数据和秘密密钥。只有知道秘密密钥的通信方能够计算一个 HMAC 函数的摘要。这一特点防范了中间人攻击，并提供了数据源的认证。

如果两方共享一个秘密密钥并使用 HMAC 函数进行认证，一方接收到的正确构造的消息的 HMAC 摘要表示另一方是消息的源，因为它是拥有秘密密钥的唯一其他实体。

HMAC 的密码强度取决于底层散列函数的密码强度、密钥的尺寸和质量以及输出的散列的长度（单位为位）。

Cisco 技术使用两种已知的 HMAC 函数。

- **密钥 MD5（Keyed MD5，HMAC-MD5）**：基于 MD5 散列算法，提供了一个尽管微不足道但是可以接受的安全级别。当没有更好的替代方案时，比如与古老的设备互操作时，应该使用该函数。

- **密钥 SHA-1（Keyed SHA-1，HMAC-SHA-1）**：基于 SHA-1 散列算法，提供了足够的安全性。

当创建一个 HMAC 摘要时，任意长度的数据和一个秘密密钥一起被输入散列函数，得到的结果是一个依赖于数据和秘密密钥的定长散列。

必须小心地把密钥分发给相关通信方，因为如果密钥被窃，其他通信方就能够伪造数据包，破坏数据的完整性。

7.2.3.2　HMAC 操作

考虑这样一个例子：发送方想要确保消息在传输途中不被更改，并希望为接收者提供一个办法来认证消息的源。

发送设备将数据和秘密密钥输入到散列算法，计算定长的 HMAC 摘要或指纹。这一认证指纹随后被附在消息上送往接收者。

接收设备从消息上移除指纹，使用明文消息和它自己的秘密密钥输入到相同的散列函数。如果接收设备计算出的指纹与被发送的指纹相同，消息就没有被变更过。另外，消息的源也得到认证，因为只有发送者才拥有共享秘密密钥的副本。HMAC 函数确保了消息的真实性。

IPSec 虚拟专用网（Virtual Private Network，VPN）依赖 HMAC 函数认证每个报文的源并提供数据完整性检查。

7.2.3.3　Cisco 产品中的散列

Cisco 产品在实体认证、数据完整性和数据真实性方面使用散列。

- Cisco IOS 路由器以一种类似 HMAC 的方式使用带秘密密钥的散列来对路由协议更新添加认证信息。
- IPSec 网关和客户端使用散列算法，例如 HMAC 模式下的 MD5 和 SHA-1，来提供数据包的完整性和真实性。
- 从 Cisco 官网下载的 Cisco 软件镜像包含一个可用的基于 MD5 的校验和，使用户能够检查下载镜像的完整性。

注意：术语"实体"可以指公司内的设备或系统。

注意：数字签名是 HMAC 的一种替代方案。

7.2.4 密钥管理

7.2.4.1 密钥管理的特点

密钥管理经常被认为是设计密码系统时最困难的部分。由于密钥管理上的错误，设计的很多密码系统都以失败告终，而所有现代密码算法都需要密钥管理程序。在实际中，对密码系统的大多数攻击针对的都是密钥管理级别，而不是密码算法本身。

7.2.4.2 密钥长度和密钥空间

用于描述密钥的两个术语如下所示。

- **密钥尺寸**：也称为密钥长度，以位（bit）为单位。
- **密钥空间**：是一个特定密钥长度能够产生的所有可能性的总数。

随着密钥尺寸的增加，密钥空间也以指数级增加。

- 一个 2 位（2^2）的密钥长度，其密钥空间为 4，因为存在 4 个可能的密钥（00、01、10 和 11）。
- 一个 3 位（2^3）的密钥长度，其密钥空间为 8，因为存在 8 个可能的密钥（000、001、010、011、100、101、110 和 11）。
- 一个 4 位（2^4）的密钥长度，其密钥空间为 16。
- 一个 40 位（2^{40}）的密钥长度，其密钥空间存在 1 099 511 627 776 个可能的密钥。

7.2.4.3 密钥空间

一个算法的密钥空间是所有可能密钥值的集合。一个 n 位的密钥产生的密钥空间有 2^n 个可能的密钥值。密钥每增加一位，密钥空间就提高了一倍。例如，DES 的 56 位密钥产生的密钥空间有超过 72 000 000 000 000 000（2^{56}）个可能的密钥。将密钥长度增加一位，密钥空间翻倍，攻击者需要两倍的时间来搜索密钥空间。例如，为 56 位的密钥添加 1 位（成为 57 位），所有的密钥数量将翻倍。为 57 位的密钥添加 1 位，意味着攻击者现在需要 4 倍的时间来搜索密钥空间（相较于 56 位的密钥）。为 56 位的密钥添加 4 位则会创建一个 60 位的密钥。相较于破解 56 位的密钥，需要 16 倍的时间才能破解 60 位的密钥。

注意：密钥越长越安全，然而，它们需要的资源也随之增多。在选择位数较多的密钥时要谨慎一些，因为在处理这些密钥时，将会给低端产品中的处理器带来很大的负担。

几乎每种算法的密钥空间里都有一些弱密钥（weak key），使攻击者能够通过捷径破解加密。弱密钥在加密中可以体现出规律性。例如，DES 有 4 种密钥的加密与解密相同。这就意味着如果这些弱密钥中的一个被用于加密明文，攻击者可以使用弱密钥对密文解密从而获得明文。

DES 弱密钥是那些产生 16 个相同子密钥的密钥。当密钥位如下所示时会发生这种情况：

- 交替出现的 1 和 0（0101010101010101）；
- 交替出现的 F 和 E（FEFEFEFEFEFEFEFE）；
- E0E0E0E0F1F1F1F1；
- 1F1F1F1F0E0E0E0E。

这些密钥被选中的可能性非常小，但对于各种实现来说仍需要验证所有密钥以防止使用弱密钥。使用手工方法生成密钥时，需要特别小心，以避免定义弱密钥。

7.2.4.4 加密密钥的类型

可以生成下面几种加密密钥。

- **对称密钥**：可以在两台支持同一 VPN 的路由器间交换。
- **非对称密钥**：用在安全的 HTTPS 应用程序中。
- **数字特征**：当连接安全网站时使用。
- **散列密钥**：用于对称和非对称密钥生成、数字签名以及其他类型的应用程序。

无论密钥的类型是什么，所有密钥都面临类似的问题。选择合适的密钥长度是其中一个问题。如果密码系统是值得信赖的，破解它的唯一办法是暴力攻击。如果密钥空间足够大，这种搜索将需要大量的时间，从而使得这一穷尽性努力变得不切实际。

平均来说，一名攻击者需要搜索一半的密钥空间才能找到正确的密钥。完成这一搜索所需的时间依赖于攻击者所能使用的计算机性能。目前的密钥长度可以很容易地使任何尝试显得微不足道，因为当使用足够长的密钥时，将需要数百万或数十亿年来完成搜索。对于被信任的现代算法，保护的强度完全依赖于密钥长度。在选择密钥长度时，要确保它能在足够长的一段时期内保护数据的机密性或完整性。更为敏感和需要保证更长时间安全性的数据必须使用更长的密钥。

7.2.4.5 选择加密密钥

性能是可能影响密钥长度选择的另一个问题。管理员必须在算法的速度和保护强度之间找到一个合适的平衡点，因为有的算法，例如 RSA（Rivest, Shamir, and Adleman）算法，由于密钥长度较长而运行缓慢。应尽力争取足够的保护，同时在不信任的网络上进行的通信也能畅通无阻。

攻击者的预算资金也会影响密钥长度的选择。当评估加密算法被突破的风险时，需要估计攻击者的资源以及数据必须在多长时间内得到保护。例如，经典的 DES 可以被一台价值 100 万美元的机器在几分钟内破解。如果被保护的数据价值远高于获得一台破解设备所需的 100 万美元，经典的 DES 就是一个错误的选择。

由于技术和密码分析方法的快速发展，特定应用程序所需的密钥尺寸在持续增长。例如，RSA 算法的一个优点是计算机很难对大数进行因式分解。如果一个 1 024 位的数字很难被分解因子，一个 2 048 位的数字就会更难被分解因子。当然，如果找到了一种对大数分解因子的简易方法，则这一优势就会丧失，但密码员认为这种可能性并不存在。"密钥越长越好"的规则仍然适用，除非是存在某些可能的性能原因。

7.3 机密性

7.3.1 加密

7.3.1.1 两类加密算法

通过混合使用多种工具和协议，密码加密能够在 OSI 模型的多个层提供机密性。

在使用加密时，有两种方法可以确保数据的安全。第一种方法是保护算法。如果一个加密系统的安全性是基于算法本身的保密，则算法代码必须被严密保护起来。如果算法被泄露，所有相关方必须改变算法。第二种方法是保护密钥。对于现代密码术，所有算法都是公开的，由加密密钥确保数据的保密性。加密密钥是一个比特序列，它与被加密的数据一起输入到一个加密算法中。

加密算法有下面两类。

- **对称算法**：这些算法使用相同的预共享密钥（有时称为秘密密钥）对数据进行加密和解密。发送者和接收者在加密通信开始前已经知道这个预共享密钥。由于双方保护一个共享秘密，使用的加密算法可以采用较短的密钥长度。较短的密钥长度意味着较快的执行速度。

- **非对称算法**：这些算法使用不同的密钥来加密和解密数据。不需要预共享密钥也能对交换的信息进行保护。由于双方没有共享的秘密，因此必须使用很长的密码长度。这类算法是资源密集型的，执行较慢。

7.3.1.2 对称和非对称加密

为了帮助理解这两类算法的差异，考虑这样一个例子：Alice 和 Bob 住在不同的地方，想要通过邮件系统交换秘密消息。在这个例子里，Alice 要向 Bob 发送一条秘密消息。

在对称算法例子中，Alice 和 Bob 有一个挂锁的相同的钥匙。这些钥匙在发送秘密消息之前被交换。Alice 写好一条秘密消息，把它放进一个小盒子，用她的钥匙锁上挂锁，之后把盒子寄给 Bob。当盒子通过邮局系统时，消息安全地锁在盒子内。Bob 收到盒子后，他用自己的钥匙打开挂锁得到消息。Bob 可以使用同一盒子和挂锁向 Alice 发送秘密回复。

在非对称算法例子中，Bob 和 Alice 在发送秘密消息之前不交换钥匙。相反，Bob 和 Alice 都有自己的挂锁和其对应的钥匙。当 Alice 要向 Bob 发送秘密消息时，她必须先联系 Bob 让他把他的挂锁打开并发送给她。Bob 把挂锁发过去，但留下钥匙。Alice 收到挂锁后，写下秘密消息并放入一个盒子中。她也把自己的挂锁打开放入盒子，但留下钥匙。然后她使用 Bob 的挂锁锁上盒子。当 Alice 锁上盒子后，她就不能再打开盒子，因为她没有盒子挂锁的钥匙。她把盒子寄给 Bob。当盒子在邮件系统中传递时，没有人能打开盒子。Bob 收到盒子后，他可以使用自己的钥匙打开盒子得到来自 Alice 的消息。要发送安全的回复，Bob 将他的秘密消息和他的打开的挂锁一起放入盒子，再使用 Alice 的挂锁锁上盒子，Bob 将被保护的盒子寄还给 Alice。

7.3.1.3 对称加密

对称（或秘密密钥）加密是密码术最常用的形式，因为较短的密钥长度加快了执行速度。此外，对称密钥算法基于简单的数学运算，因此可以很容易通过硬件加速。对称加密经常被用于数据网络中的线速加密以及当要求数据隐私性时提供批量加密，例如保护一个 VPN。

使用对称加密，对密钥的管理可能是个挑战。加密和解密的密钥相同。在进行任何加密之前，发送者和接收者必须通过安全通道交换对称的密钥。对称算法的安全性在于对称密钥的保密。一旦获得密钥，任何人都可以对消息加密和解密。

DES、3DES、AES、软件加密算法（Software Encryption Algorithm，SEAL）以及 Rivest 密码（Rivest cipher，RC）系列（包括 RC2、RC4、RC5 和 RC6）都是使用对称密钥的著名加密算法。

注意：还有很多其他加密算法，例如 Blowfish、Twofish、Threefish 和 Serpent。然而，这些算法或者在 Cisco 平台上没有得到支持，或者还没有被广泛接受。

7.3.1.4 对称块密码和流密码

对称加密密码术中最常用的技术是块密码和流密码。

块密码（Block Cipher）

块密码将一个定长的明文块转换为一个 64 位或 128 位的密文块。块尺寸指的是任意一次能加密多少数据。目前，块尺寸，也称为定长，对多数块密码来说是 64 位或 128 位。通过使用相同的加密密钥对密文块进行反向变换来解密密文。

块密码产生的输出数据通常会大于输入数据，这是因为密文必须是块尺寸的倍数。例如，DES 加密使用 56 位的密钥将数据块加密为 64 位的区块（chunk）。为达到此目的，块算法每次取一个区块的数据，例如，每区块 8 字节，直至取完整个块尺寸。如果输入数据少于一个完整的块，算法会加入虚假数据或空格，直到 64 位被完全用完。

常见的块密码包括使用 64 位块尺寸的 DES 和使用 128 位块尺寸的 AES。

流密码（Stream Cipher）

不同于块密码，流密码每次只加密明文的一个字节或一位。可以认为流密码是块尺寸为一位的块密码。使用流密码对这些较小的明文单元进行转换时，会因它们在加密过程中发生的时间而不同。流密码比块密码快很多，并且一般不会增加消息尺寸，因为它们可以加密任意数量的位。

维吉尼亚密码是流密码的一个例子。这种密码是周期性的，因为密钥长度有限，如果密钥长度短于消息长度就会再次重复密钥。

常见的流密码包括 A5 和 RC4 密码，其中 A5 用于加密 GSM 手机通信。DES 也可用在流密码模式中。

7.3.1.5 选择加密算法

选择加密算法是一名网络安全从业人员在构建密码系统时所要做的最重要的一个决定。

为一个企业组织选择加密算法时应该考虑两项主要标准。

- **算法是受到密码界社区信任的**。多数新算法很快就会被破解，因此应优先考虑已经成功抵抗攻击数年的算法。
- **算法能够充分抵抗暴力攻击**。一个好的密码算法应该被设计成能够抵挡常见的密码攻击。攻破被算法保护的数据的最好方法是使用所有可能的密钥尝试解密数据。如果算法被认为是可信任的，没有捷径能够破解，攻击者必须搜索密钥空间来猜测正确的密钥。算法必须允许密钥长度满足一个组织的机密性需求。例如，DES 不能为大多数现代需求提供足够的保护，因为它的密钥较短。

其他需要考虑的标准如下。

- **算法支持可变密钥长度和长密钥长度以及可扩展性**。不同的密钥长度和可扩展性也是一个好的加密算法应具备的属性。加密密钥越长，攻击者破解它所需的时间就越长。可扩展性提供灵活的密钥长度，使管理员能够选择需要的加密强度和速度。
- **算法有没有出口和进口限制**。当在国际范围内使用加密时应仔细考虑出口和进口限制。有些国家不允许出口加密算法，或者只允许出口带有较短密钥的算法。有的国家对加密算法设有进口限制。

7.3.2 数据加密标准

7.3.2.1 DES 对称加密

数据加密标准（Data Encryption Standard，DES）是一种对称加密算法，通常运行在块模式。它以 64 位块加密数据。DES 算法本质上是将数据位与加密密钥结合进行的一系列排列和替换。加密和解密使用相同的算法和密钥。

- DES 的密钥长度固定。密钥有 64 位，但只有 56 位用于加密。其余 8 位用于奇偶校验，以验证密钥的完整性。每个密钥字节的最低有效位用于指示奇数奇偶校验。
- 一个 DES 密钥总是 56 位。当 DES 与一个 40 位密钥的弱加密一起使用时，加密密钥长度是 40 位，还有 16 个已知位，这样密钥的总长度仍是 56 位。这种情况下，DES 的密钥长度是 40 位。

7.3.2.2 DES 总结

不应该再使用 DES 来保护生产网络。但是，如果设备不支持更多的安全加密算法，在保护 DES 加密的数据时，需要考虑下面几件事。

- 经常改变密钥来防范暴力攻击。
- 使用安全通道在发送者与接收者间交流 DES 密钥。
- 考虑在 CBC 模式下使用 DES。CBC 是密码区块链模式，是一个块加密模式。使用

CBC 时，每个 64 位块的加密依赖于之前的块。CBC 是使用最广泛的 DES 模式。

- 在使用一个密钥前对它进行测试，看它是否是一个弱密钥。DES 有 4 个弱密钥和 12 个半弱密钥。由于存在 2^{56} 个可能的 DES 密钥，选中这类密钥的概率非常低。但是，测试密钥对加密时间并没有明显的影响，因此建议进行测试。

注意：由于密钥长度短，因此 DES 只在很短的一段时间内被认为是保护数据的好协议。在可能的情况下，建议使用 3DES 或 AES，因为它们提供了更多的安全性来保护数据。

7.3.2.3　使用 3DES 来提升 DES

随着计算机处理能力的进步，最初的 56 位 DES 密钥已经太短，对于在黑客技术上有着充盈预算的攻击者来说，破解 DES 难度不大。一个能增加 DES 的有效密钥长度，同时不改变具有良好分析的算法的方法是，连续多次运用相同的算法，但每次使用不同的密钥。

对一个明文块连续 3 次应用 DES 的技术被称为 3DES。今天，对 3DES 进行暴力破解被认为是不可行的，因为其基本算法已经在这一领域经历了超过 35 年的考验，被认为是非常值得信赖的。

Cisco IPSec 实现使用的就是 CBC 模式下的 DES 和 3DES。

注意：3DES 应该使用非常短的密钥生命周期来实现。

7.3.2.4　3DES 操作

3DES 使用一种称为 3DES-加密-解密-加密（3DES-Encrypt-Decrypt-Encrypt，3DES-EDE）的方法来加密明文。

- 首先，消息使用第一个 56 位密钥（K1）加密。
- 接下来，加密后的数据使用第二个 56 位密钥（K2）解密。
- 最后，二次加密后的数据被再次加密，使用的是第三个 56 位密钥（K3）。

3DES-EDE 在提高安全性上的效率远远高于简单地使用 3 个不同的密钥对数据加密 3 次。3DES-EDE 用来进行加密的有效密钥长度是 168 位。如果 K1 和 K3 相等，则实现的是 112 位的安全性略低的加密。

要解密消息，需要使用 3DES-EDE 方法的反向过程。首先，使用密钥 K3 对密文解密。接下来，使用密钥 K2 对数据加密。最后，使用密钥 K1 对数据解密。

尽管 3DES 非常安全，但它非常占用资源。为了更好地管理资源，人们开发了 AES 加密算法。AES 与 3DES 一样安全，但速度更快。

7.3.2.5 AES 起源

1997 年，AES 方案公布，并邀请公众提出用于取代 DES 的加密方案。在历时 5 年的标准化过程中对 15 种设计进行了演示和评估，美国国家标准技术委员会（National Institute of Standards and Technology，NIST）选择了 Rijndael 块密码作为 AES 算法。

Rijndael 密码由 Joan Daemen 和 Vincent Rijmen 开发，有可变的块长度和密钥长度。Rijndael 是一种迭代块密码，这意味着最初的输入块和密码密钥在产生输出之前经过多重转换。算法可以使用变长密钥对变长块进行操作。可以使用 128 位、192 位或 256 位密钥来加密 128 位、192 位或 256 位的数据块，密钥和块长度的所有 9 种组合都是可能的。

Rijndael 的已被接受的 AES 实现只包含 Rijndael 算法的一部分能力。算法本身允许很容易地对块长度或密钥长度或二者同时进行 32 位整数倍的扩展，而系统则被特别设计，以便能够在多种处理器的软硬件上有效实现。

AES 算法已经被深入分析，目前在世界范围内得到应用。尽管在日常应用中还没有达到 3DES 的程度，但是使用 Rijndael 密码的 AES 是更有效的算法。它可以用在高吞吐量、低延迟的环境中，尤其是在 3DES 不能满足吞吐量或延迟需求时。随着针对它的攻击越来越多，预计 AES 将会得到更多的信任。

7.3.2.6 AES 总结

选择 AES 来替换 DES 有多个原因。AES 的密钥长度使其密钥比 DES 强度大得多。在性能相当的硬件上运行时，AES 比 3DES 快。在类似的硬件上，AES 比 DES 和 3DES 效率高，通常是 DES 的 5 倍。AES 更适合用于高吞吐量、低延迟的环境，尤其是在使用纯软件加密时。

尽管存在这些优势，AES 仍是一种相对年轻的算法。密码术的黄金法则是成熟的算法更值得信任。因此，从强度来说，3DES 是更值得信任的选择，因为它已经被测试和分析了 35 年。

7.3.3 替代加密算法

7.3.3.1 软件优化的机密算法

软件优化的加密算法（Software-optimized Encryption Algorithm，SEAL）是对基于软件的 DES、3DES 和 AES 的一种替代算法。Phillip Rogaway 和 Don Coppersmith 在 1993 年设计了 SEAL。这是一种使用 160 位加密密钥的流密码。因为它是一种流密码，要加密的数据被连续加密，因此要比块密码快很多。

与其他基于软件的算法相比，SEAL 对 CPU 的影响较小。然而，它的初始化时间要长得多，而且在初始化阶段，要使用 SHA 创建大量表。

SEAL 有几个限制。

- Cisco 路由器和对等设备必须支持 IPSec。
- Cisco 路由器和其他对等设备必须运行支持加密的 IOS 镜像。这些 IOS 镜像在 IOS 名字中使用字符串 k9 进行标识。
- 路由器和对等设备不能使用硬件 IPSec 加密。

7.3.3.2　RC 算法

RC 算法全部或部分由 Ronald Rivest 设计，他也是 MD5 的发明者。因其速度优势和变长密钥长度，RC 算法被广泛部署在很多网络应用程序中。

有多种被广泛使用的 RC 算法。

- **RC2**——可变密钥尺寸块密码，是作为 DES 的简易替代算法而设计的。
- **RC4**——世界上最广为使用的流密码。这一算法是一种可变密钥尺寸的 Vernam 流密码，经常在文件加密产品中和安全通信中使用，例如用在 SSL 中。由于它的密钥不随机，这种算法不被当作一次性密码。密码在软件中可以非常快速地运行，并被认为是安全的，尽管它的实现并不安全，例如在有线对等保密机制（Wired Equivalent Privacy，WEP）中。
- **RC5**——一种快速的块密码，使用变长的块尺寸和密钥尺寸。如果块尺寸被设为 64 位，RC5 可以被用作 DES 的替代算法。
- **RC6**——开发于 1997 年，RC6 是 AES 最有力的竞争对手。它是 Rivest、Sidney 和 Yin 设计的 128～256 位块密码，基于 RC5。它的主要设计目标是满足 AES 的需求。

注意：一般来说，RC 算法被看做弱算法，应该避免使用。

7.3.4　Diffie-Hellman 密钥交换

7.3.4.1　Diffie-Hellman（DH）算法

Whitfield Diffie 和 Martin Hellman 在 1976 年发明了 Diffie-Hellman（DH）算法。DH 算

法是大多数现代自动密钥交换方法的基础，在网络化的今天是最常用的协议之一。Diffie-Hellman 不是一种加密机制，通常并不用于加密数据。相反，它是一种安全交换用于加密数据的密钥的方法。

在一个对称密钥系统中，通信双方必须具有相同的密钥。安全地交换这些密钥一直是一个挑战。非对称密钥系统解决了这一挑战，因为它们使用两个密钥。一个密钥被称为私钥，另一个密钥被称为公钥。私钥是保密的，只有使用者才知道。公钥公开共享，而且容易分发。

DH 是一种数学算法，允许两台计算机在两个系统上生成相同的共享密钥，不需要事先交流。新的共享密钥并不会真正在发送者和接收者之间交换。但因为双方都知道这个密钥，因此加密算法可以使用它在两个系统间加密流量。

它的安全性基于这样一个事实，即它在计算中使用了一个难以置信的大数字。比如，DH 使用的一个 1204 位数字大致相当于 309 位十进制数字。考虑到 10 亿是一个 10 位的十进制数字（1,000,000,000），因此也就很容易想象使用多个 309 位的十进制数（而不是一个）时，会有多复杂。

在使用 IPSec VPN 交换数据时，使用 SSL 或 TLS 在互联网上加密数据时，或者在交换 SSH 数据时，经常会用到 DH。

不幸的是，对于任何种类的批量加密，非对称密钥系统的速度都极慢。这就是经常使用 3DES 或 AES 这类对称算法加密批量流量，并使用 DH 算法生成加密算法使用的密钥的原因。

7.3.4.2　DH 操作

DH 在计算中使用了模运算。模运算产生一个余数。比如，以 7 为模对 38 进行模运算，即 38/7=5，余数为 3。

为了帮助理解 DH 是如何使用的，考虑 Alice 和 Bob 间的通信例子。DH 过程由 6 步构成。

步骤 1　要开始 DH 交换，Alice 和 Bob 必须就两个不保密的数字达成一致。第一个数字 **g** 是基数（也称为生成器）。第二个数 **p** 是一个素数，用做模数。这些数通常是公开的，从一个已知值的表中选择。通常情况下，**g** 是一个非常小的数，**p** 则是一个较大的素数。这里 g=5，p=23。

步骤 2　Alice 生成一个秘密数 6，Bob 生成他的秘密数 15。

步骤 3　基于 **g**、**p** 和 Alice 的数字 **6**，Alice 使用模运算开始计算。模运算使用 DH 算法计算得到一个公开值 8。她把她的公开值 8 发送给 Bob。

步骤 4　Bob 也使用 **g**、**p** 和他的秘密数 15 计算出一个公开值。Bob 把他的公开值 19 发送给 Alice。这些值并不相同。

步骤 5 Alice 使用 Bob 的公开值 19 作为新基数运行第二次 DH 算法。

步骤 6 Bob 也使用 Alice 的公开值 8 作为新基数运行第二次 DH 算法。

结果是 Alice 和 Bob 都得到相同的结果（2）。这个新的值是 Alice 与 Bob 之间的共享秘密（shared secret），可以被加密算法作为 Alice 与 Bob 之间的共享密钥。

任何侦听信道的人都无法计算出密值，因为只有已知的公开值，至少需要一个密值才能计算共享秘密。除非攻击者能够计算上述方程式的离散算法来恢复 Alice 或 Bod 的秘密数，否则他们无法获得共享密钥。

尽管 DH 与对称算法一起用来创建共享密钥，但要记住它实际上是一种非对称算法。

7.4 公钥密码术

7.4.1 对称加密与非对称加密

7.4.1.1 非对称密钥算法

非对称算法，有时也称为公钥算法，被设计成用于加密的密钥与用于解密的密钥不同。在任何可接受的时间之内，解密密钥不能通过加密密钥计算得到，反之亦然。

在 Alice 和 Bob 的例子中，他们在通信之前并不交换预共享密钥。相反，他们各自都有自己的挂锁和相应的钥匙。与此相似，非对称算法交换保密消息，且在交换开始之前不需要使用任何共享密码。

有 4 种使用非对称密钥算法的协议。

- 互联网密钥交换（Internet Key Exchange，IKE）：IPSec VPN 的一个基础组件。

- 安全套接层（SSL）：现在作为 IETF 标准 TLS 实现。

- SSH：一个可用来远程安全访问网络设备的协议。

- 优良保密协议（Pretty Good Privacy，PGP）：一种提供密码隐私性和认证的计算机程序，经常用于提高电子邮件通信的安全性。

非对称算法使用两个密钥：一个公钥和一个私钥。两个密钥都可用于加密过程，但解密需要使用互补匹配的密钥。例如，如果一个公钥加密数据，匹配的私钥则解密数据，反之也成立。如果私钥加密数据，相应的公钥则解密数据。

这一过程使非对称算法达到了认证、完整性和机密性要求。

非对称密钥的特点包括：

- 典型的密钥长度为 512～4096 位；
- 可以信任大于或等于 1024 位的密钥长度；
- 对大多数算法来说，密钥长度小于 1024 位则被认为是不可靠的。

7.4.1.2　公钥 + 私钥 = 机密性

非对称算法的机密性目标达成于使用公钥开始加密过程。这一过程可使用如下公式概括：

$$公钥（加密）+ 私钥（解密）= 机密性$$

当公钥用于加密数据时，私钥必须用来解密数据。由于只有一台主机有私钥，因此可以保证机密性。

如果私钥被破坏，必须生成另一密钥对来取代被破坏的密钥。

7.4.1.3　私钥 + 公钥 = 认证

非对称算法的认证目标达成于使用私钥开始加密过程。这一过程可使用如下公式概括：

$$私钥（加密）+ 公钥（解密）= 认证$$

当私钥用于加密数据时，相应的公钥必须用来解密数据。因为只有一台主机有私钥，只有该主机才可能加密消息，从而提供了对发送者的认证。典型情况下，不保护公钥的秘密性，因此任意数量的主机都可以解密消息。当一台主机使用公钥成功解密一条消息时，就认为是用私钥对消息加密的，这就验证了谁是发送者。这是一种认证的形式。

7.4.1.4　非对称算法

在发送消息时，为了确保消息的机密性、认证和完整性，需要结合两个加密阶段。

阶段 1 —— 机密性

Alice 想要给 Bob 发送一条消息，并确保只有 Bob 能够读取该消息。换句话说，Alice 想保证消息的机密性。Alice 使用 Bob 的公钥加密消息。只有 Bob 能够使用他的私钥解密消息。

阶段 2 —— 认证和完整性

Alice 还希望确保消息的认证和完整性。认证可以让 Bob 确信消息是由 Alice 发送的，而完整性可以确保消息没有被修改。Alice 使用她的私钥来加密消息的一个散列。Alice 将加密后的消息和加密后的散列发送给 Bob。

Bob 使用 Alice 的公钥来核实消息没有被修改。接收到的散列等于以 Alice 的公钥为基础且在本地计算出的散列。此外，这也验证了 Alice 确实就是消息的发送者，因为没有其他人有 Alice 的私钥。最后，Bob 使用他的私钥来解密消息。

通过发送一条使用 Bob 的公钥加密的消息和一个使用 Alice 的私钥加密的密码散列，机密性、真实性和完整性都得到了保证。

7.4.1.5 非对称算法的类型

尽管每种算法的数学基础不同，它们都有一个共同的特点，即所需要的计算很复杂。它们的设计基于计算上的问题，例如分解极大数或计算极大数的离散对数。其结果是，计算占去了非对称算法的大部分时间。事实上，非对称算法所采用的时间最大可以是对称算法的 1 000 倍。由于速度不够，非对称算法通常用在小批量的事务中，例如用户连接到他们的网上银行查看其账户余额，或者是进行在线购物。非对称算法还可以用来创建数字签名。

非对称算法的密钥管理一般会比对称算法简单，因为用于加密或解密的两个密钥中通常有一个会被公开。

注意：比较非对称算法和对称算法的密钥长度是没有意义的，因为两种算法的底层设计差别很大。例如，在抵抗暴力攻击方面，RSA 的一个 2 048 位加密密钥大致等效于 RC4 的一个 128 位密钥。

7.4.2 数字签名

7.4.2.1 使用数字签名

长期以来，手写签名和盖章一直被用作文档内容作者身份的证据。数字签名能够提供与手写签名相同的功能。

数字签名通常用在下面两个场景中。

- **代码签名**：用来验证从供应商网站下载的可执行文件是否具备完整性。代码签名也可以用来签署数字证书，以验证和核实站点的身份。

- **数字证书**：用来验证组织或个人的身份，以验证供应商的网站，并建立用来交换机密数据的加密连接。

7.4.2.2 代码签名

数字签名通常用来保证软件代码的真实性和完整性，并回答"用户如何信任从互联网上下载的代码"这一问题。

上述问题的答案是"使用数字代码签名"。可执行的文件封装在一个数字签名信封中，允许最终用户在安装软件之前验证签名。

数字签名代码提供了有关代码的若干保障：

- 代码是真实的，且确实是由软件开发商发布的；
- 代码离开软件开发商后未被修改；
- 软件开发商不能否认是自己发布的代码。这提供了开发行为的不可否认性。

7.4.2.3 数字证书

数字证书等效于电子护照，可以让用户、主机和企业在互联网上安全交换信息。具体来讲，数字证书用来验证和核实发送消息的用户就是他们自己。数字证书也可以通过加密回复消息的方式来提供收件人的保密性。

数字证书类似有物理证书。例如，纸质的 CCNA 安全证书可以用来确定证书授予人、证书颁发机构、证书有效期等。

7.4.2.4 数字证书算法

有下面 3 种数字签名标准（Digital Signature Standard，DSS）算法可用于生成和验证数字签名。

- **DSA（数字签名算法，Digital Signature Algorithm）**：DSA 是生成公钥和私钥对，以及生成和验证数字签名的最初标准。
- **RSA 数字签名算法**：RSA 是一个非对称算法，通常用于生成和验证数字证书。
- **ECDSA（椭圆曲线数字签名算法，Elliptic Curve Digital Signature Algorithm）**：ECDSA 是 DSA 的一个新变体，提供了数字签名认证和不可否认性，具有计算效率高、签名小、占用带宽小的特点。

注意：DSA 签名的生成速度比 RSA 快，但是 DSA 签名的验证速度要比 RSA 慢。

7.4.2.5 数字签名的 Cisco 软件

美国政府联邦信息处理标准（FIPS）第 140-3 号出版物规定：软件必须经过数字签名和验证。对软件进行数字签名的目的是确保软件没有被篡改，并且确实源于所声称的可信来源。

Cisco 为它的许多网络设备提供了数字签名的 IOS 镜像，其中包括 ISR 系列路由器。带有数字签名的镜像可以通过文件名中包含的 SPA 字符串来识别，例如 c1900-universalk9-mz.SPA.154-3。

SPA 的每一个字符具有如下含义。

- **S**：表示数字签名的软件。
- **P**：代码产品镜像。
- **A**：表示用于对镜像进行数字签名的密钥版本。

可以使用 **show software authenticity** 命令在 ISR 路由器上验证数字签名的镜像。

7.4.3 公钥基础设施

7.4.3.1 公钥基础设施概览

在互联网上，通信实体相互之间不断交换身份是不切实际的。使用信任的第三方协议，所有个体同意接受一个中立的第三方的消息。假定第三方在发放证书之前进行深入调查，在深入调查之后，第三方发布难以伪造的证书。在这之后，所有信任第三方的个体只需接受第三方发布的证书。

举一个例子，假设 Alice 申请一个驾驶执照。在这一过程中，她向驾照管理局提交了身份证明，如出生证明、身份证照片等。驾照管理局在验证了 Alice 的身份后，允许她完成驾驶考试。在通过考试之后，驾照管理局为她颁发了驾照。之后，Alice 需要在银行兑现一张支票。将支票交给银行出纳员后，银行出纳员要求她证明身份。由于银行信任颁发驾照的政府机构，因此银行验证了她的身份，将她的支票兑现。

公钥基础设施（PKI）是一个用来在通信实体之间安全交换信息的框架。PKI 是一个类似于驾照管理局的证书颁发机构。证书颁发机构发放数字证书来验证组织和用户的身份。这些证书还可以用来对消息签名，以确保消息没有被篡改。

PKI 实际上是如何工作的？

7.4.3.2 PKI 框架

为了支持公共加密密钥的大规模分发和识别，需要使用 PKI。PKI 让用户和计算机能够通过互联网安全地交换数据，并验证通信对端的身份。PKI 可以识别加密算法、安全级别和用户分发策略。

在互联网上交换的任何形式的敏感数据都依赖于 PKI 的安全性。没有 PKI，尽管仍然可以提供机密性，但是身份验证则无法得到保证。例如，尽管可以对信息进行加密和交换，但是无法保证对端的身份。

PKI 框架包括创建、管理、存储、分发和撤销数字证书所需要的硬件、软件、人员、策略和程序。

注意：并非所有的 PKI 证书都直接来自证书颁发机构（Certificate Authority，CA）。注册机构（Registration Authority，RA）是 CA 的一个下级，得到了 CA 的认证，可以颁发特定用途的证书。

7.4.3.3 证书颁发机构（CA）

许多供应商以托管服务和终端用户产品的形式来提供 CA 服务器，其中包括 Symantec Group（VeriSign）、Comodo、Go Daddy Group、GlobalSign 和 DigiCert 等。

CA（尤其是那些外包的 CA）可以颁发许多类型的证书，这些证书确定了证书的可信程度。

VeriSign 这样的单个外包供应商可能会运行单个 CA，并颁发不同等级的证书。VeriSign 客户根据所需的信任级别使用相应的 CA。证书的级别编号越高，证书的信任度就越高。这通常取决于证书在颁发时，用来核实证书持有人身份的流程有多严格。

例如，一个级别为 1 的证书可能会要求证书持有者发送电子邮件来确认注册意愿。这类确认是对持有者的弱认证。对于级别为 3 或 4 的证书，持有者必须由本人携带至少两份正式 ID 文档来证明身份和验证公钥。

注意：企业可以实施一个 PKI 供内部使用。PKI 可以对访问网络的员工进行认证。在这种情况下，这家企业就是它自己的 CA。

7.4.3.4 不同 PKI 厂商的互操作性

PKI 与其支持的服务，例如轻型目录访问协议（Lightweight Directory Access Protocol，LDAP）和 X.500 目录之间的互操作性仍然被关注的原因是很多厂商没有等待开发出标准，就已经提出和实现了私有解决方案。

注意：LDAP 和 X.500 是用于查询目录服务（比如 Microsoft 的活动目录），以验证用户名和密码的协议。

为了解决这些互操作性问题，IETF 成立了 PKI X.509（PKIX）工作组，致力于在互联网推广和标准化 PKI。该工作组已经发布了 Internet X.509 Public Key Infrastructure Certificate Policy and Certification Practices Framework（RFC 2527）。

X.509 是一个著名的标准，定义了基本的 PKI 特式，例如证书和证书吊销列表（Certificate Revocation List，CRL）格式，可以进行基本的互操作。具体来讲，X.509v3 标准定义了数字证书的格式。

X.509 格式已经在互联网基础设施中得到了广泛应用。

7.4.3.5 公共密钥加密标准

另一个重要的 PKI 标准是公共密钥加密标准（Public-Key Cryptography Standards，PKCS）。PKCS 指的是由 RSA 实验室设计和发布的一组公共密钥机密标准。PKCS 在使用公共密钥加密的应用程序之间提供基本的互操作性。PKCS 定义了低级别的格式，用于任意数据（例如加密的数据或签名的数据）的安全交换。

RSA 实验室网站的声明中提到，"公共密钥加密标准是由 RSA 实验室与世界范围内的安全系统开发人员为促进公共密钥密码术的部署而合作研制的规范。"

7.4.3.6 简单证书注册协议

公共密钥技术的部署正在增长，并正在成为基于标准的安全性（例如 IPSec 和 IKE 协议）的基础。随着公钥证书被用在网络安全协议中，产生了用于 PKI 客户端和 CA 服务器的证书管理协议的需求。这些客户端和服务器支持证书的生命周期操作，例如证书注册和撤销以及证书和 CRL 的访问。

例如，一个终端实体通过使用 PKCS #10（一个证书请求语法标准）创建一个证书请求来开始一次注册事务，并将这个请求发给 CA。这个 CA 随后使用 PKCS #7（一个加密消息语法标准）封装这个请求。CA 接收到请求后，可以执行以下 3 项功能之一。

- 自动批准请求。

- 将证书发送回去。

- 迫使终端实体等待，直到操作员能够对发出请求的终端实体的身份进行手工认证。

注意：PKCS #7 和 PKCS #10 标准通常用于 PKI 通信协议中，该协议在 VPN PKI 注册中使用。

最终目标是任何网络用户都能够轻松地以电子方式请求数字证书。以前，这些过程需要网络管理员进行大量输入，因此不适于大规模部署。IETF 设计了简单证书注册协议（Simple Certificate Enrollment Protocol，SCEP），使数字证书的颁发和吊销尽可能地具备可扩展性。SCEP 的目标是尽可能采用现有技术，以可扩展的方式支持对网络设备安全发放证书。

当前，网络设备制造商和软件公司在为日常用户开发简化的方式，来处理大规模的证书实施时，会将 SCEP 作为参考。

7.4.3.7 PKI 拓扑

PKI 可以形成不同的信任拓扑。最简单的是单根 PKI 拓扑，其中单个 CA（称为根 CA）为同一组织内的终端用户颁发所有的帧证书。该方法的好处是相当简单。但是，它很难扩展到大型环境中，原因是它需要的是严格的集中式管理，这很容易造成单点故障。

在较大的网络中，PKI CA 可以使用两种基本的架构连接起来。

- **交叉认证 CA 拓扑**：这是一种对等模型，其中单独的 CA 可以通过交叉认证 CA 证书，与其他 CA 建立信任关系。CA 域中的用户也可以相互信任。这种方法提供了冗余并消除了单点故障。
- **分层 CA 拓扑**：最高层的 CA 称为根 CA。它可以向终端用户和下属的 CA 颁发证书。创建下属 CA 的目的是为各种业务单位、域和社区提供信任支持。根 CA 通过确保层次结构中的每一个实体符合最小的实践集来维护已经建立的"信任社区"。这种拓扑的好处是可扩展性和可管理性增加，而且在大多数大型企业中运行良好。但是，它很难确定签名过程链（chain of signing process）。

通过合并分层拓扑和交叉认证拓扑，可以创建一个混合的基础设施。例如，两个分层社区想要进行交叉认证，从而让己方内的成员能信任对方内的成员时，就可以合并上述两种拓扑。

7.4.3.8 注册机构

PKI 的另外一个实体是注册机构（Registration Authority，RA）。在分层 CA 拓扑中，RA 可以接受在 PKI 中进行注册的请求。这有助于在支持大量证书事务或 CA 掉线的环境中，减轻 CA 的负担。RA 负责用户的识别和认证，但是不签署或颁发证书。RA 可以处理 3 种具体的任务：

- 当用户注册 PKI 时对用户进行认证；
- 为不能自行生成密钥的用户生成密钥；
- 注册之后分发证书。

注意：需要重点注意的是，RA 只有接受注册请求并将它们转发给 CA 的权力，不允许 RA 颁发证书或发布 CRL。这些功能由 CA 负责。

7.4.3.9 数字证书和 CA

在 CA 认证过程中，用户联系 PKI 时的第一步是安全地获取 CA 公钥的一个副本。公钥验证 CA 颁发的所有证书，对 PKI 的正常运行至关重要。

被称为自签名证书的公钥也以 CA 自己发布证书的形式被分发。只有根 CA 颁发自签名的证书。

CA 证书在网络中以带内方式获取，认证则使用电话在带外完成。

在进行身份验证时不再需要使用 CA 服务器，每一位用户可以交换包含了公钥的证书。

7.5 总结

当网络流量在互联网上传输时，要想保护流量的认证、完整性和机密性，从而实现安全的通信，则需要使用加密方法来实现。

密码学是下面两个领域的结合：

- **密码术**——与制作和使用加密方法有关；
- **密码分析**——与解决或破解密码加密方法相关。

在保护网络流量时，密码散列具有重要的作用。例如，数据的完整性是使用 MD5 算法或 SHA 算法提供的，而数据的真实性是使用 HMAC 提供的，数据的机密性则是使用不同的加密算法提供的。

加密可以使用下述两种算法来实现。

- **对称算法**——可以使用不同的对称加密算法，比如 DES、3DES、AES 或 SEAL。每一个选项都会因为保护的程度和实施的难易度而有所区别。DH 是用来提供 DES、3DES 和 AES 的一个散列算法。
- **非对称加密**——可以使用数字签名来提供数据的真实性和机密性。非对称加密通常使用 PKI 来实现。

第 8 章

实施虚拟专用网络

本章介绍

企业使用虚拟专用网络（Virtual Private Network，VPN）在互联网或外联网等第三方网络上创建端到端的专用网络连接（隧道）。VPN 使用隧道使远程用户能够访问中心站点的网络资源。然而，当信息在隧道上传播时，VPN 不能保证其安全性。由于这个原因，现代加密方法被应用到 VPN 上，以建立安全的、端到端的专用网络连接。

IP 安全协议（IP Security，IPSec）为配置安全的 VPN 提供了一个框架。它是一种保护通信隐私的可靠方法，同时可以简化操作、降低开支并允许灵活的网络管理。使用 IPSec 协议，可以在中心站点与远程站点之间实现安全的站点到站点 VPN。

8.1 VPN

8.1.1 VPN 概述

8.1.1.1 VPN 简介

VPN 是一个在公共网络（通常是互联网）上创建的专用网络。VPN 没有使用专用物理连接，而是使用虚拟连接将组织通过互联网路由到远程站点。第一代 VPN 是严格的 IP 隧道，不包括验证或数据加密。例如，通用路由封装（Generic Routing Encapsulation，GRE）是 Cisco 开发的一种隧道协议，它可以将多种网络层协议数据包类型封装进 IP 隧道里。这就通过 IP 互连网络创建了一条通向远端 Cisco 路由器的虚拟点到点链路。

VPN 之所以是虚拟的,是因为它尽管是在一个专用的网络内传输信息,但是消息实际上是通过公共网络传输的。VPN 之所以是专用的,是因为当流量在公共网络中传输时,会进行加密以保护数据的机密性。

VPN 是一个访问严格受控的通信环境,只允许一个已定义的利益相关方内发生的对等连接。机密性是通过对 VPN 内部的流量加密实现的。今天,带有加密的 VPN 安全实现经常被等同于虚拟专用网络的概念。

8.1.1.2 三层 IPSec VPN

简单来说,VPN 在一个公共网络上连接两个端点(比如两个远程办公室)来形成一条逻辑连接。这些逻辑连接可以建在 OSI 模型的二层或三层。本章关注的是三层 VPN 技术。常见的三层 VPN 示例有 GRE、MPLS 和 IPSec。三层 VPN 可以是点到点的站点连接,例如 GRE 和 IPSec,也可以使用 MPLS 建立到很多站点的 any-to-any 连接。GRE 和 MPLS 超出了本书的范围,本书只关注 IPSec VPN。

IPSec 是 IETF 支持开发的协议簇,用于在 IP 数据包交换网络上实现安全服务。IPSec 服务提供认证、完整性、访问控制和机密性。使用 IPSec,远程站点间交换的信息可以被加密和验证。远程接入 VPN 和站点到站点 VPN 都可以使用 IPSec 部署。

8.1.2 VPN 拓扑

8.1.2.1 两种类型的 VPN

有两种基本的 VPN 网络类型:远程访问 VPN 和站点到站点 VPN。

当 VPN 信息不是静态配置,而是允许动态改变连接信息并且能够根据需要启用和禁用时,建立的是远程访问 VPN。

当 VPN 连接两侧的设备事先都知道 VPN 配置时,建立的是站点到站点的 VPN。VPN 保持静态,内部主机不知道 VPN 的存在。

8.1.2.2 远程访问 VPN 的组件

随着 VPN 的出现,移动用户只需访问互联网,就可以与总部办公室通信。对于远程工作人员来说,他们的互联网连接通常是宽带连接,他们不一定一直建立 VPN 连接。远程工作人员的计算机负责建立 VPN。建立 VPN 连接所需的信息,比如远程工作人员的 IP 地址,可以根据他的位置而动态更改。

8.1.2.3 站点到站点 VPN 的组件

在站点到站点 VPN 中，主机通过一个 VPN 网关来发送和接收正常的 TCP/IP 流量。VPN 网关可以是一台路由器、防火墙、Cisco VPN 集中器或 Cisco ASA。VPN 网关负责对来自特定站点的出站流量进行封装和加密，并通过互联网上的一条 VPN 隧道将流量发送到目标站点上的一个对等 VPN 网关。接收到流量后，对等 VPN 网关剥离数据包头部，解密内容，并将数据包转发给其专用网络内部的目标主机。

站点到站点 VPN 的拓扑不断变化发展。更为复杂的 VPN 拓扑示例包括 MPLS VPN、动态多点 VPN（DMVPN）和组加密传输 VPN（GETVPN）。

MPLS VPN 包含一组通过 MPLS 提供商核心网络相互连接的站点。在每一个客户站点，有一台或多台客户边缘（Customer Edge, CE）设备连接到了一台或多台提供商边缘（Provider Edge, PE）设备。相较于传统的 VPN，MPLS VPN 要更容易管理和扩展。当将一个新站点添加到 MPLS VPN 中时，只需要更新为客户站点提供服务的 PE 设备。

DMVPN 通过组合 Cisco IOS 软件的 3 个特性，可以自动配置站点到站点的 IPSec VPN。这 3 个特性是：下一跳解析协议（Next Hop Resolution Protocol，NHRP）、多站点通用路由封装和 IPSec VPN。这 3 个特性降低了客户的配置难度，而且在所有站点之间提供了安全的连接。

GETVPN 使用可信的组消除了点对点隧道及其相关联的覆盖路由。所有的组成员（Group Member，GM）共享相同的安全关联（Security Association，SA），也称为组 SA。这可以让 GM 解密由其他 GM 加密的流量。在 GETVPN 网络中，不需要在组成员之间协商点对点 IPSec 隧道，因为 GETVPN 是"无隧道的"。

MPLS VPN、DMVPN 和 GETVPN 的操作和实现超出了本书的范围。

8.1.2.4 发夹和分离隧道

发夹（hairpinning）是一个术语，用来描述进入到一个接口的 VPN 流量也可以从这个接口路由出去的情况。例如，在星型拓扑中，企业网络中的 VPN 终结设备是中心 HUB，而远程访问 VPN 客户端是端点（spoke）。端点之间想要相互通信，流量必须通过 VPN 终结设备传输（这个 VPN 终结设备充当的就是发夹）。当远程访问 VPN 必须连接到公司总部的 VPN 终结设备，然后才能允许流量进入互联网时，也可以使用发夹。

如果公司策略要求 VPN 流量必须进行拆分，分成去往公司子网（可信网络）的流量和去往互联网的流量（不可信网络），此时可以使用分离隧道（split tunneling）。假设远程访问客户端上的 VPN 软件用来分离流量。如果流量去往企业子网，则流量通过 VPN 隧道发送。否则，该 VPN 软件将未加密的流量（不可信流量）发送到互联网。

8.2 IPSec VPN 组件和运行

8.2.1 IPSec 简介

8.2.1.1 IPSec 技术

IPSec 是一项 IETF 标准（RFC 2401-2412），定义了如何在 IP 网络上保护 VPN。IPSec 在源和目的之间保护和认证 IP 数据包。IPSec 几乎可以保护从第 4 层到第 7 层的所有流量。通过使用 IPSec 框架，IPSec 提供了下面这些基本的安全功能：

- 使用加密确保机密性；
- 使用散列算法确保完整性；
- 使用互联网密钥交换（Internet Key Exchange，IKE）确保真实性；
- 使用 DH 算法保护密钥的交换。

IPSec 没有绑定用来保护通信的任何具体规则。这一框架的灵活性可以让 IPSec 轻松集成到新的安全技术中，而且无须更新现有的 IPSec 标准。

8.2.1.2 机密性

机密性是通过加密数据来实现的。安全等级取决于加密算法的密钥长度。如果有人试图通过暴力攻击破解密钥，需要尝试的次数与密钥长度相关。处理所有可能性的时间则与攻击设备的计算机能力相关。密钥越短，越容易被破解。一台相对复杂的计算机破解一个 64 位的密钥大约需要一年，使用相同的机器破解一个 128 位的密钥大约需要 10^{19} 年。

8.2.1.3 完整性

数据完整性意味着接收到的数据与发送的数据完全相同。在潜在情况下，数据可能会被截获和修改。例如，假设给 Alex 开了一张 100 美元的支票，这张支票在邮寄给 Alex 的途中被截获，攻击者将支票的名字修改为 Jeremy，支票数额修改为 1000 美元，然后试图兑现。如果支票的改动伪造得足够好，攻击者就可能成功。

由于 VPN 数据是在互联网上传输，需要有一种证明数据完整性的方法来确保内容没有被更改。散列消息认证码（Hashed Message Authentication Code，HMAC）是使用一个散列值来担保消息完整性的一种数据完整性算法。

注意：Cisco 现在将 SHA-1 当作传统算法，并建议至少使用 SHA-256 来保证数据的完整性。

8.2.1.4 认证（Authentication）

当远距离开展业务时，需要知道电话、电子邮件或传真对端的人。这在 VPN 网络中也是一样的。在认为通信路径安全之前，必须先认证 VPN 隧道另一端的设备。

有两种对等认证方法：PSK 认证和 RSA 认证。

来看一个 PSK 认证的例子。在本地设备上，认证密钥和身份信息通过散列算法发送，形成本地端的散列值（Hash_L）。通过将 Hash_L 发送到远端设备，可以建立单向认证。如果远端设备能独立创建相同的散列值，也就认证了本地设备。在远端设备认证了本地设备之后，认证过程开始在相反的方向上进行（即从远端设备到本地设备的方向），并重复相同的步骤。

再来看一个 RSA 认证的例子。在本地设备上，认证密钥和身份信息通过散列算法发送，形成本地端的散列值（Hash_L）。Hash_L 使用本地设备的私有加密密钥进行加密，创建一个数字签名。这个数字签名和数字证书被转发到远端设备。用于解密签名的公共加密密钥包含在数字证书中。远端设备使用公共加密密钥解密签名并进行核实，结果是 Hash_L。然后，远端设备使用存储的信息独立创建 Hash_L。如果计算出来的 Hash_L 与解密后的 Hash_L 相同，则本地设备通过认证。在远端设备认证了本地设备之后，认证过程开始在相反的方向上进行（即从远端设备到本地设备的方向），并重复相同的步骤。

8.2.1.5 安全密钥交换

加密算法都需要一个对称的共享密钥进行加密和解密。加密和解密设备是如何得到这个共享密钥的呢？最简单的一种密钥交换是使用公钥交换方法，例如 DH 方法。

DH 是一种公钥交换方法，它为两个对端提供了一种方法来建立只有它们自己知道的共享密钥，即使两个对端使用不安全的信道进行通信。DH 密钥交换的不同形式被称为 DH 组。

- DH 组 1、2 和 5 支持对素模（prime modulus）取幂，使用的密钥长度分别是 768 位、1024 位和 1536 位。从 2012 年起，不再推荐使用这些组。

- DH 组 14、15 和 16 使用更大的密钥长度，分别是 2048 位、3072 位和 4096 位。推荐在 2030 年之前使用这些组。

- DH 组 19、20、21 和 24 支持椭圆曲线加密法（Elliptical Curve Cryptography，ECC），

这缩减了生成密钥所需的时间。它们使用的密钥长度分别是 256 位、384 位、521 位和 2048 位。DU 组 24 是首选的下一代加密方法。

选择的 DH 组必须足够强壮（也就是有足够的密码长度），才能在协商期间保护 IPSec 密钥。例如，DH 组 1 只能支持 DES 和 3DES 加密，而不支持 AES。如果加密或认证算法使用 128 位的密钥，可以使用组 14、19、20 或 24。如果加密或认证算法使用 256 位或更长的密钥，可以使用组 21 或 24。

RFC 4869 定义了一组密码算法，以遵守美国国家安全局（NSA）的机密信息标准。它包含了下面这些具体的算法：

- 应该使用 AES 128 位或 256 位的密钥长度进行加密；
- 应该使用 SHA-2 进行散列计算；
- 应该使用椭圆曲线数字签名算法（Elliptic Curve Digital Signature Algorithm，ECDSA）和 256 位或 384 位的素模进行数字签名；
- 应该使用椭圆曲线 DH（ECDH）来交换密钥。

注：ECDSA 和 ECDH 的细节超出了本书的范围。

8.2.2 IPSec 协议

8.2.2.1 IPSec 协议概述

两个主要的 IPSec 协议是认证头（Authentication Header，AH）和封装安全协议（Encapsulation Security Protocol，ESP）。IPSec 协议是 IPSec 框架的第一个组成部分。选择 HA 或 ESP 则决定了其他可用的组成部分都是什么。

8.2.2.2 认证头

AH 通过对数据包应用一个使用密钥的单向散列函数来创建一个散列或消息摘要，从而实现真实性。散列与文本合在一起以明文形式传输。接收方对接收到的数据包运用同样的单向散列函数并将结果与发送方提供的消息摘要的值比较，从而检测数据包在传输过程中是否发生变化。由于单向散列也包含两个系统之间的一个共享密钥，因此能确保真实性。

AH 作用于整个数据包，但在传输中通常会发生改变的 IP 头字段除外。在传输期间通常会发生改变的字段称为可变字段。

例如，生存时间（Time to Live，TTL）字段就是一个可变字段，因为路由器会修改该字段。

AH 的处理过程顺序如下。

1．使用共享密钥对 IP 报头和数据载荷进行散列。

2．构建一个新的 AH 头，插入到原始的数据包中。

3．新的数据包被传输到 IPSec 对等体路由器。

4．对等体路由器使用共享密钥对 IP 报头和数据载荷进行散列，从 AH 报头中提取出传输的散列值，再比较两个散列值。

散列值必须精确匹配。如果传输的数据包中有一个比特位发生了变化，则接收到的数据包的散列输出将发生改变，AH 报头将不能匹配。

AH 支持 MD5 和 SHA 算法。在使用 NAT 的环境中，AH 可能会遇到问题。

8.2.2.3 ESP

ESP 通过加密载荷实现机密性，它支持多种对称加密算法。如果选择了 ESP 作为 IPSec 协议，也必须选择一种加密算法。IPSec 的默认算法是 56 位的 DES。Cisco 产品也支持使用 3DES、AES 和 SEAL 获得更强的加密。

ESP 也能提供完整性和认证。首先对载荷加密，然后对加密过的载荷使用一种散列算法（比如 MD5 或 SHA）来发送。散列为数据载荷提供认证和数据完整性。

作为可选功能，ESP 还能进行防重放（anti-replay）保护。防重放保护验证每个数据包是唯一的且没有被复制，这种保护确保黑客不能拦截数据包和在数据流中插入改变后的数据包。防重放的工作原理是跟踪数据包序号并在目的端使用一个滑动窗口。

当在源和目的间建立了一条连接时，两端的计数器被初始化为 0。每次有数据包发送时，源给数据包追加一个序号，目的端使用滑动窗口确定预期的序号。目的端验证数据包的序号不是重复的，并且以正确的顺序被接收。

例如，如果目的端的滑动窗口设为 1，目的端期望接收到序号为 1 的数据包。收到这样的数据包后，滑动窗口进入到 2。如果检测到重放的数据包，例如目的端收到第二个序号为 1 的数据包，将发送一条错误消息，重放数据包被丢弃，并对此事件记录日志。

防重放通常用在 ESP 中，但 AH 也支持防重放。

8.2.2.4 ESP 加密和认证

原始数据通过 ESP 得到良好保护，因为完整的原始 IP 数据报和 ESP 尾部都被加密。使用 ESP 认证，加密后的 IP 数据报和尾部以及 ESP 头部都得到散列进程的处理。最后，一个新的 IP 头部被附加到经过认证的载荷中，使用新的 IP 地址在互联网中传输数据包。

如果同时选择了认证和加密，则先执行加密。这种处理顺序的一个原因是它有助于接收设备快速检测和丢弃重放的或伪造的数据包。在解密数据包之前，接收方可以认证到来的数据包。这可以快速检测到问题，并降低了潜在 DoS 攻击的影响。再次重申，ESP 通过加密提供了机密性，通过认证提供了完整性。

8.2.2.5 传输模式和隧道模式

ESP 和 AH 可以通过两种模式应用到 IP 数据包：传输模式和隧道模式。

传输模式（Transport Mode）

在传输模式中，只对 OSI 模型的传输层及以上层提供安全性。传输模式保护数据包的载荷，但原始 IP 地址仍是明文。原始 IP 地址用于在互联网中传输数据包。ESP 传输模式用在主机之间。

隧道模式（Tunnel Mode）

隧道模式为整个原始 IP 数据包提供安全性。原始 IP 数据包被加密，然后封装进另一个 IP 数据包，这称为 IP-in-IP 加密。外层 IP 数据包的 IP 地址用于在互联网中传输数据包。

ESP 隧道模式用于一台主机和一个安全网关之间或两个安全网关之间。对于主机到网关的应用，家庭办公室可能没有路由器来执行 IPSec 封装和加密。这种情况下，由 PC 上运行的一个 IPSec 客户端来执行 IPSec IP-in-IP 封装和加密。对于网关到网关的应用，相对于为远端和公司办公室的所有计算机加载 IPSec，更简便的方法是由安全网关执行 IP-in-IP 的加密和封装。在公司办公室，由路由器负责解封装和解密数据包。

8.2.3 互联网密钥交换

8.2.3.1 IKE 协议

互联网密钥交换（Internet Key Exchange，IKE）协议是密钥管理协议标准，与 IPSec 标一起使用。IKE 自动协商 IPSec 安全关联并启用 IPSec 安全通信。IKE 通过添加特性增强了 IPSec，并简化了 IPSec 标准的配置。如果不使用 IKE，则需要手动配置 IPSec，这相当复杂，可扩展性也不好。

IKE 是一种混合协议，它在互联网安全关联密钥管理协议（Internet Security Association Key Management Protocol，ISAKMP）框架中实现了密钥交换协议。为了构建 IPSec 的 SA，ISAKMP 定义了消息格式、密钥交换协议的机制，以及协商过程。IKE 实现了部分 Oakley 和 SKEME 协议，但是并不依赖这些协议。例如，有些 IKE 交换协议基于 Oakley 协议，IKE 使用的公钥加密算法基于 SKEME。Oakley 和 SKEME 的细节超出了本书范围，可以参阅 RFC 2409 进一步了解。

IKE 不是直接在网络上传输密钥，而是基于一系列数据包的交换来计算共享密钥。这样一来，即使第三方捕获了用来计算密钥的所有数据包，但是依然无法解密密钥。IKE 使用 UDP 端口 500 在安全网关之间交换 IKE 信息。在连接了安全网关的任何 IP 接口上，必须放行端口 500 上的数据包。

8.2.3.2　阶段 1 和阶段 2 密钥协商

IKE 使用 ISAKMP 进行阶段 1 和阶段 2 的密钥协商。阶段 1 在两个 IKE 对等体之间协商安全关联（密钥）。阶段 1 中协商的密钥可以让 IKE 对等体在阶段 2 安全地通信。在阶段 2 的协商中，IKE 为其他应用（比如 IPSec）建立密钥（安全关联）。

在阶段 1，两个 IPSec 对等体执行 SA 的初始协商。阶段 1 的基本目的是协商 ISAKMP 策略，认证对等体，并在对等体之间建立一条安全的隧道。这条隧道会在阶段 2 用来协商 IPSec 策略。

注意：IKE 策略和 ISAKMP 策略是等同的。本书使用 ISAKMP 策略这一短语的目的是，更好地匹配命令（比如 **crypto isakmp policy**、**show isakmp policy** 等），以及让读者更明白 ISAKMP 策略应用于 IKE 阶段 1 的隧道。

阶段 1 可以使用主模式（main mode）或主动模式（aggressive mode）来实现。在使用主模式时，两个 IKE 对等体的身份是隐藏的。在对等体之间协商密钥时，主动模式所需的时间要少于主模式。然而，由于认证散列是在建立隧道之前以未加密的形式发送的，因此主动模式更容易受到暴力攻击。

注意：在 Cisco IOS 软件中，IKE 认证的默认情况是发起主模式。然而，如果 IKE 对等体发起的是主动模式，则 Cisco IOS 会以主动模式进行响应。

8.2.3.3　阶段 2：协商 SA

IKE 阶段 2 的目的是协商 IPSec 安全参数，用来保护 IPSec 隧道。IKE 阶段 2 称为快速模式（quick mode），而且只能当 IKE 已经在阶段 1 建立了安全隧道之后，才能发生。SA 由 IKE 进程 ISAKMP 来替代 IPSec 进行协商，IPSec 在运行时需要加密密钥。快速模式协商 IKE 阶段 2 的 SA。在这个阶段，IPSec 使用的 SA 是单向的，因此需要为每一个数据流使用一个单独的密钥交换。

在 IPSec SA 的生命到期后，快速模式可以重新协商一个新的 IPSec SA。基本上来说，快速模式会刷新用来创建共享密钥的建钥材料。这以从阶段 1 的 DH 交换中获取的建钥材料为基础。

IKEv2 是基于 RFC 4306 的下一代密钥管理协议，对 IKE 协议进行了增强。IKEv2 支持在阶段 1 期间进行 NAT 检测和 NAT 穿越（NAT Traversal, NAT-T）。如果两个 VPN 设备都支持 NAT-T，并且检测到它们是通过 NAT 设备相互连接的，将自动检测和协商 NAT-T。NAT-T 将 ESP 数据包封装到 UDP 中，并把源和目的端口都设置为 4500。现在 ESP 数据包可以穿越 NAT。

8.3　使用 CLI 实现站点到站点的 IPSec VPN

8.3.1　配置一个站点到站点的 IPSec VPN

8.3.1.1　IPSec 协商

用来建立 VPN 的 IPSec 协商涉及以下 5 个步骤，包括 IKE 的阶段 1 和阶段 2。

- **步骤 1**　当主机 A 向主机 B 发送"感兴趣的"（interesting）流量时，将发起一条 ISAKMP 隧道。当流量在对等体间传输并满足 ACL 中定义的标准时被认为是"感兴趣的"。
- **步骤 2**　IKE 阶段 1 开始。IPSec 对等体协商 ISAKMP SA 策略。当对等体同意策略并通过认证后，将创建一条安全隧道。
- **步骤 3**　IKE 阶段 2 开始。IPSec 对等体使用认证后的安全隧道来协商 IPSec SA 策略。共享策略的协商决定了如何建立 IPSec 隧道。
- **步骤 4**　IPSec 隧道被建立起来，而且数据基于 IPSec SA 在 IPSec 对等体间传输。
- **步骤 5**　当 IPSec SA 被手动删除或其生命期限到期时，IPSec 隧道终止。

8.3.1.2　站点到站点 IPSec VPN 拓扑

在实施站点到站点 VPN 时，需要为 IKE 阶段 1 和阶段 2 进行配置。在阶段 1 的配置中，需要使用必要的 ISAKMP 安全关联来配置两个站点，以确保两者之间可以创建一个 ISAKMP 隧道。在阶段 2 的配置中，使用 IPSec 安全关联来配置两个站点，以确保在 ISAKMP 隧道内可以创建一条 IPSec 隧道。只有检测到感兴趣的流量时，才会创建这两条隧道。

8.3.1.3 现有的 ACL 配置

假设 XYZCORP 拓扑当前没有配置 ACL（在生产网络中不会出现这种情况），外围路由器通常会实施限制性的安全策略，阻塞所有流量，但是特别允许的流量除外。在实施站点到站点 IPSec VPN 之前，要确保现有的 ACL 不会阻塞 IPSec 协商所需要的流量。

8.3.1.4 处理广播和组播流量

XYZCORP 拓扑使用了静态路由，因此没有组播或广播流量需要通过隧道进行传输。如果 XYZCORP 决定实施 EIGRP 和 OSPF，该怎么办？这些路由协议使用组播地址与邻居交换路由信息。IPSec 只支持单播流量。为了启用路由协议流量，站点到站点 IPSec VPN 中的对等体需要使用通用路由封装（GRE）进行配置，然后才能传输组播流量。

GRE 支持多协议隧道，它可以将多个 OSI 第 3 层协议包类型封装到 IP 隧道中。在载荷和隧道 IP 报头之间添加额外的 GRE 报头，可以提供多协议功能。GRE 还支持 IP 组播隧道。隧道上使用的路由协议可以在虚拟网络中启用路由协议的动态交换。GRE 不提供加密。GRE 配置的内容超出了本书范围。

8.3.2 ISAKMP 策略

8.3.2.1 默认的 ISAKMP 策略

第一个任务是配置 IKE 阶段 1 的 ISAKMP 策略。ISAKMP 策略列出了路由器会用来建立 IKE 阶段 1 隧道的 SA。Cisco IOS 带有默认的 ISAKMP 策略。使用 **show crypto isakmp default policy** 命令可以查看默认策略。

R1 有 8 个默认的 ISAKMP 策略，其范围从最安全（策略 65507）到最不安全（策略 65514）。如果管理员没有定义其他策略，R1 将尝试使用最安全的默认策略。如果 R2 有匹配的策略，然后 R1 和 R2 可以在无须管理员进行任何配置的情况下，成功协商 IKE 阶段 1 的 ISAKMP 隧道。有 8 个默认的策略在协商中提供了灵活性。如果没有就使用最安全的默认策略达成一致，R1 将尝试使用第二安全的策略。

8.3.2.2 配置新 ISAKMP 策略的语法

使用 **crypto isakmp policy** 命令可以配置一条新的 ISAKMP 策略。该命令的唯一一个参数用来设置策略的优先级（1～10000）。对等体使用最小的数字（优先级最高）尝试进行协商。对等体不需要匹配的优先级数字。

当在 ISAKMP 策略配置模式时，可以配置用于 IKE 阶段 1 的 SA。可以使用助记符 HAGLE 来记住要配置的 5 个 SA：

- 散列（**Hash**）；
- 认证（**Authentication**）；
- 组（**Group**）；
- 生命期（**Lifetime**）；
- 加密（**Encryption**）。

8.3.2.3　XYZCORP 的 ISAKMP 策略配置

为了满足 XYZCORP 的安全策略需求，可以使用下述的 SA 来配置 ISAKMP 策略：

- 散列是 SHA；
- 认证是预共享密钥；
- 组是 24；
- 生命期是 3600 秒；
- 加密是 AES。

使用 **show crypto isakmp policy** 命令可以对配置进行验证。

8.3.2.4　配置预共享密钥

XYZCORP 安全策略需要使用一个预共享密钥在对等体之间进行认证。管理员可以指定对等体的主机名或 IP 地址。XYZCORP 使用了密码短语 **cisco12345** 和对等体的 IP 地址。

8.3.3　IPSec 策略

8.3.3.1　定义感兴趣的流量

尽管已经配置了 IKE 阶段 1 隧道的 ISAKMP 策略，但是隧道还不存在。可以使用 **show crypto isakmp sa** 命令对此进行验证。在开始协商 IKE 阶段 1 之前，必须要检测到感兴趣的流量。

对于 XYZCORP 的站点到站点 VPN，Site 1 和 Site 2 LAN 之间的任何通信都是感兴趣的流量。

为了定义感兴趣的流量，可以为每台路由器配置一个 ACL，使其允许从本地 LAN 到远程 LAN 的流量。ACL 用来在加密映射配置中指定哪些流量会触发 IKE 阶段 1 的开始。

8.3.3.2 配置 IPSec 变换集

下一步是配置一组加密和散列算法（称之为变换集），用于转换通过 IPSec 隧道发送的数据。在 IKE 阶段 2 协商期间，对等体就用于保护感兴趣流量的 IPSec 变换集达成一致。

使用 **crypto ipsec transform-set** 命令配置变换集合。首先，指定变换集的名字，然后再配置加密和散列算法（没有先后顺序之分）。

8.3.4 加密映射

8.3.4.1 配置加密映射的语法

在定义了感兴趣的流量，并配置了 IPSec 变换集后，需要在加密映射（crypto map）中将这些配置与 IPSece 策略的其他部分进行绑定。在配置多个加密映射条目时，序号相当重要。XYZCORP 只需要两条加密映射条目来匹配流量和说明（account for）剩余的 SA。

8.3.4.2 XYZCORP 加密映射配置

为了满足 XYZCORP 的 IPSec 安全略，还需要完成如下步骤。

步骤 1　将 ACL 和变换集绑定到映射中。

步骤 2　指定对等体的 IP 地址。

步骤 3　配置 DH 组。

步骤 4　配置 IPSec 隧道生命期。

使用 **show crypto map** 命令可以验证加密映射的配置。所需的所有 AS 应该都已经就位。

8.3.4.3 应用加密映射

为了应用加密映射，进入出站接口的接口配置模式，然后配置 **crypto map** *map-name* 命令。

8.3.5 IPSec VPN

8.3.5.1 发送感兴趣的流量

在配置了 ISAKMP 和 IPSec 策略，并将加密映射应用到合适的出站接口后，可以在链路上发送感兴趣的流量来测试两条隧道。

来自 R1 的 LAN 接口，且去往 R2 的 LAN 接口的流量，被看作感兴趣的流量，因为它与两台路由器上配置的 ACL 相匹配。在 R1 上执行一个扩展的 ping，可以有效地测试 VPN 配置。

8.3.5.2 验证 ISAKMP 和 IPSec 隧道

发送感兴趣的流量并不意味着隧道已经建立。即使 ISAKMP 和 IPSec 策略配置有错误，R1 和 R2 也可以在两个 LAN 之间路由流量。使用 **show crypto isakmp sa** 和 **show crypto ipsec sa** 命令可以验证隧道是否已经建立。

8.4 总结

VPN 是通过隧道方式在公共网络上创建的专用网络。企业组织通常会部署站点到站点 VPN 和远程访问 VPN。

VPN 需要使用现代加密技术来保护信息的安全传输。IPSec 是一个开放标准的框架，它为安全的通信建立了规则。IPSec 依赖于现有的算法来实现加密、认证和密钥交换。IPSec 可以使用 AH 或更为安全的 ESP 来封装数据包。

IPSec 使用 IKE 协议建立密钥交换过程。在创建站点到站点 VPN 时，需要执行多个任务。

- 为 IKE 阶段 1 配置 ISAKMP 策略。
- 为 IKE 阶段 2 配置 IPSec 策略。
- 为 IPSec 策略配置加密映射。
- 应用 IPSec 策略。
- 验证 IPSec 隧道是否可运行。

第 9 章

实施 Cisco 自适应安全设备（ASA）

本章介绍

20 多年以来，为了满足日益增长的安全需求，防火墙解决方案在不断发展。当前有很多类型的防火墙，其中包括数据包过滤、状态、应用网关（代理）、地址转换、基于主机、透明和混合防火墙。现代的网络设计必须包含一个或多个正确放置的防火墙，以保护资源。Cisco 提供了两种防火墙解决方案：启用防火墙的 ISR 和 Cisco 自适应安全设备（Adaptive Security Appliance，ASA）。

Cisco ASA 5500 系列是 Cisco 无边界网络的重要组件。通过集成下述功能，它可以为企业提供安全的、高性能的连接，并保护关键资产：

- 成熟的防火墙技术；
- 具有 Cisco 全局关联和承诺保障的全面、高效的入侵防御系统（IPS）；
- 高性能的 VPN 和始终在线的远程访问；
- 用于容错的故障切换特性。

本章将介绍 AAA 平台。

9.1 ASA 简介

9.1.1 ASA 解决方案

9.1.1.1 ASA 防火墙型号

对于小型分支部署和具有 Cisco IOS 经验的管理员来说，IOS 路由器防火墙解决方案比较合适。但是，IOS 防火墙解决方案的扩展性不好，通常无法满足大型企业的需求。

带有 FirePOWER 服务的 Cisco ASA 系列产品在一个设备中提供了专用的防火墙服务。它们是下一代防火墙（NGFW）设备，可以在整个攻击连续体（attack continuum）中提供综合威胁防御。它们在单个设备里整合了成熟的 ASA 防火墙以及 Sourcefire 的威胁和高级恶意软件防护。

这些 ASA 型号满足了不同企业的需求。Cisco ASA 设备可以进行扩展，满足包括网络规模在内的一系列要求。ASA 型号的选择取决于企业的需求，比如最大吞吐量、每秒最大连接数以及预算等。

所有型号都提供了高级状态防火墙特性和 VPN 功能。型号之间最大的不同在于每个型号可以处理的最大流量吞吐量，以及接口的个数和类型。

Cisco 通过利用现代 x86 服务器不断增长的性能，也支持计算基础设施的虚拟化。Cisco 自适应安全虚拟设备（ASAv）将 ASA 设备的性能带到了虚拟领域。一台服务器 Hypervisor 创建的虚拟交换机可以支持许多类型的虚拟机（VM）。Cisco ASAv 作为一个使用服务器接口的 VM 运行，用来处理流量。

与物理 Cisco ASA 设备相同，ASAv 也支持站点到站点 VPN、远程访问 VPN 和无客户端 VPN 功能。

注意：ASAv 不支持集群和多个虚拟防火墙。

为了满足客户需求，Cisco ASAv 提供了 3 种型号。

- **Cisco ASAv5**：该设备最多需要 2GB 的内存，并提供高达 100Mbit/s 的吞吐量。
- **Cisco ASAv10**：该设备最多需要 2GB 的内存，并提供高达 1Gbit/s 的吞吐量。
- **Cisco ASAv30**：该设备最多需要 8GB 的内存，并提供高达 2Gbit/s 的吞吐量。

注意：本章的重点是 ASA 5505，它是为小型企业、分支办公室和企业远程工作人员而设计的。

9.1.1.2 Cisco ASA 下一代防火墙设备

ASA 软件将防火墙、VPN 集中器、入侵防御功能整合到一个软件镜像中。在此之前，这些功能是通过 3 个单独的设备提供的，每个设备都有自己的软硬件。

9.1.1.3 高级 ASA 防火墙特性

高级 ASA 防火墙有如下 4 种特性。

- **ASA 虚拟化**：一个单独的 ASA 可以被分割成多个虚拟设备。每个虚拟设备叫作安全上下文（security context）。每个 context 是一个独立的设备，拥有自己的安全策略、接口和管理员。多上下文（multiple context）就像有多个独立的设备。在多上下文模式中支持很多特性，包括路由表、防火墙特性、IPS 和管理功能。也有一些特性不支持，比如 VPN 和动态路由协议。

- **带有故障切换的高可用性**：两个相同的 ASA 可以配对成活跃/备份的故障切换配置，以提供设备的冗余。这两个 ASA 的软件、许可、内存和接口，包括安全服务模块（SSM），必须相同。在本例中，ASA-1 是转发流量的主/活跃设备，离开 PC-1 的流量采取使用 ASA-1 的优选路径。ASA-1 和 ASA2 使用 LAN 故障切换链路相互监视对方。如果 ASA-1 失效，则 ASA-2 会立即承担主设备的角色，并进入活跃状态。

- **身份防火墙**：ASA 可以基于 IP 地址与 Windows 活动目录登录信息的关联，提供可选的精细访问控制。例如，当客户端尝试访问服务器资源时，它必须先使用基于 Microsoft 活动目录身份（Active Directory Identity）的防火墙服务进行认证。通过指定用户或组（而非源 ID 地址）的方式，这些服务可以增强现有的访问控制和安全策略机制。基于身份的安全策略可以和传统的基于 IP 地址的规则无限制地交叉使用。

- **威胁控制和抑制服务**：所有的 ASA 型号都支持基本的 IPS 特性。然而，高级的 IPS 特性只能由 ASA 架构中集成的专门硬件模块来提供。IPS 功能是通过使用高级检测和防御模块（Advanced Inspection and Prevension，AIP）来提供的，而反恶意软件功能可以与内容安全和控制（Content Security and Control，CSC）模块整合部署。Cisco 高级检测和防御安全服务模块（AIP-SSM）以及 Cisco 高级检测和防御安全服务卡（AIP-SSC）提供了对于数以万计的已知漏洞的防护。它们还可以使用专门的 IPS 检测引擎和数千的特征，来防护数百万潜在的未知漏洞及变种。Cisco IPS 服务提供特征集更新，它通过一个全球情报团队，每天工作 24 小时，以确保对最新威胁的防护。

注意：上面提到的 4 种高级特性超出了本书的范围，因此不会进一步介绍。

9.1.1.4 网络设计中的防火墙回顾

当我们讨论连接到防火墙的网络时，要熟悉一些常用的术语。

- **外部（outside）网络**：位于防火墙防护外面的网络或区域。
- **内部（inside）网络**：位于防火墙后面的被保护的网络或区域。
- **DMZ**：非军事区域，允许内部用户和外部用户访问受保护的网络资源。

防火墙保护内部网络免受外部网络用户的非授权访问。它还可以保护内部网络用户之间的相互访问。比如，通过建立区域（zone），管理员可以确保托管审计服务器的网络与组织内其他的网络分隔开。

Cisco ISR 可以通过使用基于区域的策略防火墙（ZPF）或使用老的基于上下文的访问控制（CBAC）特性，来提供防火墙的功能。ASA 可以提供相同的功能，但是它的配置与在 IOS 路由器上配置 ZPF 有很大区别。

ASA 是专门的防火墙硬件产品。默认情况下，它会将已定义的内部接口作为信任网络，而任何已定义的外部接口被视为不信任网络。

每个接口有一个相应的安全级别。这些安全级别确保 ASA 执行安全策略。比如，内部用户可以基于某些确定的地址，通过必要的认证或授权，或者通过与外部 URL 过滤服务器协调，来访问外部网络。

注意：安全级别有时也称为信任级别。本书将使用"安全级别"这一术语。

外部用户需要访问的网络资源，比如 Web 或 FTP 服务器，可以放置在 DMZ。防火墙允许对 DMZ 的受限访问，同时防护外部用户对内部网络的访问。

9.1.1.5 ASA 防火墙的运行模式

ASA 设备上可以运行下面两种防火墙模式。

- **路由模式**：用两个或多个接口来分割第三层网络（域）。ASA 在网络中被认为是一个路由器跳数，并且可以在连接的网络间执行 NAT。路由模式支持多个接口。每个接口在不同的子网内，并且需要该子网的一个 IP 地址。当流量穿越防火墙时，接口会对流量应用策略。
- **透明模式**：通常为"线路插件"或"隐形防火墙"，因为 ASA 功能与二层设备很像，不会被当作一个路由器跳数。ASA 在本地网络中只分配了一个 IP 地址，用于实现管理的目的。透明防火墙可以用来简化网络配置，或者是部署在现有 IP 编址不能改变的场景中。使用透明模式的缺点包括不支持动态路由协议、VPN、QoS 或 DHCP 中继。

注意：本章讨论的重点是路由模式。

9.1.1.6 ASA 许可需求

许可证指定了能在 ASA 上启用的选项。大多数 ASA 设备都会预装基本（Base）许可证或者安全加强（Security Plus）许可证。比如，Cisco ASA 5505 型号配有基本许可证，并且有可以升级到安全加强许可证的选项。安全加强升级许可证可以使 Cisco ASA 5505 进行扩展，以支持更高的连接能力，并且最高可支持 25 个 IPSec VPN 用户。它增加了完全 DMZ 支持，并通过 VLAN 中继集成到交换式网络环境。此外，安全加强许可证支持冗余 ISP 连接和无状态活跃/备份高可用性服务，该特性有助于确保业务连续性。

为了给 ASA 提供更多特性，可以购买额外的基于时间或可选的许可证。比如，管理员可以安装基于时间的僵尸流量过滤器许可证，有效期为一年。另一个例子是，如果 ASA 必须要处理 SSL VPN 用户并发数量在短期内激增的情况，可以购买可选的 AnyConnect Premium 许可证。

将这些附加的许可证整合到预先安装的许可证，可以创建永久许可证。永久许可证需要使用命令 **activation-key** 安装永久激活密钥来激活。永久激活密钥包括了所有单个密钥中所有的许可证特性。产品激活密钥可以通过 Cisco 客户代表购买。

注意：只可以安装一个永久许可证密钥，而且一旦安装，它将成为运行许可证。

要想验证 ASA 设备上的许可证信息，可以使用 **show version** 或 **show activation-key** 命令。

9.1.2 基本 ASA 配置

9.1.2.1 ASA 5505 概述

Cisco ASA 5505 是一个用于小型企业、分支机构和企业远程办公环境的全功能安全设备。它在一个模块化的即插即用设备中提供了高性能的防火墙、SSL VPN、IPSec VPN 和丰富的网络服务。

Cisco ASA 5505 的默认 DRAM 内存为 256MB（可升级到 512MB），默认内部 flash 内存为 128MB。在故障切换（failover）配置下，两个模块单元必须是相同的型号、硬件配置、接口数量和类型以及 RAM 的大小必须都相同。

9.1.2.2 ASA 安全级别

ASA 指定安全级别来区分内部和外部网络。安全级别定义了接口的可信任度。级别越高，接口越可信。安全级别的数值范围为 0（不可信）～100（非常可信）。每一个运行的接口必须有一个名字和安全级别，取值为 0（最低）～100（最高）。

级别 100 被指定为最安全的网络，例如内部网络。连接到互联网的外部网络可以被指定为级别 0。DMZ 和其他网络可以被指定为 0～100 的一个安全级别。当流量从一个安全级别高的接口流向较低安全级别的接口时，被认为是出站流量。相反，当流量从一个安全级别低的接口流向较高安全级别的接口时，被认为是入站流量。

出站流量默认是被允许和检查的。因为是状态数据包检测，返回流量也是允许的。例如，内部接口上的内部用户可以自由访问 DMZ 上的资源。他们也可以发起到互联网的连接，没有任何限制，也不需要额外的策略或附加的命令。但是，如果流量源自外部网络并且发往 DMZ 或内部网络时，默认是拒绝的。对于返回流量，即由内部网络发起，经由外部接口返回的流量,将被允许进入。该默认行为的任何例外,都需要配置 ACL 来明确地允许流量从较低的安全级别接口去往较高的安全级别接口(例如,从外部接口到内部接口)。

9.1.2.3 ASA 5505 部署场景

ASA 5505 一般用作为边缘安全设备,将小型公司连接到 ISP 的设备,比如 DSL 或有线调制解调器(cable modem),以访问互联网。它可以用来连接和保护若干工作站、网络打印机以及 IP 电话。

在小的分支机构中,常见的部署包括安全级别为 100 的内部网络(VLAN 1)和安全级别为 0 的外部网络(VLAN 2)。快速以太网交换端口 6 和 7 为 PoE 端口。它们可以被分配到 VLAN 1 并且用来连接 IP 电话。

在小的公司内,ASA 5505 可以与两个不同的受保护网段一起部署:一个网段是内部网络(VLAN 1),用来连接工作站和 IP 电话;另一个网段是 DMZ(VLAN 3),用来连接公司的 Web 服务器。外部接口(VLAN 2)用来连接互联网。

在企业网络部署中,远程用户和家庭用户可以使用 ASA 5505,通过 VPN 连接到企业中心位置。

9.2 ASA 防火墙配置

9.2.1 ASA 防火墙配置

9.2.1.1 基本的 ASA 设置

ASA 命令行界面(Command Line Interface,CLI)是一种专有的 OS,看起来和路由器 IOS 非常像。例如,ASA CLI 包含的命令提示符与 Cisco IOS 路由器中的很像。此外,与 IOS CLI 一样,ASA CLI 也可以识别下述内容:

- 命令或关键字的缩写;
- 使用 Tab 键自动补全命令;
- 在命令后面使用帮助键(?)查看额外的语法。

然而,ASA CLI 也有不同的命令。

注意：所有的 ASA 型号可以使用 CLI 或自适应安全设备管理器（Adaptive Security Device Manager，ASDM）来配置和管理。本章的重点是 ASA CLI。ASDM 将在其他章节进行介绍。

9.2.1.2 ASA 的默认配置

在大多数情况下，ASA 5505 附带的默认配置对于基本的 SOHO 部署来说已经足够了。

注意：ASA 可以使用全局配置模式命令 **configure factory-default** 来恢复成出厂默认配置。

这个配置包括两个预先配置好的 VLAN 网络。

- VLAN 1：用作内部网络。
- VLAN 2：用作外部网络。

9.2.1.3 ASA 交互式设置初始化向导

ASA 提供了一个交互式的设置初始化向导，可以简化设备的初始配置。该配置引导着管理员使用交互式问答来配置基本的设置。

当使用 **write erase** 和 **reload** 特权 EXEC 命令擦除并重启 ASA 时，将显示该向导。

设备在重启时，ASA 向导显示 "Pre-configure Firewall now through interactive prompts [yes]?"，输入 **no** 后，将显示 ASA 的默认用户 EXEC 模式提示符。如果输入 **yes** 并按 Enter 键，表示接受默认设置[yes]。这将启动向导，并且 ASA 将交互式地指导管理员配置默认信息。

注意：安全设备在方括号（[ ]）内显示默认值，然后提示用户接受或者改变它们。如果接受默认输入，直接按 Enter 键就可以了。

交互式部分的设置初始化向导完成后，安全设备显示新配置的汇总并提示用户保存或拒绝这些设置。回答 **yes** 将保存这些配置到闪存里并且显示配置好的主机名提示符。回答 **no** 将重新启动设置初始化向导，并且所有的改变将恢复为默认的设置。这使得管理员可以纠正配置错误的设置。

尽管向导提供了基本的配置设置，但是多数管理员更喜欢使用 CLI 命令手动配置设备。

9.2.2 配置管理设置和服务

9.2.2.1 进入全局配置模式

在擦除 ASA 设备并且重启设备后，将显示默认的 ASA 用户提示符 **ciscoasa>**，用户将无法使用交互式设置向导。

使用 **enable** 用户 EXEC 模式命令可以进入特权 EXEC 模式。最初，ASA 没有配置密码，因此在提示输入密码时，让 enable 的密码为空，然后按 Enter 键。

ASA 的日期和时间应该手动设置，或者使用网络时间协议（NTP）设置。使用 **clock set** 特权 EXEC 命令可以设置日期和时间。

注意：本章后面将介绍 NTP。

使用 **configure terminal** 特权 EXEC 命令可以进入全局配置模式。第一次进入全局配置模式时，将出现一条与智能报障服务（Smart Call Home）特性相关的信息。该特性在选定的 Cisco 设备上提供主动诊断和实时告警，从而提供更高的网络可用性和更高的运营效率。ASA 设备要想使用该特性，必须有一个 Cisco 官网账户，并且根据 Cisco SMARTnet 服务合同进行注册。

9.2.2.2 配置基本的设置

必须使用基本的管理设置来配置 ASA。

与 IOS CLI 一样，使用 **banner motd** 命令可以提供一条法律通知。然而，该命令在配置时与 IOS 版本的相应命令略有不同。要让 banner 具有多行文字，则必须多次输入 **banner motd** 命令。要删除某些行，需要使用 **no banner motd** *message* 命令。

特权 EXEC 密码自动使用 MD5 进行了加密。然而，应该启用使用了 AES 的加密。为此，必须配置主密码短语（master passphrase）并启用 AES 加密。

使用 **key config-key password-encryption** 命令更改主密码短语。使用 **show password encryption** 命令可以启用密码加密。

9.2.2.3 配置逻辑 VLAN 接口

在 5505 设备上配置接口与在其他 5500 系列的 ASA 设备中配置接口是不相同的。在其他的 ASA 设备中，可以直接为物理接口指定一个三层的 IP 地址，这与 Cisco 路由器很像。在 ASA 5505 中，8 个集成的交换机接口是二层端口。因此在配置 ASA 5505 时，需要配置两种类型的接口。

- **逻辑 VLAN 接口**：这些接口使用三层信息（包括名字、安全级别和 IP 地址）进行配置。
- **物理交换机端口**：这些是分配给逻辑 VLAN 接口的二层交换机端口。

在 ASA 5505 上，三层参数配置在名为交换机虚拟接口（Switch Virtual Interface，SVI）

的逻辑 VLAN 接口。SVI 需要名字、接口安全级别以及 IP 地址。二层交换机端口被分配给特定的 VLAN。同一 VLAN 内的交换机端口可以使用硬件交换直接通信。但是当 VLAN 1 中的交换机端口想要与 VLAN 2 中的交换机端口通信时，ASA 将为流量应用安全策略，并在两个 VLAN 之间路由流量。

具有基本许可证的 ASA 5505 不允许创建 3 个功能齐全的 VLAN 接口。然而，可以创建第 3 个"受限"的 VLAN 接口，前提是先使用 **no forward interface vlan** 命令配置了接口。该命令可以限制该接口发起与其他 VLAN 的通信。因此，配置了内部和外部 VLAN 接口后，必须先输入 **no forward interface vlan** *number* 命令，然后再在第 3 个接口上输入 **nameif** 命令。参数 *number* 指定了无法发起流量的 VLAN 接口的 ID。为了让其具有完整的功能，则需要安全加强（Security Plus）许可。

接口 IP 地址的配置可以通过下面的方法来完成。

- **手动**：通常用于为接口分配 IP 地址和掩码。
- **DHCP**：在接口连接到提供 DHCP 服务的上游设备时使用。接口是一个 DHCP 客户端，可以从上游的设备中发现它的 IP 地址和 DHCP 信息。
- **PPPoE**：在接口连接到上游 DSL 设备，且该 DSL 设备通过以太网服务提供点到点连接时，使用该方式。接口是一个 PPPoE 客户端，可以从上游的 PPPoE DSL 服务中发现它的 IP 地址。

9.2.2.4 为 VLAN 分配二层端口

默认情况下，所有的二层端口都分配到 VLAN 1 中。因此，要更改默认的 VLAN 分配，必须使用 **switchport access vlan** *vlan-id* 接口配置命令来配置二层端口。也必须使用 **no shutdown** 接口配置命令来启用端口。

注意：只有当接口的 VLAN 成员关系已经从默认的 VLAN 1 进行了修改后，运行配置才显示该接口的 **switchport access vlan** 命令。位于默认的 VLAN 1 中的接口不显示 **switchport access vlan 1** 命令。

使用 **show switch vlan** 命令可以验证 VLAN 设置。

使用 **show interface** 或 **show interface ip brief** 命令可以显示所有 ASA 接口的状态。使用 **show ip address** 命令可以显示三层 VLAN 接口的信息。

9.2.2.5 配置默认的静态路由

如果 ASA 被配置为 DHCP 客户端，则可以从上游设备中接收并安装默认路由。否则，

必须使用 **route** *interface-name* **0.0.0.0 0.0.0.0** *next-hop-ip-address* 命令来配置默认静态路由。使用 **show route** 命令可以验证路由条目。

9.2.2.6 配置远程访问服务

在 CLI 中可以使用 Telnet 或 SSH 远程管理 ASA 5505。

注意：**aaa authentication telent console LOCAL** 命令可以覆盖使用 **password** 命令设置的密码，并使用本地数据库对 Telnet 访问进行认证。

在 Telnet 通信中，所有内容（包括密码）都是以明文形式发送的。SSH 流量封装在隧道中，这有助于防止密码和其他敏感的配置信息被截获。因此，出于安全原因，应该总是使用 SSH 启用远程访问。使用 **show ssh** 命令可以验证 SSH 的配置。

9.2.2.7 配置 NTP 服务

可以在 ASA 上启用网络时间协议（NTP）服务，从 NTP 服务器上获取日期和时间。

使用 **show ntp status** 和 **show ntp associations** 命令可以验证 NTP 的配置和状态。

9.2.2.8 配置 DHCP 服务

ASA 可以配置为 DHCP 服务器，向主机提供 IP 地址和 DHCP 信息。

注意：ASA 5505 基础许可最多可以为 32 个 DHCP 客户端提供 IP 配置信息。然而，基础许可只能供 10 位用户使用，也就是说它最多允许 10 个并发的内部 IP 地址与外部接口或其他 VLAN 通信。对于可供 50 位用户使用的许可，客户端最多为 128 个。对于没有限制的许可（Unrestricted License，UL），客户端最多为 256，这与其他的 ASA 型号相同。

注意：如果 ASA 外部接口被配置为 DHCP 客户端，随后可以使用 **dhcpd auto_config ouitside** 全局配置模式命令，将从外部接口获取的 DHCP 信息传递到 DHCP 内部客户端。

使用下述命令可以验证 DHCP 的设置。

- **show dhcpd state**：显示内部和外部接口的当前 DHCP 状态。
- **show dhcpd binding**：显示内部用户的当前 DHCP 绑定信息。
- **show dhcpd statistics**：显示当前的 DHCP 统计信息。

要清除 DHCP 绑定或统计信息，可使用 **clear dhcpd binding** 或 **clear dhcpd statistics** 命令。

9.2.3 对象组

9.2.3.1 对象和对象组简介

ASA 支持对象和对象组。

对象由 ASA 创建，用来替代任何给定配置中的内嵌（inline）IP 地址。对象可以使用一个特定的 IP 地址、整个子网、一个地址范围、一个协议、一个特定接口或一组接口来定义。对象随后可以在多个配置中重复使用。

对象的优点是，当它被修改后，这个改变可以自动应用到使用该特定对象的所有规则。因此，对象使得维护配置变得很容易。

在需要的时候，对象可以附加到一个或多个对象组，确保对象不被复制，但同时在任何需要的地方可以再次使用。可以在 NAT、访问列表和对象组中使用这些对象。具体来说，网络对象是配置 NAT 的一个重要部分。

可以配置两种对象类型。

- **网络对象**：包含一个单独的 IP 地址和子网掩码。网络对象可以是 3 种类型：主机、子网、范围。网络对象是使用 **object network** 命令配置的。
- **服务对象**：包含一个协议和可选的源和/或目的端口。服务对象是使用 **object service** 命令来配置的。

注意：在镜像版本为 8.3 以及更高的 ASA 内配置 NAT 时，需要用到网络对象。

9.2.3.2 配置网络对象

要创建网络对象，可使用全局配置模式命令 **object network** *object-name*。提示符将改变为网络对象配置模式。

网络对象的名称只能包含一个 IP 地址和掩码对。因此，在网络对象里只能有一条语句。若输入第二个 IP 地址/掩码对，将会取代现有的配置。

要删除所有的网络对象，可使用 **clear config object network** 命令。

注意：这个命令会清除所有的网络对象。

9.2.3.3 配置服务对象

要创建服务对象，可使用全局配置模式命令 **object service** *object-name*。提示符将改变为服务对象配置模式。服务对象可以包含一个协议、ICMP、ICMPv6、TCP 或 UDP 端口（或端口范围）。

可选的关键字用来标识源端口或目的端口或者同时标识两者。诸如 **eq**、**neq**、**lt**、**gt** 和 **range** 等操作符，支持对给定的协议配置端口。如果没有指定操作符，则默认的操作是 **eq**。

使用命令的 **no** 格式可以删除一个服务对象。要删除所有的服务对象，可以使用 **clear config object service** 命令。

要进行检验，可以使用 **show running-config object** 命令。

9.2.3.4 对象组

可以通过组合多个对象的方式来创建对象组。通过把相似的对象组合在一起，可以在访问控制条目（ACE）中使用对象组，而没有必要单独为每个对象输入一个 ACE。

注意：也可以创建一个网络对象组，但是不建议这样做，建议使用服务对象组进行替代。

以下指导原则和限制适用于对象组：

- 对象和对象组共享同样的名字空间；
- 对象组必须具有唯一的名字；
- 如果在命令中使用对象组，则它不能被删除或清空；
- ASA 不支持 IPv6 的嵌套对象组。

9.2.3.5 配置公共对象组

要配置网络对象组，可以使用全局配置模式命令 **object-group network** *grp-name*。输入这个命令后，可以使用 **network-ojbect** 和 **group-object** 命令将网络对象添加到网络组中。

注意：网络对象组不能用来实施 NAT。需要使用网络对象来实施 NAT。

要配置 ICMP 对象组，可以使用全局配置模式命令 **object-group icmp-type** *grp-name*。输入这个命令后，可使用 **icmp-object** 和 **group-object** 命令将 ICMP 对象添加到 ICMP 对象组中。

要配置服务对象组，可以使用全局配置模式命令 **object-group service** *grp-name*。这个服务对象组可以定义 TCP 服务、UDP 服务、ICMP 类型的服务和任意协议的组合。输入 **object-group service** 命令后，可以使用 **service-object** 和 **group-object** 命令将服务对象添加到服务组中。

要为 TCP、UDP 或者 TCP 和 UDP 配置服务对象组，可在全局配置命令 **object-group service** *grp-name* [**tcp** | **udp** | **tcp-udp**]中指定相应的选项。当在命令行上指定了 **tcp**、**udp** 或

tcp-udp 时，服务定义了一个 TCP/UDP 端口规范的标准服务对象组，比如"eq smtp"和"range 2000 2010"。输入这个命令后，可使用 **port-object** 和 **group-object** 命令将端口对象添加到服务组中。

要从配置中清除所有对象组，可使用全局配置模式命令 **clear configure object-group**。

要验证对象组的配置，可使用 **show running-config object-group** 命令。

对象组的真实示例将在配置 ACL 和 NAT 时介绍。ASA 不支持 IPv6 嵌套对象组。

9.2.4 ACL

9.2.4.1 ASA ACL

Cisco ASA 5505 使用 ACL 提供了基本的流量过滤功能。ACL 通过阻止已定义的流量进出网络来控制网络中的访问。

ASA ACL 和 IOS ACL 有很多相似之处。比如，两者都是由 ACE 构成，都是按照自上到下的顺序处理，并且在末尾都有一条隐含的 **deny all**。此外，"在每个接口、每个协议、每个方向上只能使用一个 ACL 的规则"对两者均适用。

ASA ACL 区别于 IOS ACL 的地方是它使用网络掩码（比如，255.255.255.0）代替了通配符掩码（比如，0.0.0.255）。同时大部分 ASA 使用命名 ACL 而非数字（编号）ACL。

9.2.4.2 ASA ACL 的过滤类型

安全设备上的 ACL 不仅能用来过滤通过该设备的数据包，而且能够过滤发送给该设备的数据包。

- **直通流量过滤**（through-traffic filtering）：从安全设备的一个接口流入，从另一个接口流出的流量。使用两个步骤完成该配置。第一步是设置一个 ACL，第二不是把 ACL 应用到接口。

- **to-the-box-traffic 过滤**：也被称作管理访问规则，当数据流终结在 ASA 上时使用。它在 8.0 版本引入，用来过滤去往 ASA 控制平面的流量。完成它只需要一个步骤，但是需要额外的规则集来执行访问控制。

ASA 设备在接口安全级别上也不同于路由器设备。默认情况下，安全级别在应用访问控制时无须配置 ACL。例如，来自一个较为安全的接口（比如安全级别 100）的流量允许访问较不安全的接口（比如安全级别 0）；反之，流量将受到阻塞。

例如，一台主机来自内部网络，且该网络的安全级别为 100，它可以访问安全级别为 0 的外部接口。然而，来自全级别为 0 的外部接口上的主机无法访问具有较高安全级别的内部接口。如果需要，必须显式配置一条 ACL，以允许从较低安全级别去往较高安全级别的流量。

要在两个具有相同安全级别的接口上建立连接，需要用到 **same-security-traffic permit inter-interface** 全局配置模式命令。要让流量出入同一个接口，比如当加密的流量进入一个接口，然后未加密的流量经由同一接口被路由出去时，需要使用 **same-security-traffic permit intra-interface** 全局配置模式命令。

9.2.4.3 ASA ACL 的类型

ASA 支持 5 种访问列表。

- **扩展访问列表**：最常见的 ACL 类型。包含一个或多个 ACE 来指定源/目的地址和协议、端口（对于 TCP 或 UDP），或者 ICMP 类型（对于 ICMP）。

- **标准访问列表**：与 IOS 中标准 ACL 识别源主机/网络不同，ASA 的标准 ACL 用来识别目的 IP 地址。它们通常只用于 OSPF 路由并且用在 OSPF 重分布的路由映射中。标准访问列表不能应用在接口上控制流量。

- **EtherType 访问列表**：只有当安全设备运行在透明模式时，才能配置 EtherType ACL。

- **Webtype 访问列表**：在支持对无客户端 SSL VPN 进行过滤的配置中使用。

- **IPv6 访问列表**：用来判断路由器接口上哪些 IPv6 流量被阻塞，以及哪些流量被转发。

使用特权 EXEC 命令 **help access-list** 可以显示一个 ASA 平台支持的所有 ACL 的语法。

注意：本章的重点是扩展 ACL。

9.2.4.4 配置 ACL

考虑到所支持的参数的数量，用于 ASA 的 ACL 配置语法选项有点多。这些参数不仅可以让管理员完全控制要检测的内容，而且也提供完整的日志记录功能，以便在随后的某个时间来分析流量。

ASA 中可以使用多种选项。IOS ACL 和 ASA ACL 具有相似的元素，但 ASA 也有些不同的选项。

9.2.4.5 应用 ACL

在配置了 ACL 后，下一步是将 ACL 到一个接口的入站方向或出站方向。

要验证 ACL，可以使用 **show access-list** 和 **show running-config access-list** 命令。

要擦除配置的 ACL，可以使用 **clear configure access-list** *id* 命令。

9.2.4.6　ACL 和对象组

考虑这样一个拓扑：两台可信的远端主机需要访问提供 Web 和邮件服务的两台内部服务器，其他试图通过 ASA 的流量应该被丢弃并进行记录。

ACL 针对每台主机需要两个 ACE 来完成该任务。隐式的 **deny all** 语句将丢弃和记录没有匹配邮件或 Web 服务的任何数据包。ACL 应该使用 **remark** 命令来做一个彻底的记录。

要检验 ACL 语法，可使用 **show access-list** 和 **show running-config access-list** 命令。

9.2.4.7　使用对象组的 ACL 示例

对象组用来把相似项目分成一组，以降低 ACE 的数量。通过把类似的对象分组，可以在 ACL 中使用对象组，而不用分别为每个对象输入一个 ACE。如果没有对象组，安全设备的配置可能包含数千行的 ACE，这非常难于管理。

当定义 ACE 时，安全设备遵循如下的乘法规则。比如，如果两台外部主机需要访问运行 HTTP 和 SMTP 服务的两台内部服务器，则 ASA 将要使用 8 条基于主机的 ACE。计算的方法如下：

ACE 的条数 =（2 台外部主机）×（2 台内部服务器）×（2 个服务）= 8

采用对象分组的方式可以将一组网络对象放到一个组中，将外部主机放到另外一个组中。安全设备也可以合并 TCP 服务到一个服务对象组。

比如，考虑前面提到的总共 9 条 ACE（8 条 permit ACE 和一条隐式 deny ACE）的扩展 ACL。建立如下的对象可以将实际的 ACL-IN ACL 简化为一条 ACE。比如，建立如下的对象组。

- 命名为 **NET-HOSTS** 的网络对象组：标识两台外部主机。
- 命名为 **SERVICES** 的网络对象组：标识提供邮件和 Web 服务的服务器。
- 服务对象组 **HTTP-SMTP**：标识 SMTP 和 HTTP 协议。

在配置完对象组后，它们可以用在任意一条 ACL 和多条 ACL 中。可以使用单独一条 ACE 允许信任的主机向一组内部服务器发出特定的服务请求。

尽管对象组的配置看起来比较乏味，但它的优点是，这些对象可以在其他 ASA 命令中重复使用，并且很容易修改。比如，如果需要添加一个新的内部邮件服务器，那么所需要的就是编辑 Internal-Servers 对象组。

注意：对象组也可以嵌套在其他对象组中。

9.2.5 ASA 上的 NAT 服务

9.2.5.1 ASA NAT 概述

与 IOS 路由器一样，ASA 支持 NAT。NAT 通常用来将私有 IP 网络地址转换为公有 IP 地址。

具体来说，Cisco ASA 支持下述常见的 NAT 类型。

- **动态 NAT**：多对多转换。通常是一个内部私有地址池，需要向另外一个地址池请求公有地址。
- **动态 PAT**：多对一转换，这也称为 NAT 重载。通常是一个内部私有地址池，会重载为一个外部接口或地址。
- **静态 NAT**：一对一转换。通常是一个映射到内部服务器的外部地址。
- **策略 NAT**：基于策略的 NAT 以一组规则为基础。这些规则指定只有去往特定目的地址和/或特定端口的某些源地址被会进行转换。

NAT 的这 4 种类型也称为 **network object NAT**，要配置这 4 种类型，需要先配置网络对象。

注意：另外一种 ASA NAT 特性称之为 Twice-NAT。Twice-NAT 可以识别一条规则（**nat** 命令）中的源和目的地址。当配置远程访问 IPSec VPN 或 SSL VPN 时，需要使用 Twice-NAT。Twice-NAT 超出了本书的范围，后续不再介绍。

9.2.5.2 配置动态 NAT

要配置网络对象动态 NAT，需要两个网络对象。

- 一个网络对象标识表示内部地址将要转换成的公有 IP 地址池。可以使用 **range** 或 **subnet** 网络对象命令来标识。
- 第二个网路对象标识要被转换的内部地址，并将两个对象绑定起来。可以使用 **range** 或 **subnet** 网络对象命令来标识。这两个网络对象随后可以使用 **nat** (*real-ifc, mapped-ifc*) **dynamic** *mapped-obj* 网络对象命令绑定起来。

9.2.5.3 配置动态 PAT

这个配置的变体叫作动态 PAT，即配置并重载了真实的外部 IP 地址，而不是 ASA 接口

IP 地址。

在重载外部接口时，只需要一个网络对象。要使内部主机重载外部地址，可使用 **nat** (*real-ifc, mapped-ifc*) **dynamic interface** 命令。

9.2.5.4 配置静态 NAT

当一个内部地址需要映射到一个外部地址时，可以配置静态 NAT。例如，当一台服务器必须从外部访问时，可以使用静态 NAT。

使用 **nat** (*real-ifc, mapped-ifc*) **static** *mapped-inline-host-ip* 网络对象命令可以配置静态 NAT。

静态 NAT 的转换要想成功，需要用到 ACL。

使用 **show xlate** 和 **show nat detail** 命令可以验证地址转换。在测试 NAT 时，有可能需要使用 **clear nat counters** 命令。

9.2.6 AAA

9.2.6.1 AAA 回顾

认证、授权和审计（AAA）提供了额外的保护和用户控制。只使用 AAA，已认证和已授权的用户就可以被允许通过 ASA 进行连接。

认证可以单独使用或者结合授权和审计一起使用。授权总是需要用户先要通过认证。审计可以单独使用，也可以与认证和授权一起使用。

在概念上，AAA 与使用信用卡类似。认证通过请求有效的用户凭据（通常是用户名和密码）来控制访问。ASA 可以认证所有去往 ASA 的管理性连接，其中包括 Telnet、SSH、控制台、使用 HTTPS 的 ASDM 和特权 EXEC。

当用户通过认证后，授权控制每个用户的访问。授权控制每个已验证用户能够使用的服务和命令。如果不启用授权，只使用认证，则会为所有已认证的用户提供相同的访问。ASA 可以对管理命令、网络访问和 VPN 访问进行授权。

审计用来跟踪通过 ASA 的流量，使管理员能记录用户行为。审计信息包括会话开始和结束的时间、用户名、该会话通过 ASA 的字节数、使用的服务以及每个会话的持续时间。

9.2.6.2 本地数据库和服务器

Cisco ASA 可以被配置为使用本地用户数据库和/或外部服务器进行认证。

本地 AAA 使用本地数据库来认证。这种方式在 ASA 本地保存用户名和密码，对用户进行认证时需要检查本地数据库。对于不需要专用 AAA 服务器的小型网络来说，本地 AAA 是理想的选择。

注意：与 ISR 不同，ASA 设备如果不使用 AAA，就不支持本地验证。

使用 **username** *name* **password** *password* [**privilege** *priv-level*] 命令创建本地用户账号。要从本地数据库中清除用户，可使用 **clear config username** [*name*] 命令。要查看所有用户的账户，可使用 **show running-conf username** 命令。

基于服务器的 AAA 认证比本地 AAA 认证具有更好的可扩展性。基于服务器的 AAA 认证通过 RADIUS 或 TACACS+协议使用外部数据库服务器资源。如果有多个连网设备，基于服务器的 AAA 是更合适的选择。

要清除所有 AAA 服务器配置，可使用 **clear config aaa-server** 命令。要查看所有用户的账户，可使用 **show running-conf aaa-server** 命令。

9.2.6.3 AAA 配置

要认证通过控制台、SSH、HTTPS（ASDM）或 Telnet 连接访问 ASA CLI 的用户，或者认证使用 **enable** 命令访问特权 EXEC 模式的用户，可在全局配置模式下使用 **aaa authentication console** 命令。

该命令的语法是 **aaa authentication** {**serial** | **enable** | **telnet** | **ssh** | **http**} **console** {**LOCAL** | *server-group* [**LOCAL**]}。

要清除所有 AAA 参数，可使用 **clear config aaa** 命令。要查看所有用户的账户，可使用 **show running-conf username** 命令。

9.2.7 ASA 上的服务策略

9.2.7.1 MPF 概述

模块化策略框架（Modular Policy Framework，MPF）配置定义了一套规则集来应用防火墙功能，比如对穿越 ASA 的流量进行流量检查和 QoS。MPF 允许对数据流进行精细的分类，对不同数据流采用不同的高级策略。MPF 用在硬件模块上，将来自 ASA 的流量精细地重定向到使用 Cisco MPF 的模块上。通过在第 5 层到第 7 层对流量进行分类，MPF 可以用来对流量执行高级应用层检测。使用 MPF 同样可以执行限速和 QoS 特性。

尽管 MPF 的语法和 ISR IOS 路由器上使用的 Cisco 模块化 QoS CLI（MQC）语法以及 Cisco 通用分类策略语言（C3PL）语法很类似，但是可配置的参数还是有所不同。与 ISR 上的 Cisco IOS ZPF 相比，ASA 平台提供了更多可配置的动作（action）。ASA 针对特定应用的参数使用了丰富的标准集，以支持第 5 层到第 7 层的检查。比如，ASA MPF 特性可以用来匹配 HTTP URL 和请求方法、在特定时间内防止用户访问特定的站点，以及防止用户使用 HTTP/FTP 或 HTTPS/SFTP 下载音乐（MP3）和视频文件。

在 ASA 上配置 MPF 分为 4 个步骤。

步骤 1　（可选）配置扩展 ACL 来标识可以在 class map 中使用的细分流量。例如，可以使用 ACL 来匹配 TCP 流量、UDP 流量、HTTP 流量或去往特定服务器的所有流量。

步骤 2　配置 class map 来标识流量。

步骤 3　配置 police map，对这些 class map 应用动作（action）。

步骤 4　配置 service policy，将 policy map 应用到接口。

9.2.7.2　配置 class map

配置 class map 可以标识第 3/4 层流量。要创建一个 class map 并且进入 class map 配置模式，可使用全局配置模式命令 **class-map** *class-map-name*。名字"class-default"以及任何以"_internal"或"_default"开始的名字是保留使用的。class map 的名字必须是唯一的并且最多长达 40 个字符。这个名字也应该具有描述性。

注意： class-map 命令的一个变体用于去往 ASA 的管理流量。在这个情况下，可使用 **class-map type management** *class-map-name* 命令。

在 class-map 配置模式下，应该使用 **description** 命令来配置一个描述，用来解释 class map 的用途。

接下来，使用 **match any**（匹配所有流量）或 **match access-list** *access-list-name* 命令来标识要匹配的流量，以匹配扩展访问列表中指定的流量。

注意： 除非另作规定，否则在 class map 里只能包括一个 **match** 命令。

ASA 还自动定义了一个默认的第 3/4 层 class map，这个 class map 在配置中使用 **class-map inspection_default** 来标识。在这个 class map 中标识的是 **match default-inspection-traffic**，后者可以匹配所有检测的默认端口。当在 policy map 中使用时，这个 class map 根据流量的目的端口，确保为每个数据包应用了正确的检测。比如，当端口号 69 的 UDP 数据流到达 ASA 时，ASA 应用 TFTP 检测。只有在这种情况下，才可以为同一个 class map 配置多个检测。正常情况下，ASA 不使用端口号来决定要应用哪个检测。这为非标准端口应用检测提供了灵活性。

要显示有关 class map 配置的相关信息，可使用 **show running-config class-map** 命令。

要清除所有 class map，可在全局配置模式使用 **clear configure class-map** 命令。

9.2.7.3 定义并激活一个策略

policy map 用来绑定 class map 和动作（action）。为了把动作应用到第 3 层和第 4 层的流量，可使用全局配置模式命令 **policy-map** *policy-map-name*。policy map 的名字必须是唯一的并且最多长达 40 个字符。这个名字也应该是描述性的。

在 policy map 配置模式（config-pmap）中，可使用如下命令。

- **description**：添加描述文字。
- **class** *class-map-name*：标识要执行动作的 class map。

policy map 的最大数量是 64。在一个 policy map 里可以有多个第 3/4 层 class map，并且从一个或多个特性类型里可以分配多个动作到每个 class map。

注意：配置包含一个默认的第 3/4 层 policy map，而且 ASA 使用它作为其默认的全局策略。它被称作 **global_policy** 并且对默认的检测流量执行检测。只能有一个全局策略。因此，要更改全局策略，要么编辑它，要么替换它。

在 policy map 位置模式中，有下面 3 个经常使用的命令。

- **set connection**：设置连接值。
- **inspect**：提供协议检测服务器。
- **police**：为该 class 中的流量进行限速。

根据特性（feature），动作可以应用到单向或双向的流量上。

要显示有关 policy map 配置的信息，可使用 **show running-config policy-map** 命令。

要清除所有 policy map，可在全局配置模式使用 **clear configure policy-map** 命令。

配置服务策略

要在所有接口或者一个目标接口激活一个全局的 policy map，可使用全局配置模式命令 **service-policy**，在一个接口上启用一组策略。

service-policy *policy-map-name* [**global** | **interface** *intf*]

9.2.7.4 ASA 默认策略

ASA 默认配置包括一个全局策略，匹配所有默认应用的检测流量并且在全局对流量进行检测。否则，可以将服务策略应用到一个接口或在全局应用。

对于既定的特性，接口服务策略比全局服务策略的优先级要高。比如，如果有一个全局检测策略，同时有一个接口检测策略，则只有接口策略检测会应用到该接口上。

要更改全局策略，管理员需要编辑默认策略，或者禁用默认策略并应用一个新的策略。

要显示有关服务策略配置的信息，可使用 **show service-policy** 或 **show running-config service-policy** 命令。

要清除所有服务策略，可在全局配置模式使用 **clear configure service-policy** 命令。**clear service-policy** 命令会清除服务策略统计信息。

9.3 总结

自适应安全设备（ASA）是一台独立的防火墙设备，它是 Cisco SecureX 技术的主要组件。它通过将防火墙、VPN 集中器和入侵防御功能整合到一台设备，可以使内部网络免于未经授权的外部访问。ASA 也支持很多高级特性，比如虚拟化、带有故障切换的高可用性、身份防火墙和高级威胁控制。ASA 可以在路由模式或透明模式中配置。

ASA 为内部网络和外部网络指派了安全级别，以对其进行区分。安全级别定义了一个接口的信任级别，级别越高，接口越被信任。安全级别值的范围为 0（不信任）～100（非常信任）。每一个运行的接口必须有一个名字，而且必须分配一个从 0（最低）～100（最高）的安全级别。

ASA 设备可以使用 CLI 或 ASDM GUI 来配置和管理。ASA CLI 是一个专有的 OS，其外观与路由器 IOS 相似。

ASA 5505 自带的默认配置对 SOHO 部署已经足够了，其配置包括：

- 两个预配置的 VLAN 网络；
- 为内部主机启用 DHCP；
- 用于外部访问的 NAT。

第 10 章

高级 Cisco 自适应安全设备

本章介绍

Cisco 自适应安全设备（ASA）提供了成熟全面的防火墙解决方案，是 Cisco 安全无边界网络中的一个主要组件。它提供了卓越的可扩展性、广泛的技术解决方案，以及有效的、始终在线的安全性，可以满足各种部署的需要。

可以使用 CLI 和 ASA 安全设备管理器（ASDM）配置 ASA 5500 系列设备。

本章将介绍 ASDM 以及 ASA 5500 系列设备的防火墙和 VPN 功能。

10.1 ASA 设备管理器

10.1.1 ASDM 简介

10.1.1.1 ASDM 概述

Cisco ASA 可以通过命令行界面（CLI）或使用图形用户界面（GUI）ASA 安全设备管理器（ASDM）进行配置和管理。CLI 的配置速度很快，但是需要花费大量的时间去学习；而 ASDM 相当直观，简化了 ASA 的配置。

具体来讲，Cisco ASDM 是一个基于 Java 的 GUI 工具，在 Cisco ASA 的设置、配置、监控和排错方面提供了帮助。这个应用程序向管理员隐藏了命令的复杂性，并且无须广泛的 ASA CLI 知识就可以进行配置。该工具与 SSL 一起工作，确保了与 ASA 之间的通信是安全的。它还提供了快速配置向导，并提供了日志记录和监控功能，而这两个功能在使用 CLI 时是不可用的。

出于上述原因，ASDM 成为配置、管理和监控 ASA 的首选方法。

注意：本章的重点是使用 ASDM 配置 ASA。

10.1.1.2 准备 ASDM

为了访问 ADSDM，需要对 ASA 进行一些少量配置。具体来说，ASDM 是使用从 SSL Web 浏览器到 ASA Web 服务器的连接来访问的。SSL 对客户端和 ASA Web 服务器之间的流量进行加密。

ASA 至少需要配置一个管理接口。管理接口取决于 ASA 的型号。在 ASA 5505 上，管理接口包含一个内部逻辑 VLAN 接口（VLAN 1）和一个物理以太网端口（不能是 Ethernet 0/0）。所有其他的 ASA 型号还有一个专用的 3 层 Management 0/0 接口。

具体来说，要准备以 ASDM 的方式访问 ASA 5505，需要配置下述内容。

- **内部逻辑 VLAN 端口**：分配 3 层地址和安全级别。
- **Ethernet 0/1 物理端口**：默认分配为 VLAN 1，但是必须启用该端口。
- **启用 ASA Web 服务器**：默认情况下为禁用状态。
- **允许访问 ASA Web 服务器**：默认情况下，ASA 是在封闭的策略下运行的，因此去往 HTTP 服务器的所有连接都被拒绝了。

注意：使用 **clear configure http** 全局配置模式命令，可以删除或禁用 ASA HTTP 服务器的服务。

10.1.1.3 启动 ASDM

要启动 ASDM，需要在允许访问的主机的 Web 浏览器中输入 ASA 的管理 IP 地址。允许访问的主机必须使用 HTTPS 协议，通过浏览器建立去往内部接口 IP 地址的连接。

在显示的 ASDM 的启动浏览器中，有两个选项。

- **Run Cisco ASDM as a local application**（以本地应用程序的方式运行 Cisco ASDM）：提供了一个 **Install ASDM Launcher** 选项，可以使用 SSL 从主机的桌面连接到 ASA。这样做的优势是，可以使用一个应用程序来管理多个 ASA 设备，而且无须浏览器就可以启动 ASDM。
- **Run Cisco ASDM as a Java Web Start application**（以 Java Web 启动应用程序的方式运行 Cisco ASDM）：提供了 **Run ADSM** 选项来运行 ASDM 应用程序。在建

立连接时需要使用一个 Web 浏览器。ASDM 没有安装在本地主机上，这里可以选择 **Run Startup Wizard**。它提供了步骤式的初始配置，类似于 CLI 的设置初始化向导。

这里选择的是 **Run ASDM**。取决于浏览器设置，这里会出现几个安全警告。如果之前没有从主机访问过 ASDM，浏览器可能会显示两个额外的窗口。其中一个窗口显示"去往站点的连接是不受信任的"。如果出现这个安全警告，单击 **Continue** 按钮。接下来的一个安全警告会显示"ASDM 可能是一个安全风险"。接受这一风险并单击 **Run** 按钮。

注意：出现安全警告的原因是 ASA 的证书是自签名的。只要对话框中出现的地址是 ASA 的地址，接受本地证书就是安全的。如果之前访问过 ASDDM，这些安全警告就可能不会出现。

ASDM 随后显示 Cisco ASDM-IDM Launcher，这个启动器请求一个用户名和密码。由于没有任何初始配置，保留这些字段为空，然后单击 **OK** 按钮。

接下来，显示 Cisco Smart Call Home 窗口。选择所需的选项后单击 **OK** 按钮。

最后显示 ASDM 主页面。

10.1.1.4　ASDM 主页面仪表板

Cisco ASDM 主页面显示与 ASA 相关的重要信息。主页面中的状态信息每 10 秒更新一次。尽管主页面上的很多详细信息都可以在 ASDM 的其他地方找到，但是这个页面对 ASA 的运行状态提供了一个快速视图。

ASDM 提供两个视图选项卡。默认情况下，主页面显示 **Device Dashboard**。它提供了与 ASA 有关的重要信息的视图，比如接口状态、OS 版本、许可信息以及性能信息。

单击 **Firewall Dashboard** 选项卡后显示的视图中，提供了与穿越 ASA 的流量相关的安全信息，比如连接状态、丢弃的数据包、扫描和 SYN 攻击检测。

主页面中的其他选项卡可能包含如下信息。

- **Intrusion Prevention**（入侵防御）：只有在安装了 IPS 模块或 IPS 卡后才会显示。这个选项卡会显示与 IPS 软件相关的状态信息。

- **Content Security**（内容安全）：只有在 ASA 中安装了内容安全与控制安全服务模块（CSC-SSM）后才会显示。该选项卡会显示与 CSC-SSM 软件相关的状态信息。Cisco ASDM 用户界面可以提供用来轻松访问 ASA 支持的许多特性。

10.1.1.5　ASDM 页面元素

- **菜单栏**：用于快速访问文件、工具、向导和帮助。
- **工具栏**：用于对 Cisco ASDM 进行轻松导览。管理员可以通过工具栏访问 **Home**（主）、**Configuration**（配置）和 **Monitoring**（监控）视图，还可以保存、刷新、导览视图，以及访问"帮助"选项。
- **设备列表按钮**：会打开一个可停靠的页面，里面列中了其他 ASA 设备。使用该页面可以切换到运行 ASDM 相同版本的其他设备。当只管理一台 ASS 设备时，Device List（设备列表）页面将隐藏起来，必须使用 Device List 按钮才能打开。
- **状态栏**：在应用程序窗口的底部显示时间、连接状态、用户、内存状态、运行配置状态、特权级别和 SSL 状态。

10.1.1.6　ASDM 的配置视图和监控视图

除了主页面之外，ASDM 可以显示 **Configuration**（配置）和 **Monitoring**（监控）视图。这两个视图都具有可停靠的导览窗格，可以将它们最大化、还原显示，或者将其浮动，以便进行移动、隐藏或关闭。

配置视图的导览窗格显示了下述选项卡：

- Device Setup（设备安装）；
- Firewall（防火墙）；
- Remote Access VPN（远程访问 VPN）；
- Site-to-Site VPN（站点到站点 VPN）；
- Device Management（设备管理）。

监控视图中的导览窗格显示了如下选项卡：

- Interfaces（接口）；
- VPN；
- Routing（路由）；
- Properties（属性）；
- Logging（日志）。

取决于视图和选定的选项卡，导览窗格中列出的选项可能不同。

10.1.2　ASDM 向导菜单

10.1.2.1　ASDM 向导

Cisco ASDM 提供了多个向导，有助于简化应用程序的配置。

- Startup Wizard（启动向导）；
- VPN Wizards（VPN 向导）；
- High Availability and Scalability Wizard（高可用性和扩展性向导）；
- Unified Communication Wizard（统一通信向导）；
- ASDM Identity Certificate Wizard（ASDM 身份证书向导）；
- Packet Capture Wizard（数据包捕获向导）。

10.1.2.2　启动向导

启动向导（Startup wizard）会让管理员遍历 ASDA 的初始配置，有助于定义基本的设置。可以通过单击 **Wizards > Startup Wizard** 来激活启动向导。还可以通过单击 **Configuration > Device Setup > Startup Wizard**，然后单击 **Launch Startup Wizard** 来激活启动向导。

向导中的实际步骤可能会因为具体的 ASA 型号和安装的模块而有所不同。但是，大多数 ASA 模块可以通过一个总计 9 步的过程来配置。

在启动了启动向导后，执行如下步骤。

步骤 1　在 Starting Point（起点）窗口中（也称为欢迎窗口）中提供了 **Modify existing configuration** 和 **Reset configuration to factory defaults** 两个选项。选择其中一个然后单击 **Next** 按钮继续。

步骤 2　在 Basic Configuration（基本配置）窗口中提供了基本的 ASA 管理配置，其中包含主机名、域名和特权 EXEC 密码。此外，管理员可以通过本步骤为远程工作人员部署 ASA。完成相应选项后单击 **Next** 按钮继续。

步骤 3　在 Interface Selection（接口选择）窗口中提供了选择或创建 VLAN 交换机接口的选项。该步骤特定于 ASA 5505。完成相应选项后单击 **Next** 按钮继续。

步骤 4　在 Switch Port Allocation（交换机端口分配）中提供了可以将二层物理交换机端口映射为逻辑命名的 VLAN 的选项。默认情况下，所有的交换机端口都分配给步骤 5　在 Interface IP Address Configuration（接口 IP 地址配置）窗口中，标识了已定义 VLAN 的内部和外部 IP 地址。注意，这些地址也可以使用 DHCP 或 PPPoE 来创建。完成相应选项后单击 **Next** 按钮继续。

步骤 6　在 DHCP 窗口中，管理员或可以为内部主机启用 DHCP 服务。所有与 DHCP 相关的选项都在这个窗口中定义。完成相应选项后单击 **Next** 按钮继续。

步骤 7　在 Address Translation（NAT/PAT）（地址转换[NAT/PAT]）窗口中，管理员可以启用 PAT 或 NAT。完成相应选项后单击 **Next** 按钮继续。

步骤 8　在 Administrative Access（管理性访问）窗口中，指定了允许访问 ASA 的主机，它们可以使用 HTTPS/ASDM、SSH 或 Telnet 访问。完成相应选项后单击 **Next** 按钮继续。

步骤 9　在 Startup Wizard Summary（启动向导汇总）窗口中，管理员可以查看建议的（proposed）配置。单击 **Back** 按钮可以更改配置，单击 **Finish** 按钮将保存配置。

10.1.2.3　不同类型的 VPN 向导

VPN 向导可以让管理员配置基本的站点到站点 VPN 连接和远程访问 VPN 连接，并为认证分配预共享密钥或数字证书。

要从菜单栏中启动 VPN 向导，可以单击 **Wizard** 然后选择 **VPN Wizards**。

VPN 向导包括下面这些类型：

- Site-to-Site VPN Wizard（站点到站点 VPN 向导）；
- AnyConnect VPN Wizard（AnyConnect VPN 向导）；
- Clientless SSL VPN Wizard（无客户端 SSL VPN 向导）；
- IPSec (IKEv1) Remote Access VPN Wizard（IPSec [IKEv1] 远程访问 VPN 向导）。

为了对向导进行补充，ASDM 还提供了 ASDM 助手。例如，要想查看远程访问 ASDM 助手，可以单击 **Configuration > Remote-Access VPN > Introduction**。

在初始配置之后，可以使用 ASDM 来编辑和配置高级特性。

10.1.2.4　其他向导

ASDM 中还有其他 4 种向导。

- **High Availability and Scalability Wizard（高可用性和扩展性向导）**：使用高可用性和 VPN 集群负载平衡来配置故障切换。VPN 集群模式需要两台 ASA 设备与同一个目的网络建立 VPN 会话，并执行负载平衡。注意，具有基本许可的 ASA 5505 不支持这个向导。

- **Unified Communication Wizard（统一通信向导）**：用来配置 ASA，以支持 Cisco 统一通信代理特性。它会生成包括 ACL、NAT/PAT 语句、自签名证书、TLS 代理和应用检测在内的配置集。

- **ADSM Identity Certificate Wizard（ASDM 身份证书向导）**：在使用当前的 Java 版本时，ASDM Launcher 需要一个可信的证书。该向导会创建一个自签名的身份证书，并配置 ASA，以便在建立 SSL 连接时使用该 ASA。

- **Packet Capture Wizard（数据包捕获向导）**：在配置和运行捕获，以排除错误（包括验证 NAT 策略）时相当有用。捕获可以使用访问列表来限制捕获的流量类型、源和目的地址以及端口，以及一个或多个接口。该向导在每一个入站和出站接口上运行一个捕获。捕获的内容可以保存到主机上，然后使用数据包分析器进行检查。

注意：这些向导超出了本章的范围，后续不再详细介绍。

10.1.3 配置管理设置与服务

10.1.3.1 在 ASDM 中配置设置

在使用下述两个主选项卡来配置大多数设备的设置时，需要用到 ASDM 的 **Configuration**（配置）视图。

- **Device Setup（设备安装）**：该选项卡用来配置主机名、密码、系统时间、接口设置和路由。

- **Device Management（设备管理）**：该选项卡用来配置各种特性，包括管理访问、用户和 AAA 访问、DCHP 等。具体来说，该选项卡可以用来配置包括法律通知在内的基本管理特性，并创建主密码短语。

在配置本节介绍的设置和特性时，会广泛使用这两个选项卡。

10.1.3.2 在 ASDM 中配置基本设置

基本的 ASA 设置包含设备的主机名、enable 密码、主密码短语和旗标（banner）。

要配置 ASA 主机名、域名和 enable 密码,可以单击 **Configuration > Device Setup > Device Name/Password**。

要配置主密码短语并加密所有密码,可以单击 **Configuration > Device Management > Advanced > Master Passphrase**。这里可以创建主密码短语并使用 AES 加密。

要配置法律通知,可以单击 **Configuration > Device Management > Management Access > Command Line(CLI) > Banner**。可以在这里创建和编辑各种旗标。

要重点理解的是,为了提交 ASDM 中任何更改的设置,可以单击每个配置页面底部的 **Apply** 按钮。

10.1.3.3 在 ASDM 中配置接口

要配置 3 层接口,可以单击 **Configuration > Device Setup > Interfaces**。可以在该窗口中创建、编辑和删除 ASA 接口。

例如,要使用 IP 地址 209.165.200.226/29 来配置 Ethernet 0/0 接口,使其成为 VLAN 2 中的外部接口,可以单击 **Add** 按钮,打开 Add Interface(添加接口)窗口。默认情况下 Ethernet 0/0 突出显示。单击 **Add>>** 将它添加到 Selected Switch Ports(选定的交换机端口)区域。ASDM 显示一个 Change Switch Port(更改交换机端口自)窗口,单击 **OK** 按钮继续。将端口命名为 **outside**,安全级别设置为 **0**,IP 地址为 **209.165.200.226**,子网掩码为 **255.255.225.248**。

接口需要指派给 VLAN 2,因此单击 **Advanced**(高级)选项卡。默认情况下,ASDM 会将接口添加到 VLAN 1。将该设置修改为 VLAN 2,然后单击 **OK** 按钮。ASDM 现在显示一个更新后的 **Interface** 页面,该页面中会凸显新添加的外部接口。

接下来选择 **Switch Port**(交换机端口)选项卡,页面显示各种端口设置。注意,Ethernet 0/0 还没有被启用。单击 **Edit** 按钮打开 Edit Switch Port(编辑交换机端口)窗口,然后单击 **Enable SwitchPort**(启用交换机端口)复选框,最后单击 **OK** 按钮。

最后,应用配置,ASDM 显示更新后的 Interface 页面。

10.1.3.4 在 ASDM 中配置系统时间

系统时间显示在状态栏的右下角。

要更改系统时间,可以单击 **Configuration > Device Setup > System Time > Clock**。在该页面中,可以手动配置时区、日期和时间,并进行应用。

也可以使用 NTP 服务器自动配置日期和时间。要配置 NTP,可以单击 **Configuration > Device Setup > System Time > NTP**。在该页面中,管理员可以添加、编辑和删除 NTP 服务器。单击 **Add** 按钮打开 Add NTP Server Configuration（添加 NTP 服务器配置）窗口。在该窗口中可以配置 IP 地址和认证参数。单击 **OK** 按钮，NTP 页面显示新添加的参数。

最后，单击 Enable NTP authentication（启用 NTP 认证）复选框，应用配置。

10.1.3.5　在 ASDM 中配置路由

可以通过选择 **Configuration > Device Setup > Routing** 来实施路由。管理员可以在这里启用 IPv4、IPv6 的静态和动态路由。

这里配置了一条去往 R1 的默认静态路由，R1 位于 209.165.200.255。要配置默认路由，可单击 **Configuration > Device Setup > Routing > Static Routes**。可以在这里输入或编辑静态和默认静态路由。

单击 **Add** 按钮打开 Add Static Route（添加静态路由）窗口。从 Interface 下拉列表中选择 **outside** 并补充细节。单击 **OK** 按钮，返回 Static Route（静态路由）页面。

最后，单击 **Apply** 按钮提交变更。

10.1.3.6　在 ASDM 中配置设备管理访问

要为 Telnet 和 SSH 服务配置管理访问，可打开 **Configuration > Device Management > Management Access > ASDM/HTTPS/Telnet/SSH** 页面。在该页面中，管理员可以确定哪台主机或哪些网络可以通过 ASDM/HTTPS、Telnet 或 SSH 访问 ASA。

例如，要让 192.168.1.3 主机通过 SSH 访问，可单击 **Add** 按钮并补充细节。然后单击 **OK** 按钮返回主页面，并配置 SSH 细节。

最后，应用变更。

10.1.3.7　在 ASDM 中配置 DHCP 服务

要启用 DHCP 服务器的服务，可以单击 **Configuration > Device Management > DHCP > DHCP Server**，打开 DHCP Server（DHCP 服务器）页面。

在该页面中，可以修改常规 DHCP 设置。单击 **Edit** 按钮打开 Edit DHCP Server（编辑 DHCP 服务器）窗口，可以编辑内部和外部 DHCP 设置。

这里，ASA 通过提供 192.168.1.10-41 地址池内的地址为内部主机提供了 DHCP 服务器的服务，有效时间为 12 小时。在完成该任务所需的配置后，单击 **OK** 按钮接受设置，并返回 DHCP Server Service 页面。

最后，单击 **Apply** 按钮提交变更。

10.1.4 配置高级 ASDM 特性

10.1.4.1 ASDM 中的对象

要在 ASDM 中配置网络对象或网络对象组，可以单击 **Configuration > Firewall > Objects > Network Objects/Groups**。这将打开 Network Object/Group（网络对象/组）页面。在该页面中，管理员可以添加、编辑、删除网络对象或网络对象组。

要配置服务对象、服务对象组、ICMP 对象组或协议对象组，可单击 **Configuration > Firewall > Objects > Service Objects/Groups**。这将打开 Service Object/Groups（服务对象/组）页面。在该页面中，管理员可以添加、编辑、删除服务对象、服务对象组、ICMP 对象组、协议对象组。

10.1.4.2 使用 ASDM 配置 ACL

在 ASDM 中，ACL 称为访问规则，可以使用 Access Rules（访问规则）页面来创建并维护。要打开该页面，可以单击 **Configuration > Firewall > Access Rules**。管理员可以查看现有的规则并添加、编辑或删除规则。通过右键单击一条具体的规则，可以查看、编辑或删除规则。

还有其他工具可以简化规则管理的流程。窗格内（in-pane）编辑可用于每条规则的特定部分，例如可以在规则的每一行上修改源、目的 IP 地址或端口，而不用进入规则编辑选项。规则还可以上下移动、复制和克隆，或临时禁用和启用。

Diagram（对话框）菜单选项是一个有用的工具。在单击该选项时，将在规则集的底部显示一个窗口，该窗口可以提供更直观的语句来帮助理解和排错具体的规则。

10.1.4.3 在 ASDM 中配置动态 NAT

通过创建两个网络对象，可以在 ASDM 中配置动态 NAT。一个对象用来识别可用的公有 IP 地址的范围，另外一个对象将内部地址与外部地址绑定。

要配置动态 NAT，可以单击 **Configuration > Firewall > Objects > Network Objects/Groups**，然后单击 **Add > Network Object**，显示 Add Network Object（添加网络对象）窗口。

第二个对象识别内部地址和 NAT 转换的方法。起初，在创建网络对象时，NAT 区域是隐藏的。单击 **NAT** 按钮展开该区域并继续。

单击 **OK** 按钮并应用变更。

10.1.4.4　在 ASDM 中配置动态 PAT

可以通过创建一个网络对象的方式，在 ASDM 中配置动态 PAT。这个网络对象将内部地址与外部地址进行绑定。

要配置动态 PAT，可以单击 **Configuration > Firewall > Objects > Network Objects/Groups**，然后单击 **Add > Network Object**，显示 Add Network Object（添加网络对象）窗口。起初，在创建网络对象时，**NAT** 区域是隐藏的。单击 **NAT** 按钮展开该区域并继续。

单击 **OK** 按钮并应用变更。

10.1.4.5　在 ASDM 中配置静态 NAT

静态 NAT 可以让外部主机访问内部服务器。通过创建一个绑定内部地址与外部地址的网络对象，可以在 ASDM 中配置静态 NAT。

要在 ASDM 中配置静态 NAT，可以单击 **Configuration > Firewall > Objects > Network Objects/Groups**，然后单击 **Add > Network Object**，显示 Add Network Object（添加网络对象）窗口。

在创建完成后单击 **OK** 按钮并应用变更。

10.1.4.6　配置 AAA 认证

在 ASA 上启用 AAA 时，需要执行如下步骤。

步骤 1　在本地数据库中配置本地 AAA 用户账户。

步骤 2　创建一个 AAA 服务器组。

步骤 3　将服务器添加到服务器组。

步骤 4　配置 AAA 认证。

要创建本地数据库条目，可单击 **Configuration > Device Management > Users/AAA > User Accounts**。要添加用户，可单击 **Add** 按钮，然后完成 Add User Account（添加用户账户）窗口中的设置。

要创建 AAA 服务器组，可单击 **Configuration > Device Management > Users/AAA > AAA Server Groups**。要添加一个服务器组，可在 AAA Server Groups（AAA 服务器组）窗口的右侧单击 **Add** 按钮，打开 Add AAA Server Group（添加 AAA 服务器组）窗口。

要将 AAA 服务器添加到服务器组中,可单击 Configuration > Device Management > Users/AAA > AAA Server Groups。要将一台服务器添加到特定的服务器组中,可在 AAA Server Group(AAA 服务器组)窗口中选择一台服务器,然后在 Selected Group(选定组)窗口的 Servers 右侧单击 Add 按钮。然后完成 Add AAA Server(添加 AAA 服务器)窗口中的设置。

要使用 AAA 服务器组和本地数据库进行认证,可单击 Configuration > Device Management > Users/AAA > AAA Access。在该页面中,管理员可以将 AAA 配置为 enable、HTTP、串行、SSH 和 Telnet 访问。

10.1.4.7 使用 ASDM 配置服务策略

要查看、添加、编辑和删除服务策略,可单击 Configuration > Firewall > Service Policy Rules,打开 Service Policy Rules(服务策略规则)页面。

要添加一条服务策略,可单击 Add 按钮打开 Add Service Policy Rule Wizard(添加服务策略规则向导)。在该窗口中,可以指定要在哪里应用服务策略。单击 Next 按钮打开 Traffic Classification Criteria(流量分类标准)窗口,在其中指定要匹配的流量。单击 Next 按钮打开 Rule Actions(规则行为)窗口,在其中指定服务策略的细节。

10.2 ASA VPN 配置

10.2.1 站点到站点 VPN

10.2.1.1 ASA 对站点到站点 VPN 的支持

与 ISR 一样,ASA 通过在 TCP/IP 网络(比如互联网)上创建一条安全的连接来支持虚拟专用网络(VPN),以提供专用连接。

- **站点到站点 VPN**:创建一条安全的 LAN 到 LAN 的连接。
- **远程访问 VPN**:创建一条安全的单用户到 LAN 的链接。

本节将讲解 4 种 ASDM VPN 向导:

- 站点到站点 VPN 向导;
- AnyConnect VPN 向导;

- 无客户端 SSL VPN 向导。
- IPSec（IKEv1）远程访问 VPN 向导。

10.2.1.2 使用 ASDM 的 ASA 站点到站点 VPN

ASA 可以与另外一台 ASA 或 ISR 路由器建立站点到站点 VPN。这里将在 ASA 5505 和 Cisco ISR 路由器之间建立一条站点到站点 VPN。其中，ASA 5505 使用 ASDM 站点到站点向导进行配置，Cisco ISR 路由器使用 CLI 进行配置。

假定来自 ASA 内部网络的用户想要通过公共互联网，与 R3 上内部网络中的用户安全交换大量的信息。出于此原因，可以实施一条站点到站点 VPN。

这个示例使用的拓扑介绍如下。

- ISR 在 172.16.3.0/24 网络上有一个内部网络，并使用网络地址 209.165.201.0/30 连接到互联网。
- ASA 在 192.168.1.0/24 网络上有一个安全级别为 100 的内部接口，并使用 209.165.200.244/29 网络上的一个安全级别为 0 的外部端口连接到互联网。
- 退出 ASA 的用户使用的是动态 PAT。

10.2.1.3 使用 CLI 配置 ISR 站点到站点 VPN

ISR 可以使用 GUI（比如 Cisco Configuration Professional）或 CLI 进行配置。这里将使用 CLI 配置 ISR。

要在 ISR 上实施站点到站点 VPN，必须完成 5 个步骤。

步骤 1 为 IKE 阶段 1 配置 ISAKMP 策略。

步骤 2 为 IKE 阶段 2 配置 IPSec 策略。

步骤 3 配置 ACL，定义感兴趣的流量。

步骤 4 为 IPSec 策略配置加密映射。

步骤 5 将加密映射应用到出站接口。

10.2.1.4 使用 ASDM 配置 ASA 站点到站点 VPN

为了与 ISR 路由器建立站点到站点 VPN，必须为 ASA 配置补充信息。

尽管可以使用 ASA CLI 完成 VPN 配置，但是使用 ASDM 站点到站点 VPN 向导会更容易。通过下面的步骤可以知道如何使用该向导完成站点到站点 VPN 的配置。

步骤 1 启动站点到站点 VPN 向导。在菜单栏中单击 **Wizards > VPN Wizards > Site-to-Site VPN Wizard**。这将显示 VPN Wizard Introduction（VPN 向导简介）窗口。单击 **Next** 按钮继续。

步骤 2 在 Peer Device Identification（对等设备标识）窗口中标识对等设备。输入对等设备的可访问 IP 地址。管理员还可以在该窗口中标识用来访问对等设备的接口。加密映射将应用到外部接口。

步骤 3 在 Traffic to Protect（要保护的流量）窗口中标识感兴趣的流量。管理员可以在这一步标识本地网络和远程网络。这些网络使用 IPSec 加密来保护流量。单击 **Next** 按钮继续。

步骤 4 在 Security（安全）窗口中保护选择的流量。

安全窗口中提供了两个安全选项。

- **Simple Configuration（简单配置）**：使用预共享的密钥认证对等设备。它选择常用的 IKE 和 ISAKMP 安全参数来建立隧道。

- **Customized Configuration（自定义配置）**：使用预共享密钥或数字证书来认证对等设备。也可以专门选择 IKE 和 ISAKMP 安全参数。

这里选择了"简单配置"选项，使用了预共享的密钥 SECRET-KEY。

单击 **Next** 按钮继续。

步骤 5 在 NAT Exempt（NAT 豁免）窗口中决定是否应该豁免 NAT。通常应该选择 NAT 豁免。当远程 VPN 客户端通过向内部主机的真实 IP 地址发送数据来抵达内部主机时，无法与这些主机建立连接，除非选择了 NAT 豁免。单击 **Next** 按钮继续。

步骤 6 验证并提交配置。接下来显示汇总页面。可以验证站点到站点 VPN 向导中配置的信息是否正确。单击 **Back** 按钮可以修改任何配置参数。单击 **Finish** 按钮将结束该向导，并将这些命令发送给 ASA。

10.2.1.5 使用 ASDM 验证站点到站点 VPN

要验证和编辑站点到站点 VPN 的配置，可以单击 **Configuration > Site-to-Site VPN > Connection Profiles**。

可以在该窗口中验证和编辑 VPN 配置。

10.2.1.6 使用 ASDM 测试站点到站点 VPN

可以通过让内部流量尝试抵达远程网络的方式来测试隧道。这里在内部主机上发起一个 ping 测试。

去往远程主机的初始 ping 测试失败，但是随后的 ping 测试成功了。这是因为 ASA 和 ISR 必须协商隧道参数。

可以通过单击 **Monitoring > VPN > Sessions** 来监控 VPN。

最后，远程主机可以 ping 通内部主机。

10.2.2 远程访问 VPN

10.2.2.1 远程访问 VPN 选项

员工每天的通勤时间是多少小时？如何将这些时间用在生产中呢？答案是远程办公。

远程办公人员在办公地点和工作时间上有了灵活性。雇主之所以允许远程办公的存在，是因为这样可以节省房地产、公共事业和其他间接成本。在远程办公项目中取得巨大成功的企业，确保了远程办公是自愿的，而且得到了管理层的批准，这能够让远程办公行得通，并且不会产生额外的成本。

今天，企业通过在任意时间将它们的网络扩展到任何人、任何地方，从而为远程办公提供了经济有效且安全的支持。

出于许多原因，VPN 已经成为远程访问连接的逻辑解决方案。通过创建加密隧道的方式，VPN 可以让远程工作人员安全访问企业站点。他们通过安全地扩展企业网络和应用程序来提高生产力，同时降低了通勤成本，增加了灵活性。

使用 VPN 技术，雇员相当于随身携带着办公室，其中包括对电子邮件和网络应用程序的访问。VPN 也可以让承包商和合作伙伴有限制地访问特定的服务器、Web 页面或所需要的文件。这种网络访问方式让可以员工提高生产力，而且不会危及网络安全。

10.2.2.2 IPSec 与 SSL

互联网协议安全（Internet Protocol，IPSec）和安全套接字层（Secure Sockets Layer，SSl）是两种主要的远程访问 VPN 技术。

SSL VPN 能够从公司管理的台式机、员工自有的 PC、承包商或业务合作伙伴的台式机、互联网信息亭以及手持智能设备发起"任意"连接。

SSL 主要用于保护 HTTP 流量（HTTPS）和邮件协议，比如 IMAP 和 POP3。例如，HTTPS 实际上是使用了 SSL 隧道的 HTTP。首先建立 SSL 连接，然后再在连接上交换 HTTP 数据。

本章将使用术语 SSL。然而，当客户端与 ASA 协商一个 SSL VPN 连接时，它实际上是使用传输层安全（Transport Layer Security，TTL）和（可选的）数据报传输层安全（Datagram Transport Layer Security，DTLS）来连接的。TLS 是 SSL 的新版本，有时表示为 SSL/TLS。DTLS 避免了与某些 SSL 连接相关的延迟和带宽问题，提升了对数据包延迟比较敏感的实时应用程序的性能。SSL/TLS 会话的建立需要 4 个步骤。

IPSec 和 SSL VPN 技术都提供了对任何虚拟网络应用程序或资源的访问。但是，当安全是一个问题时，IPSec 是一个更优的选择。如果要考虑部署的难易和支持程度，则建议使用 SSL。要实施哪种 VPN 方法，取决于用户和企业 IT 流程的访问需求。

要重点理解的是，IPSec 和 SSL VPN 不是相互排斥的。相反，两者互为补充。这两种技术能解决不同的问题，企业可以根据远程工作人员的需求，部署 IPSec 或 SSL，或同时部署。

注意：本节的重点是 ASA SSL VPN。

10.2.2.3 ASA SSL VPN

Cisco ISR 和 ASA 提供了 IPSec 和 SSL VPN 技术，并把两者集成到单一的平台中进行统一管理。这可以让企业自定义它们的远程访问 VPN，而且不需要额外的硬件，也不会带来管理复杂度。

Cisco ASA 5500 系列设备是 Cisco 最高级的 SSL VPN 解决方案。这个系列中的设备可以支持每个设备 10~10000 个会话的并发用户可扩展性。出于这个原因，在需要支持大型远程网络 VPN 的部署时，ASA 通常是一个选择。

具体来说，ASA 提供了 3 种类型的远程访问 VPN 解决方案，它们都可以使用远程访问 VPN 向导进行配置。

在连接较老的 VPN 客户端（比如 Cisco VPN 客户端）时，使用的是 IKEv1。使用 IKEv1 时，每个安全策略只能配置一个加密和认证类型。

IKEv2 可以用于较新的 VPN 客户端，比如 Cisco AnyConnect 安全移动性客户端。使用 IKEv2 时，可以为单条策略配置多个加密和认证类型以及多个完整性算法。

本节的重点是无客户端和基于客户端的 SSL 远程访问 VPN。

10.2.2.4 无客户端 SSL VPN 解决方案

在提供对企业资源的访问时，无客户端 SSL VPN 部署模型可以为企业提供额外的灵活性，即使远程设备不是由企业来管理。它可以让用户使用 Web 浏览器与 ASA 建立一条安全的远程访问 VPN 隧道。

注意：远程主机上不需要安装 VPN 客户端。

在这个部署模型中，Cisco ASA 用作网络资源的代理设备，并为远程设备提供 Web 门户接口，以便使用端口转发功能导览网络。远程设备系统需要一个内置了 SSL 功能的 Web 浏览器，然后才能访问 SSL VPN 网络。

与基于客户端的 SSL VPN 相比，尽管无客户端 SSL VPN 的部署要更简单，而且更灵活，但是它只提供了受限的网络应用程序和资源的访问，而且在使用非公司管理的客户端时，会带来额外的安全风险。

10.2.2.5　基于客户端的 SSL VPN 解决方案

基于客户端的 SSL VPN 解决方案提供了全隧道 SSL VPN 连接，但是它要求在远程主机上安装一个 VPN 客户端应用程序。

基于客户端的 SSL VPN 部署模型为通过认证的用户提供了去往企业资源的完全网络访问，就像访问 LAN 一样。这些企业资源包含 Microsoft Outlook、Cisco Unified Personal Communicator、Telnet、SSH 和 X-Windows。但是，远程设备需要一个客户端应用程序，比如在终端设备上预安装的 Cisco AnyConnect 安全移动性客户端。

全隧道 SSL VPN 需要为网络部署做更多的规划，这是因为客户端必须安装在远程系统上。VPN 客户端可以手动预先安装到主机上，也可以通过最初建立无客户端 SSL VPN 时根据需要下载一个 VPN 客户端。

基于客户端的 SSL VPN 支持数量广泛的应用程序，但是在远程主机上下载和维护客户端软件时，它将带来一些操作方面的挑战。这一要求使得它很难部署在非公司管理的系统中，原因是大多数 SSL VPN 客户端在安装时都需要管理员权限。

10.2.2.6　Cisco AnyConnect 安全移动性客户端

基于客户端的 SSL VPN 需要一个客户端预先安装在主机上，比如 Cisco AnyConnect 安全移动性客户端。AnyConnect 客户端可以手动安装在主机上，也可以根据需要，借助于浏览器从 ASA 按需下载到主机上。

在主机上预先安装 AnyConnect 客户端时，VPN 连接可以通过启动应用程序的方式来发起。例如，假定一名用户连接到位于加州圣何塞的 VPN 服务器。启动 AnyConnect 应用程序时会打开一个窗口。用户可以从下拉列表中选择要连接的 VPN 服务器（例如圣何塞），然后单击 **Connect** 按钮。AnyConnect 然后提示用户输入用户名和密码。在输入用户名和密码后，

用户单击 **OK** 按钮。如果成功，AnyConnect 将证实连接成功，并显示一个窗口。单击窗口底部左侧的设置图标，可以显示连接统计信息。

可以配置 AnyConnect，使得在用户成功登录计算机后，自动建立 VPN 会话。在用户登出计算机之前，或者在会话计时器超时之前，或者在空闲会话计时器超期之前，VPN 会话保持打开状态。

如果没有在主机上预先安装 AnyConnect VPN 客户端，用户可以使用 HTTPS 浏览器连接到 ASA，然后在 ASA 上进行认证。在认证通过之后，ASA 将 AnyConnect 客户端发送给主机。ASA 支持的主机操作系统有 Microsoft Windows、macOS 和 Linux。AnyConnect 客户端随后自行安装并配置，最终建立一条 SSL VPN 连接。

在连接建立阶段，AnyConnect 通过在主机上识别安装的操作系统、防病毒软件、反间谍软件和防火墙软件来执行终端姿态评估，然后再创建去往 ASA 的远程访问连接。基于这个预登录评估，可以控制哪些主机能够创建去往安全设备的远程访问连接。

取决于配置的 ASA SSL VPN 策略，当连接终止时，AnyConnect 客户端应用程序要么仍然保留在主机上，要么自行卸载。

10.2.2.7 用于移动设备的 AnyConnect

为了支持 IT 的消费，Cisco AnyConnect 客户端可以免费用于某些选定的平台，比如 iPhone、iPad、Android 和 BlackBerry 设备。每个客户端应用程序仅适用于某些智能手机型号，或者作为制造商预装的本机应用程序来提供。

Cisco AnyConnect 安全移动性客户端可用于下述平台：

- iOS 设备，比如 iPhone、iPad 和 iPod Touch；
- Android；
- BlackBerry；
- Windows Mobile。

10.2.3 配置无客户端 SSL VPN

10.2.3.1 在 ASA 上配置无客户端 VPN

ASDM 提供了两个工具，用于在 ASA 上初始配置无客户端 SSL VPN。

- **ASDM Assistant（ASDM 助手）**：该特性可以指导着管理员配置 SSL VPN。

- **VPN Wizard（VPN 向导）**：这是一个简化了 SSL VPN 配置的 ASDM 向导。

要使用 ASDM 助手来配置无客户端 SSL VPN，可单击 **Configuration > Remote Access VPN > Introduction**。然后单击 **Client SSL VPN Remote Access（using Web Browser）**。

要从菜单栏中使用无客户端 VPN 向导，可以单击 **Wizards > VPN Wizards > Client SSL Wizard**。

这里将使用 VPN 向导来配置远程访问无客户端 SSL VPN。

10.2.3.2 无客户端 VPN 拓扑示例

这里将要使用的拓扑的信息如下所示：

- 安全级别为 100 的内部网络；
- 安全级别为 50 的 DMZ；
- 安全级别为 0 的外部网络。

这里已经使用静态 NAT 提供了对 DMZ 服务器的访问。

假设外部主机需要访问一个特定的应用程序，但是不使用全隧道 SSL VPN。出于这个原因，远程主机使用了一个安全的 Web 浏览器连接来访问选定的企业资源。

10.2.3.3 无客户端 SSL VPN

为了创建一个无客户端 SSL VPN 配置，可以使用 VPN 向导并执行如下步骤。

步骤 1 启动无客户端 SSL VPN 向导。在菜单栏中单击 **Wizards > VPN Wizards > Clientless SSL VPN Wizard**，这将显示 VPN Wizard Introduction（VPN 向导简介）窗口。单击 **Next** 按钮继续。

步骤 2 配置 SSL VPN 接口。

需要为连接配置一个连接配置文件（connection profile）名，并确定外部用户要连接的接口。

默认情况下，ASA 使用自签名证书发送给客户端进行认证。ASA 也可以配置为使用第三方的证书，它们可以从著名的证书颁发机构（CA）购买，比如 VeriSign。如果购买了证书，可能需要从 Digital Certificate（数字证书）下拉列表中选择。

SSL VPN Interface（SSL VPN 接口）界面在 Information（信息）区域提供了链路。这些链路可以标识用于 SSL VPN 服务访问（登录）的 URL，以及用于 Cisco ASDM 访问（下载 Cisco ASDM 软件）的 URL。单击 **Next** 按钮继续。

步骤 3 配置用户认证。可以在这里定义认证方法。使用 AAA 服务器的认证可以通过选择相应的选项来配置。单击 **New** 按钮进入 AAA 服务器的位置。此外，也可以使用本地数据库进行认证。要添加用户，可以输入用户名和密码，然后单击 **OK** 按钮。单击 **Next** 按钮继续。

步骤 4 创建组策略。可以在这里创建或修改无客户端 SSL VPN 连接的自定义组策略。

如果要配置新策略，则策略名不能包含空格。

默认情况下，创建的用户组策略会继承 DfltGrpPolicy 的设置。在通过 **Configuration > Remote Access VPN > Clientless SSL VPN Access > Group Polices** 子菜单配置完向导之后，可以修改这些设置。单击 **Next** 按钮继续。

步骤 5 只为无客户端连接配置书签列表。

书签列表是一组在无客户端 SSL VPN Web 门户中使用的 URL。如果已经存在书签列表，可以从 Bookmark List（书签列表）下拉列表中选择书签，然后单击 **Next** 按钮继续。

然而，在默认情况下没有配置书签列表，因此网络管理员必须要配置书签列表。为了在书签列表中创建 HTTP 服务器书签，可以单击 **Manage** 按钮打开 Configure GUI Customization Objects（配置 GUI 自定义对象）窗口。

单击 **Add** 按钮打开 Add Bookmark List（添加书签列表）窗口。

输入书签列表的名字，再次单击 **Add** 按钮打开 Select Bookmark Type（选择书签类型）窗口。

可以创建 3 种类型的书签。要添加一个额外的书签，选择带有 GET 或 POST 方法的 URL，然后单击 **OK** 按钮打开 Add Bookmark（添加书签）窗口。在 Bookmark Title（书签名字）字段输入书签的名字，名字不能包含空格。然后输入 URL 值，它可以是 HTTP、HTTPS 或 FTP，再输入服务器目的 IP 地址或主机名（书签中会用到）。这里创建了一个名为 WebMail 的书签，位于 IP 地址 192.168.2.3。

在配置细节时，单击 Add Bookmark 窗口中的 **OK** 按钮，返回 Add Bookmark List 窗口，将会显示新创建的书签和具体细节。单击 **OK** 按钮返回 Configure GUI Customization Objects 窗口。单击 **OK** 按钮返回 Bookmark List 窗口。

单击 **Next** 按钮继续。

步骤 6 验证并提交配置。

接下来显示汇总页面。验证 SSL VPN 向导中配置的信息是否正确。如果要修改任何配置参数，可单击 **Back** 按钮。

在这里，名为 Clientless-SSL-VPN 的无客户端 SSL VPN 将应用到外部接口。访问 Web 门户的远程用户将使用本地数据库进行认证，并且添加了两位新用户。在远程用户登录时，将应用名为 Clientless-SSL-Policy 的组策略，将要打开的门户页面在 Corporate-Bookmarks 页面中标识。

单击 **Finish** 按钮结束向导，并将命令传输给 ASA。

10.2.3.4 验证无客户端 SSL VPN

为了验证和编辑无客户端 SSL VPN 配置，可以打开 ASDM Clientless SSL VPN Access（无客户端 SSL VPN 访问）窗口。

在 ASDM 中，单击 **Configuration > Remote Access VPN > Clientless SSL VPN Access > Connection Profiles**。

可以在打开的窗口中验证和编辑 VPN 配置。

10.2.3.5 测试无客户端 SSL VPN 连接

要测试无客户端 SSL VPN 连接，可以从远程主机登录到 ASA。在主机上打开一个兼容的 Web 浏览器，在地址栏中输入 SSL VPN 的登录 URL。在连接 ASA 时一定要确保使用了安全的 HTTP（HTTPS）作为 SSL。这里的 ASA 登录 URL 是 https://209.165.200.226。

浏览器会显示一条警告信息。要接受网站的安全证书，可单击 **Continue to this website**（继续访问该站点）按钮继续。

接下来显示登录窗口。输入之前配置的用户名和密码，然后单击 **Logon** 按钮继续。

在认证用户时，会显示 ASA SSL Web 门户主页面，里面列出了之前分配给配置文件（profile）的各种书签。用户可以在该页面中连接到已识别出来的书签，或者打开 Web Access（Web 访问）页面或 File Access（文件访问）页面。

在用户完成工作之后应该退出 Web 门户页面。不过，如果没有操作，Web 门户也会超时。无论哪种情况，都会显示一个登出窗口，用来告知用户"为了安全，应该清除浏览器缓存，删除下载的文件，并关闭浏览器窗口"。

10.2.3.6 查看生成的 CLI 配置

无客户端 SSL VPN 向导生成的配置设置如下所示：

- WebVPN；
- 组策略；
- 远程用户；

- 隧道组。

10.2.4 配置 AnyConnect SSL VPN

10.2.4.1 配置 SSL VPN AnyConnect

用于远程访问的 Cisco AnyConnect SSL VPN 可以让远程用户安全访问企业网络。必须配置 Cisco ASA，使其支持 SSL VPN 连接。

ASDM 提供两个工具，用于在 ASA 上初始配置 SSL VPN。

- **ASDM Assistant（ASDM 助手）**：该特性可以指导着管理员配置 SSL VPN。
- **VPN Wizard（VPN 向导）**：这是一个简化了 SSL VPN 配置的 ASDM 向导。

为了使用 ASDM 助手来配置基于客户端的远程访问 VPN，可单击 **Configuration >Remote-Access VPN > Introduction**，然后单击 **SSL or IPsec(IKEv2) VPN Remote Access(using Cisco AnyConnect Client)**。

要从菜单栏中启用基于客户端的 VPN 向导，可以单击 **Wizards > VPN Wizards > AnyConnect VPN Wizard**。

注意：这里使用 VPN 向导来配置远程访问 SSL VPN。

10.2.4.2 SSL VPN 拓扑示例

这里将要使用的拓扑的信息如下所示：

- 安全级别为 100 的内部网络；
- 安全级别为 50 的 DMZ；
- 安全级别为 0 的外部网络。

外部主机需要一个 SSL VPN 连接来访问内部网络。去往 DMZ 服务器的外部访问已经通过静态 NAT 来提供。

外部主机没有预先安装 Cisco AnyConnect 客户端。因此，远程用户必须使用一个 Web 浏览器发起一个无客户端 SSL VPN 连接，然后将 AnyConnect 客户端下载并安装到远程主机上。

在安装完毕后，主机可以使用全隧道 SSL VPN 连接与 ASA 交换流量。

10.2.4.3 AnyConnect SSL VPN

为了创建一个全隧道 SSL VPN 连接，需要使用 VPN 向导完成如下步骤。

步骤 1 启动 AnyConnect VPN Wizard。在菜单栏中单击 **Wizards > VPN Wizards > AnyConnect VPN Wizard**。这将显示 VPN Wizard Introduction（VPN 向导简介）窗口。单击 **Next** 按钮继续。

步骤 2 在 Connection Profile Identification（连接配置文件标识）窗口中配置一个连接配置文件。

为连接配置一个连接配置文件名，并标识外部用户将要连接的接口。单击 **Next** 按钮继续。

步骤 3 选择 VPN 协议以及流量的保护方式（可以选择 SSL 和/或 IPSec）。也可以配置第三方证书。起初，选择了 SSL 和 IPSec。但是这里只选择了 SSL，因此不要选中 **IPSec**。

单击 **Next** 按钮继续。

步骤 4 在 Client Image（客户端镜像）窗口中添加 AnyConnect 客户端。

为了让客户端系统自动从 ASA 下载 Cisco AnyConnect SSL VPN 客户端，必须在配置中指定 SSL VPN 客户端的位置。为了配置其位置，可单击 **Add** 按钮来确定镜像的位置，然后打开 Add AnyConnect Client Image（添加 AnyConnect 客户端镜像）窗口。

如果已经镜像文件已经位于 Cisco ASA 上，单击 **Browse Flash** 按钮打开 Browse（浏览）窗口。这将会列出 ASA 上的所有镜像文件。注意，这里列出了分别用于 Linux、macOS 和 Windows 主机的镜像文件。

注意：Window 8.1 或更新的客户端需要 4.1 或以上的 AnyConnect 安全移动性客户端。

在闪存中找到 Cisco AnyConnect SSL VPN 客户端的位置。这里选择的是 Window AnyConnect 文件。

注意：如果 ASA 上没有镜像文件，则在 Add AnyConnect Client Image（添加 AnyConnect 客户端镜像）窗口中单击 **Upload** 按钮，从本地机器上传一份镜像文件。

单击 **OK** 按钮，再次显示 Add AnyConnect Client Image 窗口。但是这一次该窗口包含了选定的镜像文件名。

再次单击 **OK** 按钮，接受 Cisco AnyConnect SSL VPN 客户端的位置，这将再次显示 Client Images 窗口。这次该窗口中包含了 Windows AnyConnect 镜像文件。

单击 **Next** 按钮继续。

步骤 5 在 Authentication Methods（认证方法）窗口中配置认证方法。

可以在该窗口中定义认证方法。可以添加 AAA 认证服务器的位置。单击 **New** 按钮，输入 AAA 服务器的位置。如果没有识别到服务器，将使用本地数据库。要添加新用户，需要输入用户名和密码，然后单击 **Click** 按钮。

单击 **Next** 按钮继续。

步骤 6 在 Client Address Management（客户端地址配置管理）窗口中创建和分配客户端 IP 地址池。

基于客户端的 SSL VPN 连接要想成功，则需要配置 IP 地址池。如果没有可用的 IP 地址池，去往完全设备的连接会失败。

可以从 Address Pool（地址池）下拉列表中选择预分配的 IP 地址池。还可以单击 **New** 按钮打开 Add IPv4 Pool（添加 IPv4 地址池）窗口，创建一个新的地址池。该窗口中可以标识地址池的名字、起始和终止 IP 地址，以及相关的子网掩码。

单击 **Next** 按钮返回 Client Address Assignment（客户端地址分配）窗口。

单击 **Next** 按钮继续。

步骤 7 在 Network Name Resolution Server（网络名称解析服务器）窗口中指定与 DNS 相关的信息。

指定 DNS 服务器和 WINS 服务器的位置（如果有），并提供 Domain Name（域名）。

单击 **Next** 按钮继续。

步骤 8 在 NAT Exempt（NAT 豁免）窗口中启用 VPN 流量的 NAT 豁免功能。如果在 ASA 上配置了 ASA，则 SSL 客户端地址池必须从 NAT 进程中豁免掉，因为 NAT 转换先于加密功能而发生。单击 **Exempt NAT traffic**（豁免 NAT 流量）复选框，显示豁免细节。单击 **Next** 按钮继续。

步骤 9 显示 AnyConnect Client Deployment（AnyConnect 客户端部署）窗口。

这只是一个信息性的页面，页面中解释了 AnyConnect 客户端可以使用 Web 来部署，也可以预先部署在主机上。

步骤 10 验证并提交配置。接下来显示汇总窗口。验证 SSL VPN 向导中配置的信息是否正确。如果需要修改配置参数，可单击 **Back** 按钮。单击 **Finish** 按钮结束向导，并将命名传输到 ASA。

10.2.4.4 验证 AnyConnect 连接

可以在 AnyConnect Connection Profile（AnyConnect 连接配置文件）界面中修改、自定义和验证 VPN 的配置。

要打开 Network Client Access（网络客户端访问）窗口，可单击 **Configuration > Remote Access VPN > Network(Client) Access > AnyConnect Connection Profiles**。

页面的底部会显示 ASA 上的 Connection Profiles（连接配置文件）。可以编辑或删除配置文件，也可以添加新的连接配置文件。

10.2.4.5 安装 AnyConnect 客户端

在远程主机上安装 AnyConnect VPN 客户端时，需要执行多个步骤。其中有些步骤是可选的，这取决于 AnyConnect 客户端是已经安装到了远程主机上，还是通过 Web 的方式来启动。

要通过 Web 的方式来连接，需要建立一条去往 ASA 的无客户端 SSL VPN 连接。然后打开一个兼容的 Web 浏览器，在地址栏中输入 SSL VPN 的登录 URL。在连接 ASA 时，要确保使用安全 HTTP（HTTPS）作为 SSL。这里的 ASA 登录 URL 是 https://209.165.200.226。

浏览器会显示一条警告信息。要接受网站的安全证书，可单击 **Continue to this website**（继续访问该站点）按钮继续。

接下来显示登录窗口。注意该窗口是如何将组指定为基于客户端的 SSL VPN。输入之前配置的用户名和密码，然后单击 **Logon** 按钮继续。

Cisco AnyConnect VPN 客户端开始安装并尝试使用 ActiveX。在该示例中，没有安装 ActiveX，因此安装程序建议下载并手动安装 Cisco AnyConnect 客户端。

在下载完安装程序后，Windows 运行安全扫描，然后 Cisco AnyConnect VPN 客户端安装程序开始运行，并显示 Cisco AnyConnect VPN Client Setup（Cisco AnyConnect VPN 客户端安装）窗口。

然后显示 End-User License Agreement（终端用户许可协议）。在读完协议之后，选择 **I accept the terms in the License Agreement**（我接受许可协议中的条款），然后单击 **Next** 按钮。

接下来同时显示 Ready to Install（准备安装）窗口和 User Account Control（用户账户控制）窗口。"用户账户控制"窗口会通知用户，安装程序会在计算机上做出某些变更，需要用户单击 **Yes** 按钮来接受这些变更。

"准备安装"窗口随后请求用户单击 **Install**（安装）按钮。程序开始安装，并在最终完成安装后显示一个窗口。

单击 **Finish** 按钮退出安装程序。

要启动 Cisco AnyConnect VPN 客户端，可以单击 Windows 开始菜单，然后选择 Cisco AnyConnect VPN 客户端。

这将打开 Cisco AnyConnect 客户端并提示用户输入安全网关。单击 **OK** 按钮继续。

在这里，ASA 的共有 IP 地址是 209.165.200.266。输入网关的 IP 地址，然后单击 **Select** 按钮。

此时出现一个 Security Alert（安全警告）窗口，显示"连接正在连接一个不可信的站点"。单击 **Yes** 按钮接受证书。

现在 VPN 客户端要求远程用户提供登录证书。输入证书后单击 **Connect** 按钮。

注意：可能会显示另外一个证书安全警告窗口。如果是这样，单击 **OK** 按钮继续。

如果证书可接受，VPN 客户端将再经历几个步骤，然后进行连接，最后关闭连接。

要查看 VPN 信息，可打开 Windows 系统托盘，然后指向 Cisco AnyConnect 客户端图标。右键单击该图标，并选择 **Open AnyConnect**（打开 AnyConnect）打开 Cisco AnyConnect Client（Cisco AnyConnect 客户端）窗口。注意，远程主机的连接状态是"Connected"（已连接），它已经从配置的远程访问地址池分配了一个 IPv4 地址。

为了验证 IP 地址的分配，可打开 Windows 的命令窗口，然后输入 **ipconfig** 命令。注意，主机有两个 IP 地址：一个用于 VPN 连接；另外一个用于 VPN 连接所在的真实网络。

最后，ping 本地主机 192.168.1.3，确认远程主机可以访问内部资源。

10.2.4.6 查看生成的 CLI 配置

AnyConnect SSL VPN 向导生成的配置设置如下所示：

- NAT；
- WebVPN；
- 组策略；
- 隧道组。

10.3 总结

ASA 设备可以通过 CLI 或 ASDM GUI 来配置和管理。

Cisco ASDM 为 Cisco ASA 的安装、配置、监控和排错提供了便利。ASDM 提供了多个向导，有助于简化配置。Startup Wizard（启动向导）指导管理员完成 ASA 的初始配置。VPN 向导可以让管理员配置基本的站点到站点 VPN 和远程访问 VPN。ASDM 还提供了高可用性和扩展性向导、统一通信向导、ASDM 身份证书向导以及数据包捕获向导。

ASA 支持对象和对象组，简化了配置的维护。ASA 通过 ACL 提供了基本的流量过滤功能。它支持 NAT 和 PAT（可以是静态，也可以是动态）。ASA 可以配置为使用本地用户数据进行认证,也可以使用外部服务器进行认证。

ASA 支持下述 VPN 类型:

- IPSec 站点到站点 VPN;
- 无客户端 SSL VPN 远程访问(使用 Web 浏览器);
- SSL 或 IPsec(IKEv2)VPN 远程访问(使用 Cisco AnyConnect 客户端);
- IPSec(IKEv1)VPN 远程访问(使用 Cisco VPN 客户端)。

借助于无客户端 SSL VPN 部署,远程客户端可以使用 SSL Web 门户接口。基于客户端的 SSL VPN 要求主机上已经预装了客户端(比如 Cisco AnyConnect VPN 客户端),或者是主机通过浏览器按需下载客户端。

第 11 章

管理一个安全的网络

本章介绍

缓解网络攻击需要采取全面的、端到端的方案，包括基于组织的安全需求来创建和维护安全策略。建立组织安全需求的第一步是识别可能的威胁并执行风险分析。

风险分析是对不确定性和风险的系统研究。它评估系统受到威胁的可能性和严重性，并为组织提供一个优先级列表。风险分析人员识别风险，确定这些风险可能出现的方式和时间，并评估风险对财务和业务的影响。风险分析的结果用来确定所实施的软硬件、缓解策略和网络设计的安全。

网络安全的安全架构是一个全面的解决方案，其中包括网络、电子邮件、Web、接入、移动用户和数据中心资源的保护解决方案。为了简化网络设计，建议所有的安全设备从一个厂商进行采购。

网络设计完成后，运营安全要求首先部署所需的日常工作规程，之后维护安全系统。维护安全系统的一部分是网络安全性测试。安全性测试由运营团队进行，确保所有的安全实施按预期运行。测试也能够监测对业务连续性的规划，这解决了组织在遇到灾难、业务中断或长期服务中断等情况时的持续运营问题。

实现了安全网络并建立了连续性计划后，这些计划和文档必须基于组织不断变化的需求持续更新。

11.1 安全网络测试

11.1.1 网络安全测试技术

11.1.1.1 运营安全

运营安全要求首先部署所需的日常工作规程，之后维护安全系统。如果网络的规划、实施、运营和维护不遵守运营安全规程，则网络很容易受到攻击。

运营安全始于网络的规划和实施过程。在这两个阶段，运营团队分析、设计、识别风险和漏洞，然后做出必要的调整。真正的运营任务在网络建立后开始，它还包括环境的持续维护。这些行为可以让环境、系统和应用程序安全、正确地持续运行。

有些安全测试主要是手动操作的，而另外一些则是高度自动化的。无论是哪种类型的测试，设置和执行安全测试的人员都应该在下面这些领域中具有重要的安全和网络知识：

- 设备加固；
- 防火墙；
- IPS；
- 操作系统；
- 基本的编程技能；
- 网络协议，比如 TCP/IP；
- 网络漏洞和风险缓解。

11.1.1.2 测试和评估网络安全

运营安全解决方案的有效性无须等待发生真正的威胁就可以进行测试。网络安全测试让这一切成为可能。在网络上进行网络安全测试可以确保实施的所有安全能够按预期运行。通常情况下，在实施和运行阶段进行网络安全测试，即在系统已经完成开发、安装和集成之后。

安全测试提供了对各种管理性任务的深入了解，将安全测试的结果记录到文档中并使这些结果对其他 IT 领域的员工可用也很重要。

在实施阶段，安全测试是在网络的特定部分进行的。在网络完全集成并运行之后，将执行安全测试和评估（Security Text and Evaluation，ST&E）。ST&E 用于检查运行网络上的保护措施。

应该周期性地重复测试，一旦系统发生变更也需要进行测试。对于保护关键信息或保护经常面临威胁的主机的安全系统，安全测试应该进行得更为频繁。

11.1.1.3 网络测试的类型

在网络运行之后，需要确定其安全状态。可以进行多种安全测试来评估网络的运行状态。

- **渗透测试**：网络渗透测试可以模拟来自恶意源的攻击，目的是确定攻击的可行性以及在发生攻击之后可能发生的结果。
- **网络扫描**：包括能 ping 计算机的软件，它扫描侦听的 TCP 端口并显示网络中可用的资源。有些扫描软件也可以检测用户名、组和共享资源。网络管理员可以使用这些信息强化网络。
- **漏洞扫描**：包括可以在被测系统中检测潜在弱点的软件。这些弱点包含错误的配置、空白或默认的密码、DoS 攻击的潜在目标。管理员可以使用某些软件，通过已经识别的漏洞让系统崩溃。
- **密码破解**：包含用来测试和检测应该进行更改的弱密码的软件。密码策略应该包含预防弱密码的准则。
- **日志查看**：系统管理员应该查看安全日志来识别潜在的安全威胁。应该使用过滤软件扫描冗长的日志文件，来调查异常行为。
- **完整性检查**：完整性检查系统检测并报告系统中的变更。大多数监控都集中在文件系统。然而，有些检查系统可以报告登录和登出行为。
- **病毒检测**：病毒检测软件可以用来识别和删除计算机病毒和其他恶意软件。

注意：尽管包括战争拨号和沿街扫描在内的其他测试都被认为是古老的测试，但是在网络测试中也应该被考虑到。

11.1.1.4 应用网络测试结果

网络测试结果有多种使用方式：

- 定义缓解行为，以解决被识别的漏洞；

- 作为一个基准来跟踪组织在满足安全性需求方面的进度；
- 评估系统安全需求的实施状态；
- 为了提升网络安全而进行成本效益分析；
- 增强其他行为，比如风险评估、认证和授权（C&A）和性能提升；
- 作为纠正措施的参考点。

11.1.2 网络安全测试工具

11.1.2.1 网络测试工具

有多种工具可用于测试系统和网络的安全性。这些工具有的是开源的，有的是需要许可证的商业工具。有多种软件工具可用来执行网络测试，包括下面这些。

- **Nmap/Zenmap**：发现计算机网络中的计算机和服务，从而创建一个网络映射。
- **SuperScan**：一个端口扫描工具，用来检测 TCP 和 UDP 开放端口、这些端口上运行的服务，并能进行查询（比如 whois、ping、traceroute）和主机名查找。
- **安全信息事件管理（Security Information Event Management，SIEM）**：一种在企业组织中用来提供安全事件的实时报告和长期分析的技术。
- **GFI LANguard**：检测漏洞的网络和安全扫描器。
- **Tripwire**：根据内部策略、兼容性标准和安全最佳实践来评估和验证 IT 配置。
- **Nessus**：漏洞扫描软件，重点关注的是远程访问、错误配置、针对 TCP/IP 栈的 DoS 攻击。
- **L0phtcrack**：密码审计和恢复应用程序。
- **Metasploit**：提供漏洞相关的信息，辅助渗透测试和 IDS 签名开发。

注意：网络扫描工具的变化相当迅速。上面列出的是一些传统的工具，目的是让读者知道这些可用的工具。

11.1.2.2 Nmap 和 Zenmap

Nmap 是公众常用的一款低级别扫描器。它包含大量卓越的功能，可用于网络映射和侦查攻击。最基本的 Nmap 功能可以让用户完成下面这些任务。

- **典型的 TCP 和 UDP 端口扫描**：在一台主机上寻找不同的服务。

- **典型的 TCP 和 UDP 端口扫射**：在多台主机上寻找同一种服务。

- **隐形的 TCP 和 UDP 端口扫描和扫射**：与典型的扫描和扫射类似，但更难被目标主机或 IPS 探测到。

- **远端操作系统识别**：称为操作系统指纹（OS fingerprinting）。

Nmap 的高级特性包括协议扫描，也称为第 3 层端口扫描。这一特性可以识别一台主机上支持的 3 层协议。例如，能够被识别的协议包括 GRE 和 OSPF。

Nmap 可以用于安全测试，也可以用于恶意目的。Nmap 有一个额外的特性允许它在目标主机所在的局域网上使用诱饵主机，以屏蔽扫描源。

Nmap 没有应用层特性，它运行在 UNIX、Linux、Windows 和 OS X 上。它有控制台版本和图形界面版本。Nmap 程序和 Zenmap GUI 可以从互联网上下载。

Zenmap 是 Nmap 的 GUI 版本。

11.2.2.3 SuperScan

SuperScan 是一款 Microsoft Windows 端口扫描工具，它在大多数 Windows 版本上运行，需要用到管理员权限。SuperScan 版本 4 有一些非常有用的特性：

- 可调整的扫描速度；

- 支持无限制的 IP 范围；

- 使用多种 ICMP 方法改善主机探测；

- TCP SYN 扫描；

- UDP 扫描（两种方法）；

- 简单的 HTML 报告生成；

- 源端口扫描；

- 快速主机名解析；

- 广泛的旗标提取（banner grabbing）功能；

- 内置了大量的端口列表描述数据库；

- IP 及端口扫描顺序随机；

- 精心选择的有用工具（如 ping、traceroute、whois）；

- 扩展的 Windows 主机枚举能力。

注意：尽管 Windows XP 的 Service Pack 2 通过移除某些特性提升了该工具的安全性，但是在 Windows 命令提示符下输入 **net stop Shared Access** 命令可以恢复一些功能。

像 Nmap 和 SuperScan 这样的工具能够有效地在网络上进行渗透测试，并在帮助预测可能的攻击机制的同时确定网络的弱点。但是，网络测试并不能使网络管理员对所有安全问题都做好准备。

11.1.2.4　SIEM

安全信息事件管理（SIEM）是企业组织中使用的一种技术，用来提供安全事件的实时报告和长期分析。SIEM 由之前两个独立的产品演变而来：安全信息管理（SIM）和安全事件管理（SEM）。SIEM 可以实施为软件、与 Cisco 身份服务引擎（Identity Services Engine，ISE）集成，也可以实施为托管服务。

SIEM 结合了 SIM 和 SIM 的基本功能，提供了如下功能。

- 取证分析：能够从整个组织的信息源中搜索日志和事件记录，为取证分析提供更为完整的信息。
- 关联：检查来自不同系统或应用程序的日志和事件，加快对安全威胁的检测和响应。
- 聚合：通过合并重复的事件记录来减少事件的数据量。
- 留存：报告以实时监控和长期汇总的形式显示相关和聚合的事件数据。

SIEM 提供了可疑活动来源的详细信息，具体如下：

- 用户信息（名字、认证状态、位置、授权组、隔离状态）；
- 设备信息（生产商、型号、OS 版本、MAC 地址、网络连接方法、位置）；
- 姿态信息（设备符合公司安全策略、防病毒软件版本、OS 补丁、遵从移动设备管理策略）。

使用这些信息，网络安全工程师可以快速、准确地评估任何安全事件的影响，并回答下面这些关键问题。

- 谁与该事件相关？
- 拥有知识产权或敏感信息访问权限的是重要用户么？
- 用户获得访问资源的授权了么？
- 用户有访问其他敏感资源的权限么？

- 使用的是哪种类型的设备？
- 这个事件是否表示潜在的合规性问题？

11.2 开发一个全面的安全策略

11.2.1 安全策略概述

11.2.1.1 安全网络生命周期

安全的网络生命周期是一个随网络变化对设备和安全需求进行评定和重新评估的过程。这种持续评估的一个重要方面是理解哪些资产是一个组织必须保护的，即使这些资产发生变化。

通过回答以下问题来确定一个组织的资产是什么。

- 组织的哪些东西是其他组织想要的？
- 什么过程、数据或信息系统对组织很关键？
- 能使组织停止运营或无法达成任务的资产是什么？

对上述问题的答案可能会标识出以下资产：关键数据库、关键应用程序、重要的客户和雇员信息、机密商业信息、共享驱动器、邮件服务器以及 Web 服务器。

网络安全系统有助于保护这些资产，但仅凭一个安全系统不能阻止资产受到威胁。如果终端用户不能遵守安全策略和规程，那么技术上、管理上以及物理上的安全系统都将于事无补。

11.2.1.2 安全策略

安全策略是公司的一组安全目标、用户和管理员的行为规则以及系统需求。这些目标、规则和需求一起确保一个组织内的网络、数据和计算机系统的安全。与连续性计划非常相似，安全策略会随着技术、业务和雇员的需求变化而不断发展变化。

一个全面的安全策略能完成以下任务。

- 展示一个组织实现安全的决心。

- 为预期的行为设立规则。
- 确保系统操作、软硬件购置和使用、维护的一致性。
- 定义违反行为的法律后果。
- 为安全人员提供管理层支持。

安全策略将一个组织保护技术和信息资产的要求告知用户、员工和管理者。安全策略还规定了满足安全要求所需的机制，并提供了一个基线，通过这个基线可以购置、配置计算机系统和网络以及审计它们的合规性。

一个安全策略可能包含下述内容。

- **识别和认证策略**：规定了能够访问网络资源的被授权人员，并概述了认证过程。
- **密码策略**：确保密码满足最小需求，而且需要定期更改。
- **可接受的使用策略**：识别对第一个组织来讲可以接受的网络资源和用法。如果违反了该策略，它也可以识别相应的后果。
- **远程访问策略**：识别远程用户如何访问一个网络，以及通过远程连接可以访问什么。
- **网络维护策略**：指定了网络设备操作系统和终端用户应用程序的更新过程。
- **事件处理程序**：描述如何处理安全事件。

最常见的一个安全策略组件是可接受的使用策略（Acceptable Use Policy，AUP），也被称为适当的（appropriate）使用策略。这一组件定义了用户在各种系统组件上可以做什么、不可以做什么。这包括在网络上允许的流量类型。AUP应该尽可能地明确以避免误解。例如，AUP可以列出禁止公司计算机或从公司网络访问的Web站点、新闻组或占用大量带宽的应用程序。

11.2.1.3 安全策略的受众

安全策略的受众是任何能够访问网络的人员。内部受众包括不同人员，例如经理和主管、技术人员和职员。外部受众也是不同的组，包括合作伙伴、客户、供应商、顾问、承包商。对于一个大型组织，有可能一份文档无法满足所有受众的需求。这里的目标是确保不同的信息安全策略文档与目标受众的需求一致。

受众决定策略的内容。例如，在一份面向技术人员的策略中可能不需要描述为什么某事是必需的。可以假定技术人员已经知道为什么要包含一项特定的要求。管理者可能对为什么需要一项特定要求的技术方面不感兴趣，相反，他们更希望看到一个概要介绍或支持这一要求的原则。雇员经常要求得到更多信息，解释为什么某项安全规则是必需的。如果他们理解制订这些规则的原因，往往就能更好地遵守规则。

11.2.2 安全策略的结构

11.2.2.1 安全策略的层次

大多数公司使用一系列策略来满足他们广泛且多种多样的需求。这些策略经常被划分为层次化结构。

- **管理策略**（governing policy）——对整个公司都很重要的高层次安全指南，面向的是管理者和技术人员。管理策略控制公司内部业务部门与支持部门间所有与安全相关的交互。

- **技术策略**（technical policy）——安全人员对系统执行安全职责时使用。这些策略比管理策略更具体，是具体到系统或具体到问题的。例如，访问控制和物理安全问题是在技术策略中描述的。

- **终端用户策略**（end-user policy）——覆盖对终端用户很重要的所有安全问题。终端用户可以包括雇员、客户以及网络的任何其他个人用户。

11.2.2.2 管理策略

管理策略为管理者和技术人员提纲挈领地描述公司的整体安全目标，它覆盖公司内部业务部门与支持部门间所有与安全相关的交互。

管理策略与现存的公司策略密切保持一致，并与这些其他策略具有相同的重要程度。这包括人力资源策略和其他涉及安全相关问题的策略，例如电子邮件、计算机的使用或相关的IT问题。

一项管理策略包括以下几个组件：

- 该策略所解决问题的声明；
- 在环境中如何应用该策略；
- 策略所影响的角色和职责；
- 允许的和不允许的动作、活动和过程；
- 不遵守策略的后果。

112.2.3 技术策略

技术策略是技术人员在履行日常安全职责时使用的详细要求。它们是重要的安全规则，告诉技术人员做什么，但不包括他们如何进行工作。

技术策略被细化到专门的技术领域，具体如下所示。

- **通用策略**：包含 AUP、账户访问需求策略、收购评估策略、审计策略、信息敏感策略、风险评估策略和全局 Web 服务器策略。
- **电话通信策略**：定义了使用公司电话和传真线路的策略。
- **邮件和通信策略**：包含通用的邮件策略和自动转发邮件策略。
- **远程访问策略**：包含一个 VPN 策略，也可能包含一个拨号接入策略（如果系统支持的话）。
- **网络策略**：包含一个外联网策略、网络访问策略的最小需求、网络访问标准、路由器和交换机安全策略、服务器安全策略。
- **应用程序策略**：包含一个可接受的加密策略、应用服务提供商（ASP）策略、数据库证书编码策略、进程间通信策略、项目安全策略和源代码保护策略。

它可能还包含一个无线通信策略，该策略定义了无线系统连接到网络所使用的标准。

11.2.2.4 终端用户策略

终端用户策略覆盖终端用户应该了解和遵从的所有有关信息安全的规则。这些策略的内容通常会被组织成一份单独的文档以方便使用。终端用户策略与技术策略可能有重叠，但是它可能包含下述策略。

- **身份策略**：为保护组织的网络免遭未授权访问而定义的规则和做法。这些规则和做法有助于降低用户身份信息落入他人之手的可能性。
- **密码策略**：密码是计算机安全的一个重要方面。密码策略定义了在创建和保护密码时，所有用户必须遵守的规则。
- **防病毒策略**：该策略定义了保护组织网络免遭病毒、蠕虫和特洛伊木马威胁的标准。

几个不同的目标组都需要终端用户策略，每个组必须就不同的终端用户策略达成一致。例如，雇员的终端用户策略可能不同于客户的终端用户策略。

11.2.3 标准、指南、规程

11.2.3.1 安全策略文档

安全策略文档是描述说明策略的高层次的概述性文档。安全人员使用详细的文档来实现安全策略，该文档中包括标准、指南和规程文档。

标准、指南和规程包含策略中定义的实际细节。每个文档服务于一个不同的功能，包含不同的规范，面向不同的人群，将这些文档分离开，可以让这些文档易于更新和维护。

11.2.3.2 标准文档

标准有助于 IT 人员对网络的操作保持一致。标准文档包括具体使用所需的技术、软硬件版本需求、程序需求以及其他必须遵守的组织级别的标准等内容。使用标准文档有助于 IT 人员简化设计、维护和故障排除并提高效率。

一致性是最重要的安全原则之一。出于这个原因，组织必须建立标准。每个组织都为支持自己独特的业务环境开发标准。例如，如果一个组织支持 100 台路由器，这 100 台路由器都使用已建立的标准来配置就非常重要。设备配置标准在一个组织的安全策略的技术部分中定义。

11.2.3.3 指南文档

指南提供"如何将事情做得更高效、更安全"的建议清单。它们与标准相似，但更灵活，并且通常不是强制要求的。指南可用于定义如何开发标准以及保证遵守通用安全策略。

有些最有帮助的指南可以在称为"最佳实践"的组织级文库中找到。除了一个组织已定义的最佳实践，还有一些指南很容易获得：

- 美国国家标准和技术机构（National Institute of Standards and Technology，NIST）计算机安全资源中心（Computer Security Resource Center）；
- 美国国家安全局（National Security Agency，NSA）安全配置指导（Security Configuration Guides）；
- 通用标准（Common Criteria standard）。

11.2.3.4 规程文档

规程文档比标准和指南更长也更详细。规程文档包括实现细节，通常有步骤式的指导和图形。

大型组织必须使用规程文档，才能维护安全环境所必需的部署一致性。

11.2.4 角色和职责

11.2.4.1 组织的报告结构

一个组织中的所有人员,从首席执行官(Chief Executive Officer,CEO)到新雇员,都被看作网络的终端用户,必须遵守组织的安全策略。安全策略的开发和维护是授权给IT部门内的专门角色来进行的。

在安全策略的创建过程中,必须咨询行政级别的管理者,以确保策略的全面、一致,具有法律约束力。小一些的组织可能由一位行政级别的管理人员监督运营的所有方面,包括网络操作。大一些的组织则可能将这一行政角色分解到多人。组织的业务及报告结构依赖于组织的规模和行业。

11.2.4.2 常见的执行职位

下面是一些常见的执行职位头衔。

- **首席执行官**(Chief Executive Officer,CEO)——对组织的成功发展最终负责。所有管理人员都向 CEO 报告。

- **首席技术官**(Chief Technology Officer,CTO)——识别和评估新技术,并推动新技术的开发以满足组织目标。维护和增强当前企业系统的有关技术,并对支持运营的所有技术相关的问题提供指导。CTO 负责技术基础设施。

- **首席信息官**(Chief Information Officer,CIO)——负责支持企业目标的信息技术和计算机系统,包括成功部署新技术和工作流程。中小型组织通常会将 CTO 与 CIO 的职责合并到一个岗位。在开发和运用企业信息技术的过程和实践时,CIO 将发挥领导作用。

- **首席安全官**(Chief Security Officer,CSO)——开发、实施和管理组织的安全策略和项目。在开发与业务运营(包括保护知识产权)相关的任何流程时,CSO 将发挥领导作用。CSO 必须在财务、物理和个人风险的所有领域限制风险。

- **首席信息安全官**(Chief Information Security Officer,CISO)——CISO 更关注 IT 安全。CISO 负责开发和实施安全策略。CISO 可以作为安全策略的主要制定者,也可以作为安全策略制定部门的领导者。但无论采用哪种方式,CISO 都要对安全策略的内容负责。

11.2.5 安全意识和培训

11.2.5.1 安全意识方案

如果终端用户不能主动遵守安全策略,那么技术上、管理上以及物理上的安全都很容易被破坏。为了帮助安全策略的执行,必须要有一个安全意识方案。管理者需要制订一个方案,使每个人都意识到安全问题,并教育员工如何共同努力来维护他们的数据安全。

安全意识方案反映了受到已知风险困扰的组织的业务需求,它告知用户的安全职责,并解释在公司内使用 IT 系统和数据的行为规则。这个方案必须解释所有的 IT 安全策略和规程。一个安全意识方案对任何组织的财务成功都是很关键的,它宣传的信息是所有终端用户在保护组织不遭受知识资本(intellectual capital)、关键数据甚至物理设备损失的方式下有效开展业务所需要掌握的。安全意识方案还详细规定了组织对于违反行为将做出的处罚。方案的这一部分应该包含在所有新员工的入职培训中。

安全意识方案通常包含两个主要组件:

- 宣传活动;
- 培训和教育。

11.2.5.2 宣传活动

宣传活动(awareness campaign)通常针对组织的所有层级,包括行政岗位。安全意识的宣传旨在用来改变行为或加强好的安全实践。"意识"在 NIST 特别出版物 800-16 中的定义如下所示。

"意识不是培训。意识的表现目的很简单,就是关注安全。意识表现旨在使个人能够认识到 IT 安全所关心的问题并做出相应的反应。在意识活动中,学员是信息的接收者,意识依赖于有吸引力的包装技术传递到广泛的人群。"

例如,一个安全意识会话(或分发的材料)的主题可以是病毒防护。这一主题可以简要描述什么是病毒,如果病毒感染了一个用户系统将会发生什么,用户必须采取哪些行动来保护系统,以及如果用户发现了病毒应如何应对。

以下是几种提高安全意识的方法:

- 讲座、视频;
- 海报、时事通信文章、公告;

- 对好的安全实践的奖励；

- 提醒，例如登录信息、鼠标垫、咖啡杯、记事本。

11.2.5.3 安全培训课程

培训所要解决的是对终端用户传授所需的安全技能，这些终端用户可能是 IT 人员，也可能不是。培训与意识之间最大的不同在于培训传授技能，使人员能够执行特定的任务，而意识宣传只是简单地使个人关注安全问题。用户通过培训所获取的技能建立在他通过安全意识宣传所学到的信息之上。在安全意识宣传之后再进行面向具体人群的培训有助于巩固所传授的信息和技能。培训不一定要达到高等院校的正式学位的标准，但它的课程所包含的内容与学院或大学在一项认证或学位项目中包含的内容可能有大部分是相同的。

为非 IT 人员进行的培训课程的一个例子是介绍终端用户必须使用的某些应用程序（例如数据库应用）相关的安全实践。为 IT 人员进行培训的一个例子是详细介绍必须实现的管理、操作和技术控制的 IT 安全课程。

有效的安全培训课程需要精心规划、实施、维护以及定期评估。一门安全培训课程的生命周期包含以下几个步骤。

步骤 1　**确定课程范围和目标**。课程范围包括为从事与 IT 工作有关的所有类别的人员提供培训。由于用户需要的是与他们使用的特定系统直接相关的培训，因此有必要在一门大的组织级别的课程之上补充与具体系统更密切相关的课程。

步骤 2　**确定和教育培训人员**。培训教师对计算机安全问题、原理、技术有足够的了解非常重要。另外很重要的一点是，他们知道如何有效地交流信息和观点。

步骤 3　**确定目标受众**。并不是每个人都需要相同程度或相同类型的计算机安全信息才能执行被分配的工作。最有效的安全培训课程只提供特定受众需要的信息，并省略无关的内容。

步骤 4　**激励管理者和员工**。考虑使用激励技术向管理者和员工展示他们参与培训课程给组织带来的好处。

步骤 5　**管理课程**。管理一门课程需要的重点考虑事项包括选择合适的培训方法、主题、材料以及展示技术。

步骤 6　**维护课程**。随时了解计算机技术和安全需求的变化，满足组织当前需要的培训课程在组织开始使用一个新的应用程序或改变其环境（例如部署 VoIP）后可能不再有效。

步骤 7　**评估课程**。用于了解有多少信息得以保存、计算机安全规程在多大程度上得以遵守以及目标受众对计算机安全的总体态度。

11.2.5.4 教育项目

教育将所有安全技巧和具有多种专项功能的能力综合到一个通用知识体系中,它通过跨学科来研究概念、问题和原理(包括技术性的和社会性的),致力于造就具备批判性思维能力和积极应对能力的 IT 安全专家。教育项目的一个例子是学院或大学中的学位课程。

与学位课程不同,有些人通过参加一门或几门课程来增强他们在某一领域中的技能。很多学院或大学提供了认证课程,学员可以在相关学科选取两门或更多课程,并在完成后被授予证书。这类认证课程经常是由学校和软/硬件厂商共同举办的,这些课程的培训性要大于其教育性。

安全培训的负责人必须对这两类课程进行评估,决定哪种形式能更好地解决已知的需求。

一个成功实施的安全意识课程能够适当减少内部人员未经授权的操作,提高现有控制措施的效率,并有助于应对信息系统资源的浪费、舞弊和滥用。

11.2.6 对安全违规的响应

11.2.6.1 动机、时机、方式

法律和道德守则为组织和个人提供途径,以收回损失的资产以及预防犯罪。不同国家/地区有不同的法律标准。在世界上的大多数法庭中,要成功地起诉某个人,必须要掌握其非法行为的动机、时机和方式。

动机能够回答一个人为什么会进行非法行为。在调查一项罪行时,很重要的一点是从可能有犯罪动机的人开始。例如,认为自己没有得到合理晋升的雇员可能会有动机将公司的机密数据出售给竞争对手。找到可能的嫌疑人后,接下来要考虑的是嫌疑人是否有作案的时机。

时机能够回答罪行是在何时、何地发生的。例如,如果能够证明在发生安全违规事件时,3 名嫌疑人都在出席一场婚礼,则他们可能有动机,但没有时机,因为他们正忙于其他事情。

方式能够回答人员是如何实施罪行的。指控某个没有相应知识、技能或方法的人犯法是毫无意义的。

尽管在找到和起诉所有类型的个人犯罪中,建立动机、时机、方式都是一项标准,但在计算机犯罪中,操纵和掩盖证据都是相当容易的,这要归因于计算机系统的复杂性、通过互联网的全球接入以及很多攻击者所具备的知识。由于这个原因,需要有严格的协议对付安全

违规的行为。这些协议必须在组织的安全策略中列出。

11.2.6.2 收集数据

计算机数据是虚拟的数据，这意味着很少有物理的、有形的呈现形式。出于此原因，数据很容易被破坏或修改。当使用计算机数据作为法庭案例的一部分时，如果要将数据作为法庭的一个证据，必须保持数据的完整性。例如，改动数据的一个比特就可以使时间戳从 2001 年 8 月 2 日变成 2001 年 8 月 3 日。作案人可以很容易地修改数据来制造虚假的不在场证据。因此，必须采用严格的规程确保调查过程中得到的用于法庭的数据的完整性。必须建立的规程包括数据的正确收集、数据监管链、数据存储和数据备份。

数据的收集过程必须精确、快速地完成。当发生安全事件时，有必要立即隔离被感染的系统。在内存被转储到文件之前，不能对系统关机或重启，因为每次设备关机时系统都会刷新内存。另外，在使用硬盘驱动器上的数据之前，应该先获取驱动器镜像。在设备关机后，通常需要制作硬盘的多个副本，以建立主副本。这些主副本通常锁在保险柜里，调查人员可以使用工作副本进行起诉和辩护。由于主副本在调查之初就受到保护，调查人员可以通过比较工作副本和主副本确定数据是否遭到篡改。

在数据收集完成断开设备之前，有必要对现场设备进行拍照。必须处理所有的证据，同时要遵照正确的监管链，这意味着只有经过授权的人员可以接触证据，所有的访问都需要有文档记录。

如果建立并遵守了安全协议，组织就能将攻击导致的损失和破坏降低到最小限度。

11.3 总结

缓解网络攻击需要一个全面的端到端方法，其中包括以组织的安全需求为基础建立和维护安全策略。建立组织安全需求的第一步是识别可能的威胁并执行风险分析。

在维护一个安全的网络时，网络安全测试是一个关键的过程。Nmap 和 SuperScan 是用来进行网络安全测试的两个有用工具。测试包括网络扫描、漏洞扫描、密码破解、日志审阅、完整性检查、病毒检测和渗透测试。

在一个组织的网络安全设计和实施中，安全策略是一个不可分割的组成部分，它回答了应该保护哪些资产以及如何保护的问题。一个安全策略通常包括下述策略：

- 管理策略；
- 技术策略；

- 终端用户策略。

标准、指南、规程包含了策略中定义的细节。策略应该为 IT 从业人员设置多个不同的角色和责任。安全意识课程可以用来确保一个组织内的所有员工意识到安全策略并遵守安全策略。网络安全从业人员必须知道与网络安全相关的所有法律和道德守则。安全策略中还列出了用于响应安全违规的规程。